Praxishandbuch Cash Management in SAP® S/4HANA Finance

Claus Wild

Willkommen bei Espresso Tutorials!

Unser Ziel ist es, SAP-Wissen wie einen Espresso zu servieren: Auf das Wesentliche verdichtete Informationen anstelle langatmiger Kompendien – für ein effektives Lernen an konkreten Fallbeispielen. Viele unserer Bücher enthalten zusätzlich Videos, mit denen Sie Schritt für Schritt die vermittelten Inhalte nachvollziehen können. Besuchen Sie unseren YouTube-Kanal mit einer umfangreichen Auswahl frei zugänglicher Videos:

https://www.youtube.com/user/EspressoTutorials.

Kennen Sie schon unser Forum? Hier erhalten Sie stets aktuelle Informationen zu Entwicklungen der SAP-Software, Hilfe zu Ihren Fragen und die Gelegenheit, mit anderen Anwendern zu diskutieren:

http://www.fico-forum.de.

Eine Auswahl weiterer Bücher von Espresso Tutorials:

- Claus Wild: Praxishandbuch SAP® und SEPA
  http://5035.espresso-tutorials.com
- Marc Müller: Praxishandbuch SAP®-Zahllauf
  http://5091.espresso-tutorials.com
- Claus Wild: Neuerungen im Kontoauszug in SAP® ERP, 2., erweiterte Auflage *http://5115.espresso-tutorials.com*
- Claus Wild, Janet Salmon: Schnelleinstieg in SAP® S/4HANA Finance *http://5151.espresso-tutorials.de*
- Robin Schneider: Investitionsmanagement mit SAP® inkl. Neuerungen in SAP S/4HANA – 2., erweiterte Auflage
  http://5279.espresso-tutorials.de
- Robin Schneider: Praxishandbuch SAP-Geschäftspartner (Business Partner) – Funktionen und Integration in SAP® S/4HANA *http://5290.espresso-tutorials.de*

LEARN SAP ANYTIME,
ANYWHERE, AND ON ANY
DEVICE
Die digitale SAP-Bibliothek
für Firmen

Bibliografische Information der Deutschen Bibliothek
Die Deutsche Bibliothek verzeichnet diese Publikation in der Deutschen Nationalbibliografie; detaillierte bibliografische Daten sind im Internet über http://dnb.ddb.de abrufbar.

Claus Wild
Praxishandbuch Cash Management in SAP® S/4HANA Finance

ISBN: 978-3-960127-21-5

Lektorat: Anja Achilles

Korrektorat: Stefan Marschner

Coverdesign: Philip Esch

Coverfoto: © Fotolia | aaabbc #134422168, stock.adobe.com

Satz & Layout: Johann-Christian Hanke

1. Auflage 2018

URL: *www.espresso-tutorials.de*

Feedback:
Wir freuen uns über Fragen und Anmerkungen jeglicher Art. Bitte senden Sie diese an: *info@espresso-tutorials.com*.

Inhaltsverzeichnis

Vorwort

Das Cash Management als Element des Finanzmanagements hat heutzutage einen großen Anteil am Erfolg eines Unternehmens. In den letzten Jahren haben sich die Komplexität bzw. die Rahmenbedingungen für ein gelungenes Zusammenspiel allerdings deutlich geändert. Regulatorische wie auch technische Neuerungen fordern bei der Organisation von Unternehmen ein immer höheres Maß an Agilität sowie einen stetig wachsenden Funktionsumfang in den dafür eingesetzten Softwarelösungen.

Mit dem Cash Management in SAP ERP wird schon seit vielen Jahren eine etablierte und standardisierte Lösung ausgeliefert, die Sie bei der Planung und Überwachung Ihrer Zahlungsströme unterstützt. Darüber hinaus bestehen Integrationsszenarien zu weiteren SAP-Komponenten, wie beispielsweise die Anbindung an den SAP Liquidity Planner, der ebenfalls Bestandteil der Komponente SAP Cash- und Liquiditätsmanagement ist.

Mit dem SAP Cash Management in S/4HANA Finance steht Ihnen ein umfangreicheres und leistungsstärkeres Gesamtpaket für Ihre täglichen Aufgaben im Finanzmanagement zur Verfügung. Die erste Version dieser neuen Cash-Management-Lösung wurde bereits mit SAP Simple Finance, On-Premise-Edition (OP) 1503 noch unter dem Namen »SAP Cash Management powered by SAP HANA« ausgeliefert.

Für das aktuelle Produkt wurden bestehende Lösungen aus dem klassischen Cash Management überarbeitet und an die heutigen Anforderungen angepasst, aber auch viele neue Funktionen haben Einzug in das Portfolio des heutigen Cash Managements gehalten, und zukünftige Entwicklungen werden in den kommenden Releases kontinuierlich weiter integriert.

Im Verlauf der letzten Jahre haben sich der Funktionsumfang wie auch die Anzahl der neu entwickelten Apps gegenüber den ersten Auslieferungen deutlich erhöht. Damit verbunden kam es zu Anpassungen bzw. Änderungen der UI-Technologien, wie wir sie inzwischen beispielsweise in der Liquiditätssteuerung vorfinden.

Ich möchte Ihnen in diesem Buch anhand ausgewählter Beispiele aufzeigen, wie Sie die einzelnen Komponenten aus dem SAP Cash Management in S/4HANA Finance zielbringend in Ihrem Unternehmen einsetzen können und welche Einstellungen im Customizing dazu notwendig sind.

Im ersten Kapitel verschaffen wir uns zunächst einen Überblick über die Inhalte und den Leistungsumfang des Cash Managements in S/4HANA Finance.

In den darauffolgenden Kapiteln möchte ich Ihnen einen detaillierten Einblick in die Funktionen und Prozesse der Bankkontenverwaltung geben. Wir schauen uns dazu den Grundfunktionsumfang wie auch die Komponenten des Cash Operations im erweiterten Cash Management an, lernen die Erweiterungen der elektronischen Kontoauszugsverarbeitung kennen und runden das Bild mit dem Liquiditätsmanagement im SAP Cash Management für S/4HANA Finance ab.

Abschließend erläutere ich Ihnen die Inhalte und Einstellungsmöglichkeiten von One Exposure from Operations, das als zentraler Speicherort für alle operativen Daten des Cash Managements dient, und gebe Ihnen noch einen kurzen Ausblick auf die Roadmap der weiteren Entwicklungen des Cash Managements in S/4HANA Finance.

Danksagungen

An dieser Stelle möchte ich mich herzlich bei Martin Munzel und Jörg Siebert für Ihr Vertrauen und Ihre Geduld bedanken. Ein besonderer Dank geht an Anja Achilles, die mich in diesem Buch erneut konstruktiv begleitet hat. Ein weiterer Dank gilt Karl Hartmann für die Unterstützung bei SAP Leonardo sowie ein ganz besonders herzliches Dankeschön meiner Familie Marina, Daniel und Annika.

Im Text verwenden wir Kästen, um wichtige Informationen besonders hervorzuheben. Jeder Kasten ist zusätzlich mit einem Piktogramm versehen, das diesen genauer klassifiziert:

Hinweis

Hinweise bieten praktische Tipps zum Umgang mit dem jeweiligen Thema.

Beispiel

Beispiele dienen dazu, ein Thema besser zu illustrieren.

Achtung

Warnungen weisen auf mögliche Fehlerquellen oder Stolpersteine im Zusammenhang mit einem Thema hin.

Video

Schauen Sie sich ein Video zum jeweiligen Thema an.

Die Form der Anrede

Um den Lesefluss nicht zu beeinträchtigen, wird im vorliegenden Buch bei personenbezogenen Substantiven und Pronomen zwar nur die gewohnte männliche Sprachform verwendet, stets aber die weibliche Form gleichermaßen mitgemeint.

Hinweis zum Urheberrecht

Sämtliche in diesem Buch abgedruckten Screenshots unterliegen dem Copyright der SAP SE. Alle Rechte an den Screenshots hält die SAP SE. Der Einfachheit halber haben wir im Rest des Buches darauf verzichtet, dies unter jedem Screenshot gesondert auszuweisen.

1 SAP Cash Management in der Übersicht

Mit S/4HANA wurde das Cash Management an vielen Stellen neu aufgestellt und mit einer Reihe an neuen Funktionalitäten ausgestattet. Sie können nun bei der Implementierung der Software zwischen einem Grundfunktionsumfang oder den gesamten Funktionalitäten des Cash Managements in S/4HANA Finance wählen. In diesem Kapitel gebe ich Ihnen einen Überblick über den betriebswirtschaftlichen wie auch den technischen Umfang der Komponenten im SAP Cash Management.

Wenn Sie bereits mit dem Cash Management in SAP ERP arbeiten, dürften Ihnen die im Grundfunktionsumfang enthaltenen Funktionen vertraut sein: Neben dem Tagesfinanzstatus und der kurzfristigen Liquiditätsvorschau finden Sie beispielsweise auch Transaktionen für das Kontenclearing, Kontenüberträge oder die Anlage von Einzelsätzen sowie diverse Kontrollwerkzeuge.

Mit dem Cash Management in S/4HANA sind zahlreiche neue Features, zum Teil in Form von Apps, hinzugekommen, die Sie in Ihrem Tagesgeschäft unterstützen. Zusätzlich zu diesen funktionalen Erweiterungen wurden die technischen Komponenten zu einem Großteil neu entwickelt. Viele Tabellen wurden entfernt und sind nun in einem zentralen Speicherort, dem *One Exposure from Operations Hub,* zusammengefasst.

Übersicht der Fiori-Typen

Die SAP bietet zwei grundsätzliche Typen von Fiori-Apps an:

Transaktionale Fiori-Apps ermöglichen Aufgaben wie bspw. das Ändern, Anlegen oder Anzeigen von Belegen und Stammsätzen inkl. einer geführten Navigation.

Analytische Fiori-Apps geben einen Überblick für Überwachungs- und Nachverfolgungszwecke. Mit den Factsheets können Daten durchsucht und untersucht werden.

Angeschlossene Komponenten, wie beispielsweise das Treasury oder der Zahlungsverkehr bzw. die Bankenkommunikation, lassen sich dadurch noch leichter in das Cash Management integrieren. Darüber hinaus wurde auch der Funktionsumfang in der elektronischen Kontoauszugsverarbeitung an einigen Stellen erweitert, auf die ich im Kapitel 5 noch detaillierter eingehen werde.

Cash- und Liquiditätsmanagement in der SAP S/4HANA Finance Cloud

Auch in der SAP S/4HANA Finance Cloud stehen Ihnen umfangreiche Funktionalitäten aus dem Cash Management zur Verfügung. Im Gegensatz zu den On-Premise-Versionen, dem serverbasierten Lizenz- und Nutzungsmodell, haben Sie in dieser Lösung allerdings etwas eingeschränkte Möglichkeiten das Customizing betreffend. Mithilfe der *Self-Service-Konfiguration-UIs* sind vordefinierte Konfigurationseinstellungen bereits im Auslieferungsumfang enthalten. Im Rahmen des Buches gehe ich auf das cloudbasierte Cash Management nicht weiter ein.

1.1 Umfang und Bestandteile des SAP Cash Managements

Das Cash Management ist in der Lizenz des Moduls S/4HANA Finance bereits im Grundfunktionsumfang enthalten. Möchten Sie den vollen Funktionsumfang einsetzen, ist dazu eine gesonderte Lizenz notwendig.

Begriffsdefinitionen

Die verschiedenen Auslieferungen des Cash Managements in den On-Premise-Versionen weichen bzgl. der Begriffsdefinitionen bzw. Menüs der einzelnen Komponenten an einigen Stellen voneinander ab.

Ich orientiere mich in diesem Buch überwiegend an der Semantik bzw. an dem Funktionsumfang des Releases **SAP S/4HANA Finance OP 1709**.

Der Grundfunktionsumfang des Cash Managements beschränkt sich, wie bereits erwähnt, größtenteils auf bestehende Funktionen, die wir aus dem klassischen ERP kennen. Mit dem vollen Funktionsumfang werden außerdem die folgenden Komponenten ausgeliefert:

- Bankkontenverwaltung,
- Cash Operations,
- Liquiditätsmanagement.

Ergänzt werden diese Module durch das *SAP Bank Communication Management (SAP BCM)*, welches nun auch Bestandteil des erweiterten Cash Managements ist und eine Reihe von neuen Apps enthält. Mithilfe von SAP BCM steuern Sie die Autorisierung und Freigabe von Zahlungen in Ihrem Unternehmen – insofern eine durchaus sinnvolle Zugabe.

Mittels der unterschiedlichen Versionen haben Sie die Möglichkeit, das Cash Management schrittweise an Ihre Anforderungen und Prozesse anzupassen. Sie können zu Beginn einer S/4HANA-Migration mit den bestehenden Grundfunktionen arbeiten und bei Bedarf den Leistungsumfang entsprechend Ihrer Cash-Management-Prozesse erhöhen.

Vergleich Grund- und voller Funktionsumfang

Weitere Informationen zu den Inhalten, Unterschieden und dem genauen Versionsumfang im Cash Management finden Sie im SAP-Hinweis 2270400 »Arbeitsvorrat für Übergang nach SAP S/4HANA Cash Management«.

Nachfolgend werde ich Ihnen zunächst die Grundfunktionalitäten des Cash Managements sowie die drei neuen Komponenten des vollen Funktionsumfangs kurz vorstellen. Ausführliche Informationen mit Detailansichten direkt aus dem System erhalten Sie in den Kapiteln 2, 4 und 6.

1.1.1 Cash Management – Grundfunktionalitäten

Wenn Sie im SAP ERP das Cash Management bereits im Einsatz haben, können Sie den Großteil der Funktionen auch unter SAP S/4HANA Finance weiterverwenden. Die technische Grundlage für das Reporting ist, wie im Cash Management mit vollem Funktionsumfang, die Tabelle FQM_FLOW. Auf Basis dieser Tabelle wurde das Reporting um den Tagesfinanzstatus (Transaktion *FF7AN*) wie auch die kurzfristige Liquiditätsvorschau (Transaktion *FF7BN*) ergänzt.

Weiterhin verwenden können Sie folgende bekannte Transaktionen:

- FF63 – Einzelsätze anlegen,
- FF65 – Einzelsätze anzeigen,
- FF73 – Automatisches Bankkonten-Clearing.

Auch die Bankabstimmung und Kontenüberträge aus dem bisherigen Funktionsumfang sind weiterhin möglich. Für die Bankkontenverwaltung steht allerdings nur ein reduzierter bzw. vereinfachter Funktionsumfang zur Verfügung. Nicht unterstützt werden hier beispielsweise SAP-Workflowprozesse.

1.1.2 Bankkontenverwaltung

Mit der Bankkontenverwaltung reiht sich eine neue Anwendung in das Portfolio des SAP Cash Managements ein. Mit den darin enthaltenen Funktionalitäten können Sie nun alle Bankkonten im Unternehmen oder Konzern an einer zentralen Stelle verwalten. Die Bankkontenverwaltung unterstützt Sie dabei an vielen Stellen. So können Sie darin beispielsweise die Unterschriftenregelung im Unternehmen abbilden und mit dem Genehmigungsprozess von Zahlungen in SAP BCM verknüpfen. Die Eröffnung oder Änderung von Konten ist über vordefinierte Workflows gesteuert, um so einen einheitlichen und durchgängigen Prozess im Bankkontenmanagement zu erreichen. Die Bankkontenverwaltung selbst enthält zahlreiche Felder, die Grundlage für weitere Apps oder Auswertungsmöglichkeiten sind, wie beispielsweise:

- das Einleiten einer jährlichen Prüfung aller im Unternehmen vorhandenen Konten,
- Massenänderungen der Zuständigkeiten für Konten.

Zahlreiche Gruppierungs- und Selektionsoptionen der Bankkontostammdaten runden den Funktionsumfang in der Bankkontenverwaltung ab. Darüber hinaus können Sie Dokumente bzw. Bankverträge mit Ihrem Kreditinstitut direkt mit den Hausbankkonten verknüpfen.

1.1.3 Cash Operations

Unter dem Begriff *Cash Operations* sind alle Aktivitäten gebündelt, die im Rahmen der täglichen Abläufe des Cash Managements notwendig sind. Dazu gehören beispielsweise die kurzfristige Finanzdisposition oder auch Maßnahmen zur Sicherung bzw. Steuerung der Liquidität eines Unternehmens. Vervollständigt werden diese Aufgaben durch einen effektiven und transparenten Zahlungsverkehr.

Cash Operations

Im SAP-Sprachgebrauch hat sich der Begriff *Cash Operations* für alle Prozesse rund um die Disposition liquider Mittel sowie für die Planung und Steuerung der Zahlungsströme etabliert. Teilweise treffen wir bei Übersetzungen auch auf den Begriff *Cash-Vorgänge*. Im weiteren Verlauf des Buches orientieren wir uns an der ursprünglichen Terminologie der SAP.

Für diese Aufgaben steht Ihnen im vollen Funktionsumfang des Cash Managements eine Reihe an Apps zur Verfügung, mit deren Hilfe Sie Ihre täglichen Aufgaben chronologisch abarbeiten können.

So können Sie beispielsweise zu Beginn Ihres Arbeitstages die eingetroffenen bzw. fehlerhaften Kontoauszüge schnell und übersichtlich prüfen. Auswertungen zum Tagesfinanzstatus bieten zahlreiche Filter- und Selektionsmittel für eine Darstellung in unterschiedlichen Dimensionen, wie beispielsweise Zahlen, Ansichten oder Diagrammtypen. Mithilfe des Kontextmenüs können Sie an vielen Stellen zu weiteren Apps abspringen, um Folgetransaktionen auszulösen.

Kontextmenü in Fiori-Apps

Das Kontextmenü in einer Fiori-App enthalten Sie immer dann, wenn Sie auf eine Grafik oder einen Wert in der App klicken. Sie erhalten dort eine Übersicht der Absprungmöglichkeiten zu weiteren Apps, die Sie von hier direkt aufrufen können.

Mit der Anbindung an das SAP BCM können Sie Zahlungen an einer zentralen Stelle genehmigen, verwalten und überwachen. Über den direkten Absprung in die Bankkontenverwaltung wird ein enges Zusammenspiel zwischen den beiden Funktionsbereichen erreicht.

1.1.4 Liquiditätsmanagement

Die mit Abstand umfangreichsten Änderungen dürfte es im Rahmen des Liquiditätsmanagements gegeben haben. Die im klassischen Cash Management des SAP ERP noch getrennt aufgeführten Funktionalitäten sind jetzt über einen Zugang erreichbar. Bisher gehörte nur die Liquiditätsvorschau zum Cash Management, die Liquiditätsplanung war ein zweigeteilter Prozess: Die Ist- oder auch Liquiditätsrechnung erfolgt im klassischen Cash Management über das Modul des *Liquidity Planners*, die Planung und das Reporting über SAP Business Warehouse Integrated Planning (SAP BW-IP).

Mit dem Liquiditätsmanagement im Cash Management für SAP S/4HANA Finance wurden die technologische Grundlage wie auch der Funktionsumfang umfassend neugestaltet. Der Rahmen für die Planung ist nun ein Bundle aus einem eingebetteten SAP Business Planning und Consolidation (SAP BPC) und dem BI Content.

Für Liquiditätsanalysen und Auswertungen des Cashflows stehen umfangreiche Analysewerkzeuge bzw. Apps zur Verfügung.

1.2 Technische Voraussetzungen

Bevor Sie das Cash Management in SAP S/4HANA Finance verwenden, sind einige Grundeinstellungen im Customizing notwendig. Neben dem Funktionsumfang müssen Sie auch die Services, die für den jeweiligen Betrieb der ausgelieferten Apps notwendig sind, konfigurieren.

1.2.1 Grundeinstellungen definieren

Für das Festlegen der Grundeinstellungen ist es zunächst wichtig, welchen Funktionsumfang des Cash Managements in SAP Sie wählen. Wenn Sie sich für den vollen Funktionsumfang entschieden haben, müssen Sie zunächst die dazugehörige Business Function aktivieren.

Migration von bestehenden Funktionen

Die Einstellungen der Grundfunktionalitäten bleiben auch nach der Migration auf S/4HANA Finance erhalten, müssen also nicht neu eingegeben werden. Lediglich der Datenaufbau muss im Rahmen des Set-ups vorgenommen und auf die neuen Tabellenstrukturen migriert werden.

Business Function aktivieren

Rufen Sie dazu das *SAP-Referenz-IMG* über die Transaktion *SPRO* auf. Navigieren Sie im Einführungsleitfaden zu dem Menüpunkt Business Function aktivieren und rufen Sie die in Abbildung 1.1 dargestellte Transaktion auf. Alternativ dazu können Sie die gewünschte Business Function auch über die Transaktion *SFW5* direkt aufrufen.

Business Function Set | Aktivierungsfehler im Dictionary: Beseitigen Sie die Inkonsistenzen

Name	Beschreibung	Geplanter Zustand	Abhä...	Doku...	Softwarekomponente	Rele...	Anwendungskomponente
FIN_CRM_MKT_INTGR	Integration ERP FIN für CRM Marketing Fun...	☐			S4CORE	100	MM-PUR
FIN_EWHT_EXCL	FI, Ausschlüsse in erweiterter Quellensteuer	☐		i	S4CORE	604	FI-AP-AP
FIN_FSCM_BCONS_CON	Billing Consolidation Connector V5.0	☐			S4CORE	100	FIN-FSCM
FIN_FSCM_BD	SAP Biller Direct Buy Side	☐		i	S4CORE	602	FIN-FSCM-BD-AR
FIN_FSCM_BD_3	SAP Biller Direct Buy Side 2	☐		i	S4CORE	605	FIN-FSCM-BD-AR
FIN_FSCM_BNK	Bank Communication Management	Business Function bleibt eingesch		i	S4CORE	604	FIN-FSCM
FIN_FSCM_CLM	SAP Cash Management (reversibel)	☑		i	S4CORE	700	FIN-FSCM-CLM
FIN_FSCM_SSC_AIC_1	FSCM, Unterstützung von Financial Shared ...	☐		i	S4CORE	605	FIN-FSCM-DM-DM

Abbildung 1.1: Aktivierung der Business Function FIN_FSCM_CLM

Sie navigieren nun zur Business Function *FIN_FSCM_CLM,* markieren diese und aktivieren die Änderung. Parallel dazu ist bzw. wird die Business Function *FIN_FSCM_BNK* aktiviert, die nun ebenfalls Bestandteil der erweiterten Cash-Management-Lizenz ist. Die aktivierten Funktionen sind farblich markiert und durch ein entsprechend verändertes Icon davor gekennzeichnet. Damit haben Sie die technischen Komponenten für das Cash Management in einem ersten Schritt aktiviert.

Allgemeine Einstellungen im Cash Management

Nachdem Sie die technischen Komponenten aktiviert haben, legen Sie in einem nächsten Schritt die Grundfunktionalitäten für das Cash Management fest.

Folgen Sie dazu dem Menüpfad SAP Customizing Einführungsleitfaden • Financial Supply Chain Management • Cash- und Liquiditätsmanagement • Allgemeine Einstellungen • Grundeinstellungen definieren.

In der in Abbildung 1.2 gezeigten Maske definieren wir einige allgemeine Einstellungen, die wir für unsere Tätigkeiten im Cash Management benötigen und die ich nachfolgend detaillierter beschreiben werde.

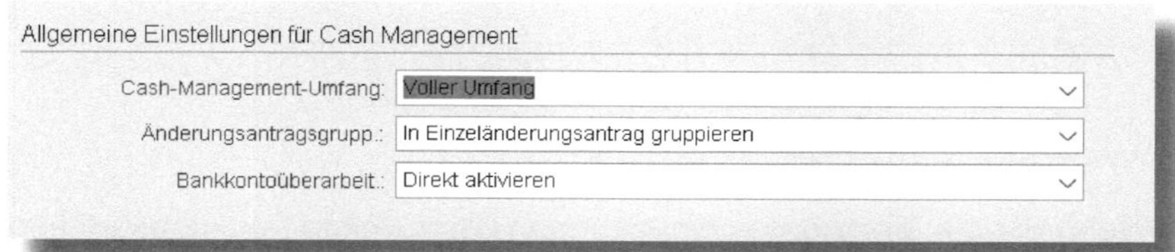

Abbildung 1.2: Allgemeine Einstellungen für das Cash Management

Fehleranalysen zum Cash-Management-Umfang

Mit SAP S/4HANA OP 1610 wurde die Regelung des Cash-Management-Umfangs mit einer Frontend-Steuerung erweitert. Bei Fehlern, die sich aus dem verwendeten Umfang ergeben können, beachten Sie bitte den Hinweis 2347893 »Fehleranalyse für Grundeinstellungen des Cash-Management-Umfangs«.

Cash-Management-Umfang

In diesem Feld entscheiden Sie, in welchem Umfang Sie das Cash Management nutzen wollen. Sofern die Lizenz für die erweiterte Version vorliegt, haben Sie die Wahl zwischen den bereits angesprochenen zwei Varianten

- *Grundfunktionsumfang,*
- *voller Umfang.*

Business Function FIN_FSCM_CLM im Grundfunktionsumfang

Stellen Sie in dem Zusammenhang sicher, dass bei der Verwendung des Grundfunktionsumfangs die Business Funktion FIN_FSCM_CLM nicht aktiv ist.

Änderungsantragsgruppierung

Wenn Sie die Bankkontenverwaltung mit dem vollen Funktionsumfang verwenden, gruppieren Sie bei einem aktiven SAP Business Workflow die Änderungen an den Konten nach bestimmten Kriterien. In dieser Customizing-Einstellung können Sie die Änderungsanträge wie folgt gruppieren:

- *in Einzeländerungsanträgen* – alle Änderungen werden in separate bzw. einzelne Anträge unterteilt,
- *nach Buchungskreisen* – alle Änderungsanträge werden dem jeweiligen Buchungskreis zugeordnet,
- *nach der Kontoart* – Änderungsanträge werden nach der im Customizing definierten Kontoart zusammengefügt,
- *nach Buchungskreis und Kontoart* – bündelt alle Änderungsanträge, die exakt dieser Kombination zugeordnet sind.

Die Zuständigkeit für Änderungsanträge wird für die Benutzer in den Regeln 74300006 und 74300007 im Customizing der Bankkontenverwaltung hinterlegt.

Bankkontoüberarbeitung

Innerhalb der Bankkontenverwaltung werden Anlagen sowie Änderungen von Bankkonten jeweils als eine *Bankkontenüberarbeitung* gesichert. Bevor das Konto nach einer Anlage oder Änderung verwendet werden kann, müssen Sie es zunächst aktivieren. Dazu stehen Ihnen die folgenden Optionen zur Verfügung:

- *direkt aktivieren,*
- *mit Vier-Augen-Prinzip aktivieren,*
- *über Workflow aktivieren.*

Wählen Sie die Option »direkt aktivieren«, sind alle Änderungen sofort umgesetzt. Für das *Vier-Augen-Prinzip (vereinfachtes Genehmigungsverfahren)* benötigen Sie noch eine weitere Person, die Ihre Änderung bestätigt. »Über Workflow aktivieren« verwendet die Freigabe von Anlagen oder Änderungen im Rahmen der ausgelieferten Workflow-Komponenten.

Diese Einstellungen sind nur dann notwendig, wenn Sie den vollen Funktionsumfang im Cash Management verwenden. Anlagen oder Änderungen, die Sie im Grundfunktionsumfang vornehmen, sind stets direkt nach dem Sichern aktiv.

1.3 Technische Komponenten

Werfen wir an dieser Stelle einen Blick auf die technischen Komponenten, die wir für das Cash Management in S/4HANA Finance benötigen. Der überwiegende Teil der Transaktionen im SAP ERP wird über den klassische SAP GUI gesteuert, wohingegen unter S/4HANA die bekannten SAP-Transaktionen zunehmend zugunsten von Fiori-Apps weichen müssen.

Fiori Apps Library

Eine vollständige und aktuelle Übersicht der Apps, die Ihnen in S/4HANA zur Verfügung stehen, finden Sie auf *https://fioriappslibrary.hana.ondemand.com/sap/fix/externalViewer/*. Neben den App-Dokumentationen können Sie dort auch die notwendigen technischen Voraussetzungen sowie Dokumentationen für die Implementierung der einzelnen Apps nachlesen.

Im Cash Management kommen unterschiedliche UI-Technologien zum Einsatz. So verwendet beispielsweise die Bankkontenverwaltung bis zum Release OP 1610 überwiegend Apps auf Basis der Web-Dynpro-Technologie. Im Cash Operations sind neben Web Dynpro auch Smart-Business- und transaktionale Fiori-Apps im Einsatz.

Beispielimplementierung

Anhand einer Beispielimplementierung der Apps Bankkonten verwalten – Bankenhierarchiesicht sowie Überweisungen tätigen möchte ich Ihnen in den beiden folgenden Abschnitten exemplarisch einige Konfigurationsschritte in SAP aufzeigen, die für die Verwendung dieser Apps notwendig sind.

1.3.1 Web-Dynpro-Services

Wie bereits erwähnt, wird für die Bankkontenverwaltung bis OP 1610 überwiegend die Web-Dynpro-Technologie eingesetzt. Für die App Bankkonten verwalten – Bankenhierarchiesicht rufen wir die Fiori-Library auf und starten die Suche direkt über die Geschäftsrolle SAP_BR_CASH_MANAGER. Diese enthält umfangreiche Apps, die für das Tagesgeschäft eines Cash Managers notwendig sind (Abbildung 1.3).

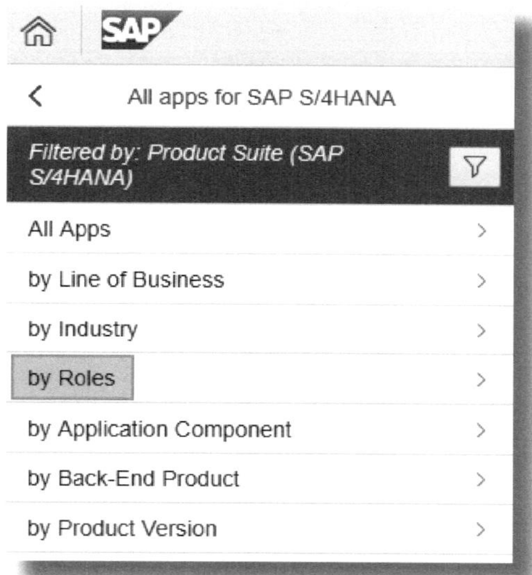

Abbildung 1.3: Suche von Fiori-Apps auf Basis von Rollen

Navigieren Sie nun innerhalb der selektierten Geschäftsrolle zur App, die Sie implementieren möchten – in unserem Fall Bankkonten verwalten – Bankenhierarchiesicht.

Um die für die Installation notwendigen Informationen zu erhalten, wechseln Sie auf das Register Implementation Information (siehe Abbildung 1.4). Sie können dort beispielsweise entnehmen, in welchem Katalog die Kachel zur Verfügung steht oder welche (Autorisierungs-) Rolle für die spätere Benutzerzuordnung in der Transaktion *PFCG* notwendig ist.

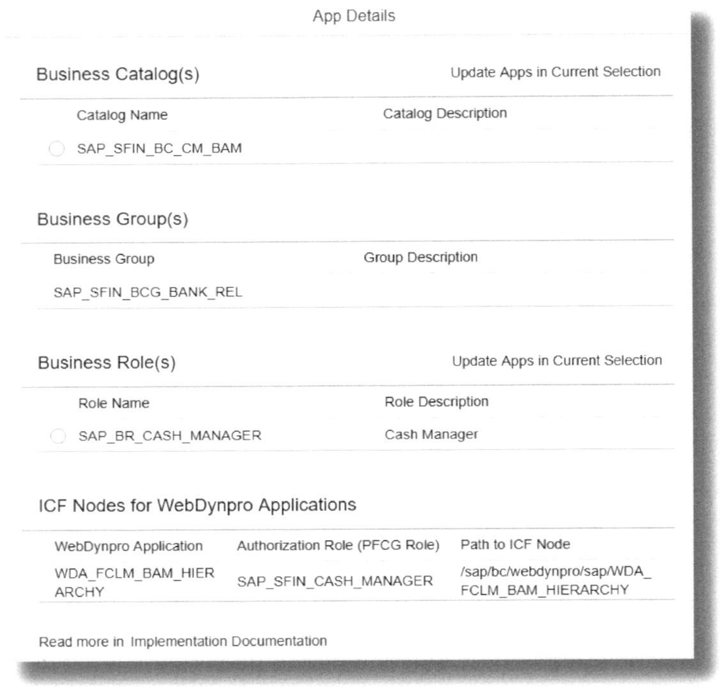

App Details

Business Catalog(s) — Update Apps in Current Selection

Catalog Name	Catalog Description
SAP_SFIN_BC_CM_BAM	

Business Group(s)

Business Group	Group Description
SAP_SFIN_BCG_BANK_REL	

Business Role(s) — Update Apps in Current Selection

Role Name	Role Description
SAP_BR_CASH_MANAGER	Cash Manager

ICF Nodes for WebDynpro Applications

WebDynpro Application	Authorization Role (PFCG Role)	Path to ICF Node
WDA_FCLM_BAM_HIER ARCHY	SAP_SFIN_CASH_MANAGER	/sap/bc/webdynpro/sap/WDA_ FCLM_BAM_HIERARCHY

Read more in Implementation Documentation

Abbildung 1.4: Technische Informationen zur Implementierung einer App

Damit wir die App aus dem Fiori Launchpad heraus aufrufen können, ist es notwendig den *http-Service* der Web-Dynpro-Applikation zu starten. Rufen Sie dazu die Transaktion *SICF* auf oder navigieren Sie zur Pflege des http-Service-Baums über Werkzeuge • Administration • Verwaltung • Netzwerk • Pflege des http-Service-Baums.

Wählen Sie anschließend Ausführen, um in die Pflege der http-Services zu gelangen. Tragen Sie im Feld Service-Pfad den Knoten bzw. den Pfad des zu aktivierenden Service ein. Diesen finden Sie in Abbildung 1.4 unten rechts. Drücken Sie nun den Button [Anwenden], um direkt zu diesem Service zu navigieren (siehe Abbildung 1.5).

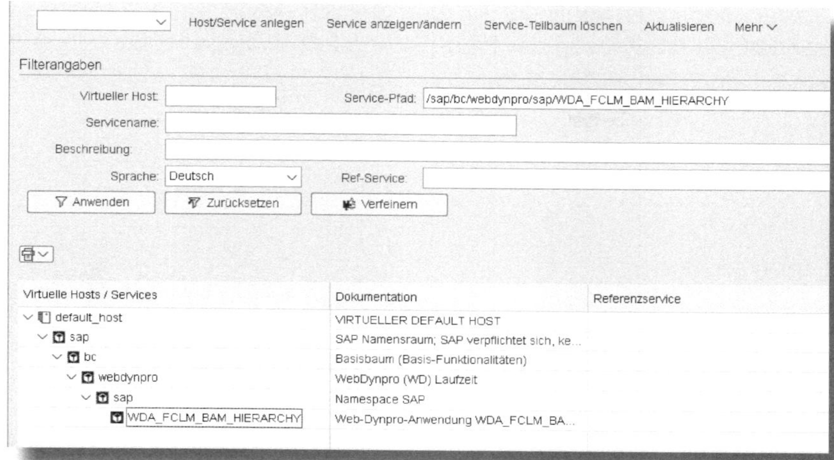

Abbildung 1.5: http-Services über Transaktion SICF aktivieren

Markieren Sie den Eintrag WDA_FCLM_BAM_HIERARCHY und aktivieren Sie den Service, indem Sie die rechte Maustaste drücken und Service aktivieren auswählen. Sofern in Ihrem Benutzerstamm die notwendigen Rechte bzw. Rollen zugordnet sind, können Sie die App nun verwenden.

1.3.2 OData-Services

Einige Apps wie beispielsweise Smart-Business- oder transaktionale Apps benötigen *OData-Services*. Rufen Sie dazu erneut die Fiori-Library auf und suchen Sie dort nach unserer transaktionalen Beispiel-App Überweisungen tätigen.

Genaugenommen müssen Sie den Begriff »Make Bank Transfers« suchen, da die Apps in der Fiori-Library derzeit ausschließlich in englischer Sprache gelistet sind.

Anschließend wechseln Sie wieder in das Register Implementation Information (siehe Abbildung 1.6).

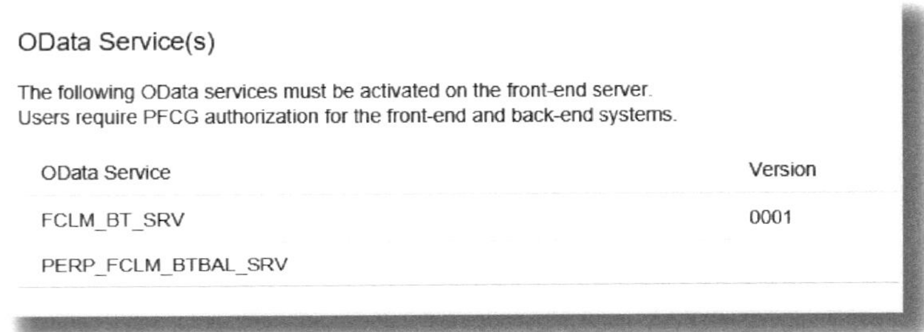

Abbildung 1.6: Technische Informationen zur Implementierung einer App

Damit wir die App Überweisungen tätigen verwenden können, müssen wir die hier angegebenen OData-Services aktivieren. Wechseln Sie dazu in das SAP-Referenz-IMG mit der Transaktion *SPRO*. Navigieren Sie anschließend zu den Services über den Pfad SAP Customizing Einführungsleitfaden • SAP NetWeaver • SAP Gateway • OData Channel • Administration • Allgemeine Einstellungen • Services aktivieren und verwalten (siehe Abbildung 1.7).

Um einen Service zu ergänzen, drücken Sie den Button ⊕ Service hinzufügen. Tragen Sie den Systemalias sowie den technischen Servicenamen FCLM_BT_SRV unter Technischer Servicename ein und drücken Sie auf Services abrufen. Der ausgewählte Backend-Service ist nun in der Liste aufgeführt (siehe Abbildung 1.8). Markieren Sie ihn und drücken Sie den Button ⊕ Ausgewählte Services hinzufügn.

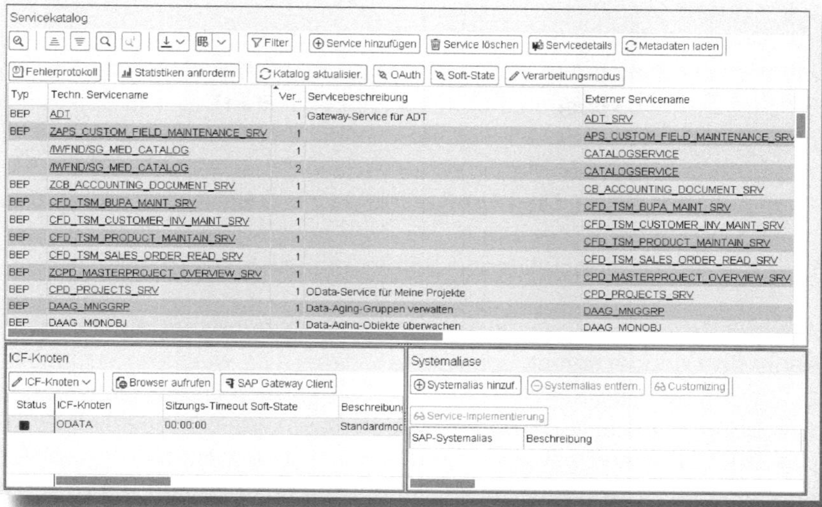

Abbildung 1.7: OData-Servicekatalog

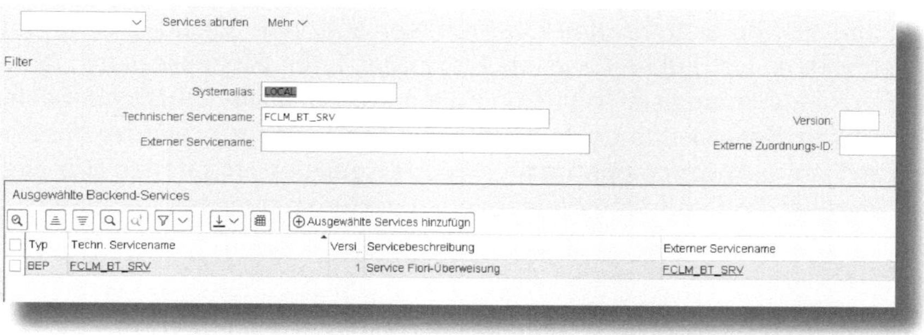

Services abrufen
Mehr
Filter
Systemalias: LOCAL
Technischer Servicename: FCLM_BT_SRV
Externer Servicename:
Version:
Externe Zuordnungs-ID:
Ausgewählte Backend-Services
Ausgewählte Services hinzufügn
Typ | Techn. Servicename | Versi.. | Servicebeschreibung | Externer Servicename
BEP | FCLM_BT_SRV | 1 | Service Fiori-Überweisung | FCLM_BT_SRV

Abbildung 1.8: OData-Services abrufen

Der Service FCLM_BT_SRV wird daraufhin angelegt, und die dazugehörigen Metadaten sind geladen. Haben Sie alle Services gemäß den Vorgaben in der Fiori-Library aktiviert, können Sie die App verwenden, sofern Ihnen im Benutzerstamm die notwendigen Rechte bzw. Rollen zugeordnet sind.

1.4 Fazit

Mit der Neuausrichtung im Cash Management in S/4HANA liefert die SAP ein breiteres Lösungsportfolio an ihre Kunden aus. Kunden mit einem Bedarf an Basisfunktionalitäten finden sich darin genauso wieder wie Unternehmen, die einen größeren Funktionsumfang im Cash Management benötigen. Die Migration sowie der Datenaufbau der Grundfunktionalitäten sind bei einem Wechsel auf S/4HANA überschaubar, bzw. bestehende Einstellungen werden einfach wiederverwendet.

Aufgrund der modularen Auslieferung der vollumfänglichen Version kann der Kunde selbst entscheiden, wann er welches Modul hinzufügen bzw. aktivieren möchte. Durch das erweiterte Lizenzmodell werden nun bestehende und etablierte Bausteine wie beispielsweise das SAP BCM an das Cash Management gekoppelt. Mit diesen Verknüpfungen reduzieren sich bestehende Medienbrüche – Prozesse sind optimiert und ermöglichen eine ganzheitliche Betrachtung des Cashflows im Unternehmen.

Egal, ob Sie sich für eine On-Premise- oder eine Cloud-Lösung entscheiden: Ein hoher Grad an Flexibilität Ihrer Prozesse bzw. Ihres Funktionsumfangs ist in beiden Fällen gewährleistet. Durch die bestehenden Entwicklungszyklen bzw. Release-Strategien werden fortlaufend neue Anwendungen bzw. Apps ausgeliefert, mit denen Sie Ihre Prozesse im Cash Management auch weiterhin optimieren können.

2 Bankkontenverwaltung

In diesem Kapitel möchte ich Ihnen eine Übersicht über die aktuellen bzw. wichtigsten Apps und Funktionen in der Bankkontenverwaltung geben sowie die wesentlichen Grundeinstellungen im Customizing aufzeigen, die Sie für den Einsatz dieser Anwendung in S/4HANA Finance benötigen.

Mit dem vollen Funktionsumfang im Cash Management wird auch die erweiterte Bankkontenverwaltung ausgeliefert, deren Oberfläche und Funktionen in den vergangenen Jahren stetig weiterentwickelt wurden. Das Konzept der Trennung zwischen Stammdaten und Customizing, bzw. zwischen Banken, Hausbanken sowie Hausbankkonten, wurde konsequent weiterverfolgt und erfordert nun ein gewisses Umdenken bei der Anlage und Administration von Bankkonten. Zahlreiche Einstellungsmöglichkeiten in den Stammdaten sowie integrierte Workflows unterstützen Sie bei der effizienten Verwaltung Ihrer Bankstammdaten in SAP.

Mit den ersten Auslieferungen der Bankkontenverwaltung erfolgte die Navigation überwiegend mithilfe des NetWeaver Business Client (NWBC) sowie über Web-Dynpro-Anwendungen. Seit der Auslieferung von S/4HANA OP 1709 werden weitere Fiori-Apps bereitgestellt, die bereits in der Cloud-Version verfügbar waren und die die Navigation in der Bankkontenverwaltung weiter vereinfachen sollen.

2.1 Banken verwalten – grundlegend

Schauen wir uns zunächst kurz die App *Banken verwalten – grundlegend* an. Diese bietet Ihnen eine einfache Sicht auf alle in Ihrem SAP-System hinterlegten Bankkonten. Um eine Übersicht Ihrer Banken zu erhalten, starten Sie die App über folgende Kachel:

Sie erhalten als Ergebnis eine einfache Auflistung aller Banken in Ihrem System (siehe Beispiel in Abbildung 2.1). Über zahlreiche Filterfunktionen können Sie die Ergebnisse weiter einschränken oder die Darstellung von Spalten oder Sortierungen über die Einstellungen der App noch weiter verfeinern. Optional können Sie hier zudem Banken manuell anlegen.

Abbildung 2.1: Banken verwalten – grundlegend

Eine vergleichbare Funktion finden Sie auch im Report RFBKVZ00, der Ihnen das Bankenverzeichnis im SAP GUI auflistet.

2.2 Banken verwalten

Weitaus mehr Informationen zu Ihren Banken bietet Ihnen die App *Banken verwalten*.

Nachdem Sie diese gestartet haben, erhalten Sie eine Liste der Banken, die zunächst vergleichbar mit der App *Banken verwalten – grundlegend* ist.

Auch hier haben Sie zahlreiche Einstellungsmöglichkeiten, um die Auflistung der Banken zu verfeinern. Die Grundliste ist an der Stelle allerdings um zwei Spalten erweitert:

- ANZAHL DER BANKKONTEN,
- ANZAHL DER HAUSBANKEN.

Anhand dieser Informationen können Sie erkennen, ob den aufgelisteten Banken bereits Bankkonten zugeordnet worden sind und für wie viele Buchungskreise die Bank als Hausbank definiert wurde (siehe Abbildung 2.2).

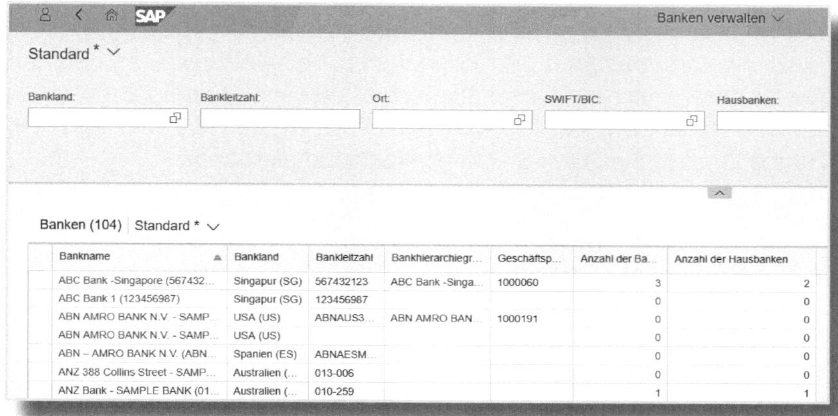

Abbildung 2.2: Banken verwalten

Öffnen Sie nun die Detailsicht zu einem Geldinstitut, indem Sie auf den Namen klicken. In Abbildung 2.3 sehen Sie neben den Allgemeinen Daten noch weitere Informationen zu dieser Bank, wie beispielsweise die dazugehörigen Hausbanken, Kontaktdaten und Filialen.

Über die Änderungshistorie können Sie die vorgenommenen Änderungen zur Bank nachvollziehen.

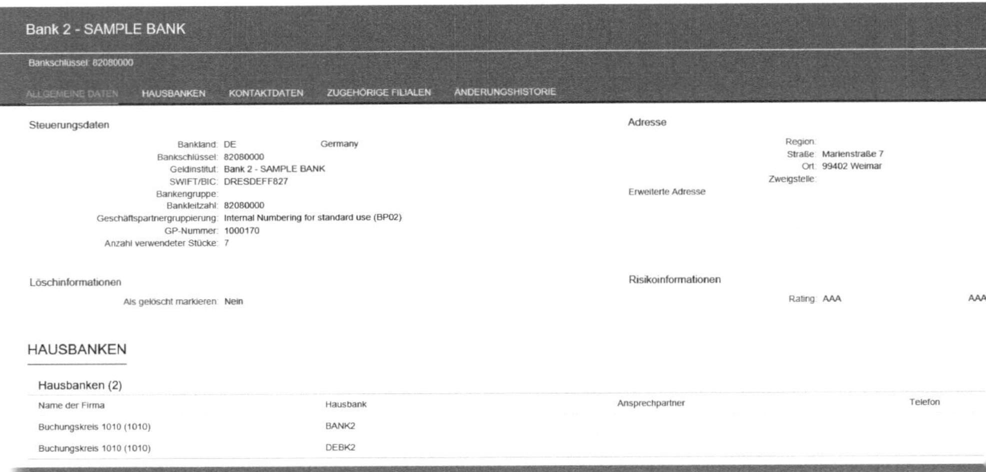

Abbildung 2.3: Detailübersicht einer Bank

Die Steuerungsdaten der Bank enthalten darüber hinaus zwei weitere nützliche Informationen. So können Sie beispielsweise entnehmen, wie oft bzw. welchem Geschäftspartner die Bank bereits zugeordnet worden ist. Mithilfe der Risikoinformationen ordnen Sie der Bank ein Rating zu, das Sie zuvor im Customizing definiert haben.

2.3 Bankkonten verwalten

Nachdem Sie nun einen groben Überblick über die Funktionen der Verwaltung von Banken erhalten haben, schauen wir uns in diesem

Abschnitt die Apps bzw. Funktionen an, die uns für die Administration unserer Bankkonten zur Verfügung stehen.

Diese rufen wir über die Kachel BANKKONTEN VERWALTEN auf.

Diese App ist die zentrale Applikation, die wir seit OP 1709 für die Verwaltung unserer Hausbankkonten verwenden. Schauen wir uns deren Inhalte und Funktionen in den nächsten Abschnitten etwas genauer an.

Bank- bzw. Hausbankkonten sind nun Stammdaten

Im SAP ERP erfolgt die Pflege der Bank- bzw. Hausbankkonten klassischerweise im Customizing. Mit S/4HANA Finance wurde dieses Konzept geändert – die Pflege der Bankkonten ist nun dem Bereich der Stammdaten zugeordnet und erfordert keine Pflege mehr über den SAP-Customizing-Einführungsleitfaden.

2.3.1 Elemente des Bankkontos

Über die Filtermöglichkeiten bzw. Auswahlfelder der Fiori-App stehen uns zahlreiche Such- und Filterkriterien zur Verfügung, mit deren Hilfe wir die Liste der angezeigten Bankkonten einschränken können (siehe Abbildung 2.4).

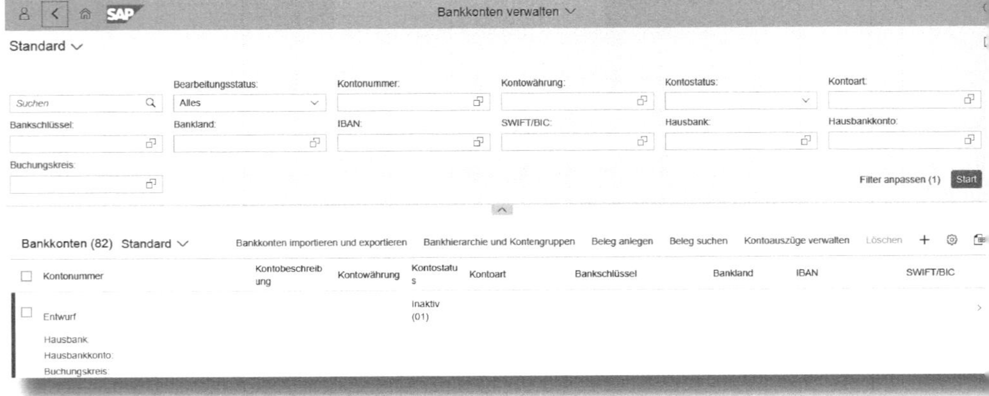

Abbildung 2.4: Übersicht Bankkontenverwaltung

Unterhalb der Such- bzw. Filterkriterien sind weitere Funktionen aufgelistet, die im Zusammenhang mit der Bankkontenverwaltung stehen. So können wir beispielsweise:

- BANKKONTEN IMPORTIEREN ODER EXPORTIEREN,
- BANKHIERARCHIEN UND KONTENGRUPPEN AUFRUFEN,
- BELEGE ANLEGEN,
- BELEGE SUCHEN,
- KONTOAUSZÜGE VERWALTEN,
- OBJEKTE BZW. ENTWÜRFE LÖSCHEN oder
- OBJEKTE (BANKKONTEN) NEU ANLEGEN.

Einige der Funktionen schauen wir uns in den nachfolgenden Abschnitten detaillierter an. Zuvor möchte ich noch auf diese hilfreichen Buttons hinweisen: Mittels ☆ am rechten Bildschirmrand (hier nicht mehr zu sehen) können Sie den Header fixieren, und über die beiden Buttons ⚙ ▦ lassen sich die Anzeigeeinstellungen der App anpassen bzw. die Liste in Excel exportieren.

Wechseln wir nun, wie für die Bankenverwaltung beschrieben, in die Detailansicht eines Kontos. Sie finden darin weitere Register bzw. Abschnitte für unser ausgewähltes Hausbankkonto.

Reiter Allgemeine Daten

Werfen wir zunächst einen Blick auf die Allgemeinen Daten unseres Hausbankkontos (siehe Abbildung 2.5).

Abbildung 2.5: Allgemeine Daten zum Hausbankkonto

Darin enthalten sind neben den Entitätsdetails, wie beispielsweise dem Buchungskreis oder dem Kontoinhaber, Informationen zur Konto- oder Bankverbindung. Zusätzlich wird jedes Bankkonto mit einer Technischen ID versehen, die es in der Bankkontenverwaltung eindeutig identifizierbar macht.

Reiter Bankbeziehung

In der Rubrik der Bankbeziehung (Abbildung 2.6) können wir u. a. Informationen zu den Zahlungsdaten hinterlegen. Dazu gehört z. B., wann die Cut-off-Zeiten für die Zahlungen bei unseren Banken sind oder wann bzw. wie Kontoauszüge von unseren Hausbanken angeliefert werden. Zusätzliche Informationen wie beispielsweise zum Verarbeitungs- und Differenzstatus der Kontoauszüge, die wir für die Aufbereitung der Daten im Kontoauszugsmonitor benötigen, lassen sich hier ebenso hinterlegen.

Diese Einstellungen können Sie analog auch im Customizing des SAP BCM vornehmen.

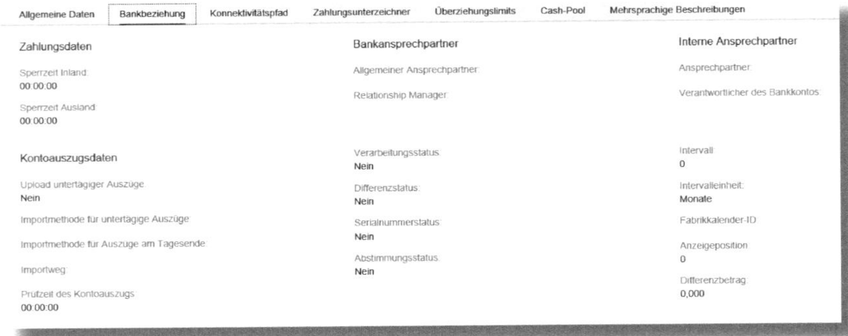

Abbildung 2.6: Bankbeziehung eines Hausbankkontos

Ergänzend hinterlegen Sie noch die Daten der ANSPRECHPARTNER bei den HAUSBANKEN wie auch die INTERNEN ANSPRECHPARTNER in Ihrem Unternehmen. Die Kontaktdaten der internen Ansprechpartner benötigen Sie immer dann, wenn Sie beispielsweise einen Review-Prozess Ihrer Bankkonten starten möchten.

Reiter KONNEKTIVITÄTSPFAD

Eine der wichtigsten Rubriken in der Bankkontenverwaltung dürfte der *Konnektivitätspfad* sein (siehe Abbildung 2.7), der selbst wiederum in folgende Abschnitte aufgeteilt ist:

- KONNEKTIVITÄTSPFAD,
- HAUSBANKKONTODATEN,
- BANKVERBINDUNG FÜR SCHULDWECHSELRÜCKLAUF,
- FÜR EINREICHUNGSRÜCKLAUF,
- HAUSBANKDATEN.

Zahlreiche der in diesem Abschnitt gepflegten Informationen finden Sie analog in der Transaktion *FI12* – der Hausbankenpflege im klassischen SAP-ERP-System – wie beispielsweise die Mitgabe eines Sachkontos, einer Hausbank oder Konto-ID.

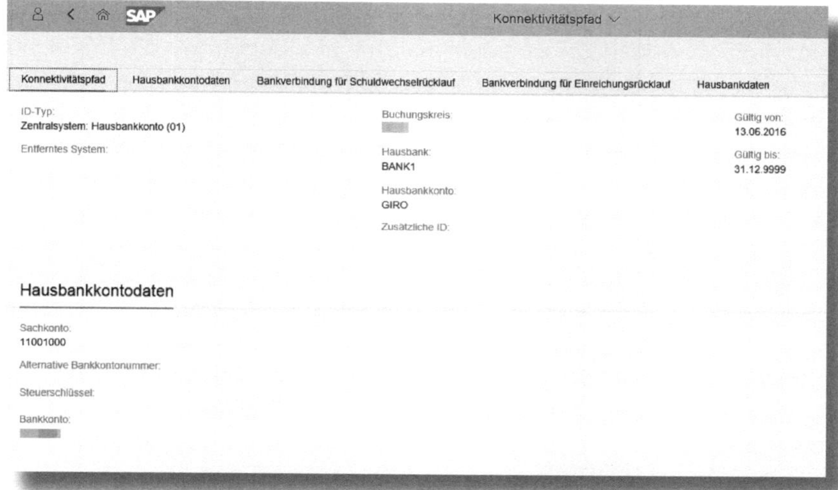

Abbildung 2.7: Details zum Konnektivitätspfad

Ein wichtiger Bestandteil im Bereich Konnektivitätspfad ist das Feld ID-Typ. Mithilfe dieser Einstellung legen Sie fest, ob das Hausbankkonto

- im Zentralsystem als Hausbankkonto,
- im Zentralsystem als Sachkonto,
- im Remote-System als Hausbankkonto,
- im Remote-System als Sachkonto,
- als Sonstiges

in der Bankkontenverwaltung geführt wird.

Reiter Zahlungsunterzeichner

Möchten Sie für die Autorisierung von Zahlungsbatches im SAP BCM die zeichnungsberechtigten Teilnehmer aus der Bankkontenverwaltung ableiten, so können Sie in diesem Abschnitt die dazu notwendigen Einstellungen vornehmen.

Tragen Sie, wie in Abbildung 2.8 dargestellt, einen Unterzeichner mit der dazugehörigen Unterzeichnergruppe ein. Legen Sie die Währung, Maximal- und Minimalbeträge sowie den Gültigkeitszeitraum der Berechtigung fest.

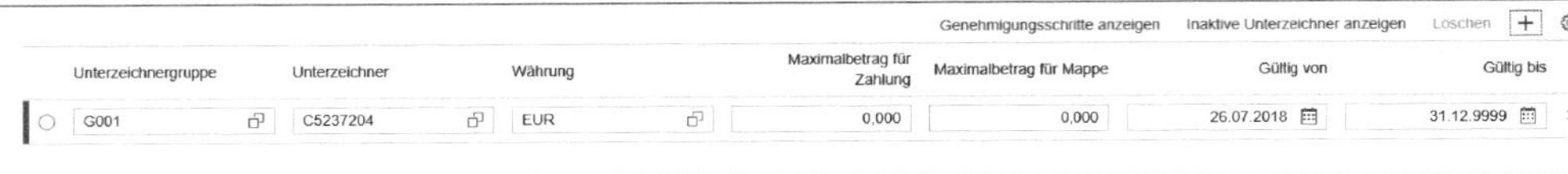

Abbildung 2.8: Definition von Zahlungsunterzeichnern

Weitere Informationen zu Genehmigungsschritten oder inaktiven Unterzeichnern können Sie sich über die gleichnamigen Buttons einblenden lassen.

Reiter Überziehungslimits

Mithilfe der Überziehungslimits können Sie pro Konto für einen bestimmten Zeitraum einen Verfügungsrahmen eintragen, den Ihnen die Hausbank für das Konto gewährt (siehe Abbildung 2.9).

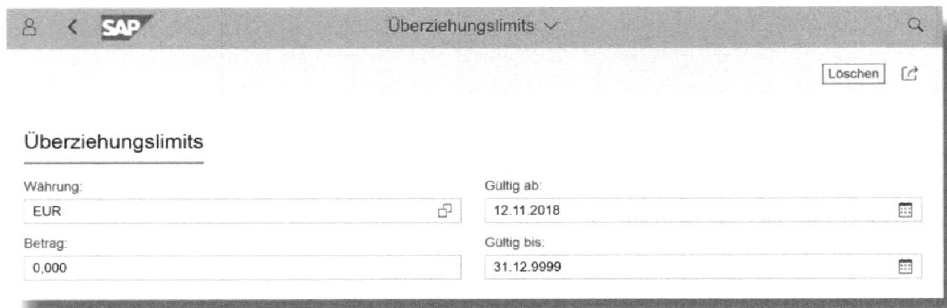

Abbildung 2.9: Überziehungslimit für ein Konto

Verwendung des Überziehungslimits

In dem aktuellen Systemrelease wird dieses Feld nicht im Tagesfinanzstatus bzw. als Limit für die Kontenfindung der Transaktion FBZP verwendet. Es stellt derzeit lediglich ein Feld mit Informationsgehalt in der Bankkontenverwaltung dar.

Reiter Cash-Pool

Über die App *Bankkonten verwalten – Bankenhierarchiesicht* haben Sie die Möglichkeit, Konten in einer Hierarchie bzw. in Bankkontengruppen-Sicht darzustellen (siehe Abbildung 2.10).

Cash-Pool-ID	Pool-Beschreibung	Bankkontogruppe
POOLING	POOLING	Cash Pool

Abbildung 2.10: Cash-Pool zu einem Hausbankkonto

Innerhalb einer von Ihnen definierten Hierarchie können Sie alle in einer Gruppe enthaltenen Konten zu einem *Cash-Pool* zusammenführen. Die so angelegte Cash-Pool-ID wird in dieser Rubrik angezeigt. Weitere Informationen dazu finden Sie in Abschnitt 2.4.

Reiter Mehrsprachige Beschreibung

Hier werden die Sprachen angezeigt, in denen das Konto hinterlegt ist.

Zusätzliche Einstellungen

Im Kopfteil des Bankkontos finden Sie am rechten oberen Rand noch zwei weitere Buttons:

1. Über die Kontohistorie lassen sich alle Änderungen zu einem Bankkonto nachvollziehen.

2. Mithilfe des Buttons Anlagen verwalten können Sie Anlagen zum Bankkonto wie beispielsweise Kontoeröffnungs- oder Änderungsformulare hinterlegen und sammeln damit alle für das Konto wichtigen Dokumente an einer zentralen Stelle.

2.3.2 Bankkonten importieren und exportieren

Für die Migration bzw. Massenverarbeitung (z. B. bei Massenänderungen durch das Hinzufügen neuer Felder in den Web-Dynpro-Apps über die Struktur CI_AMD_EXT) von Bankkonten steht Ihnen die Funktion der BANKKONTEN IMPORTIEREN UND EXPORTIEREN zur Verfügung. Die Bearbeitung der Bankdaten selbst erfolgt in Microsoft Excel. Starten Sie zunächst die Funktion BANKKONTEN IMPORTIEREN UND EXPORTIEREN (siehe Abbildung 2.11).

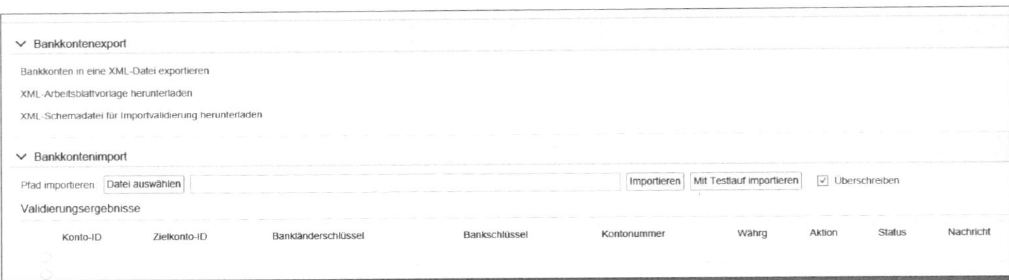

Abbildung 2.11: Import und Export von Bankkonten

Um Bankstammdaten für die Bearbeitung zu exportieren, drücken Sie den Button BANKKONTEN IN EINE XML-DATEI EXPORTIEREN. Sie speichern die Daten damit in einer XML-Datei, die Sie im weiteren Verlauf mit Microsoft Excel bearbeiten können. Für die Bearbeitung der Daten in MS Excel benötigen Sie zunächst das Register ENTWICKLERTOOLS, welches Sie über die Optionen von Excel hinzufügen können (siehe Abbildung 2.12).

Optionale Vorlagen für den Download

Neben dem Export von Bankkonten in einer XML-Datei stehen Ihnen mit der XML-Arbeitsblattvorlage und der XML-Schemadatei noch zwei weitere Vorlagen zur Verfügung, die Sie für die Bearbeitung bzw. Validierung von Bankkontodaten verwenden können.

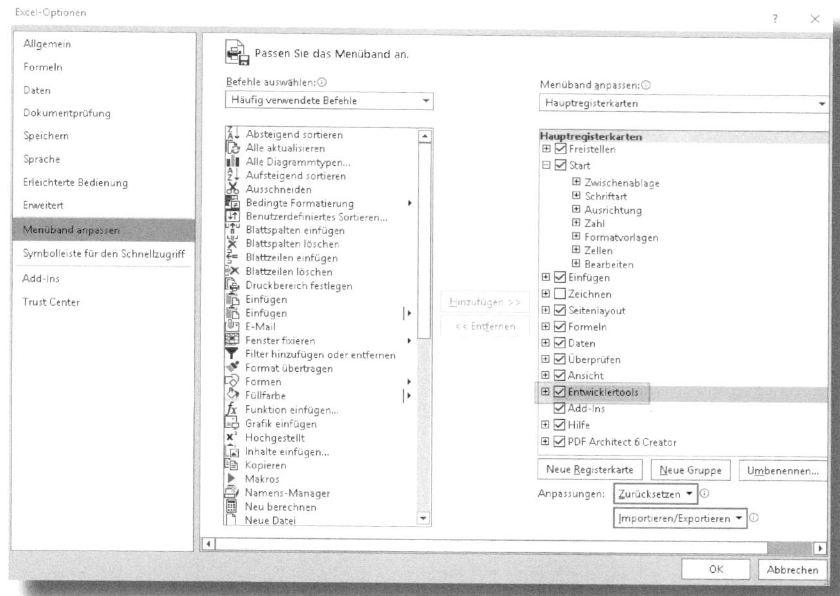

Abbildung 2.12: Hinzufügen der Entwicklertools

Öffnen Sie nun die zuvor gespeicherte XML-Datei mittels der Import-Funktion aus dem Entwicklungstool-Register. Sie erhalten dazu ein Pop-up mit dem Hinweis, dass sich die Quelle nicht auf ein Schema bezieht und Microsoft Excel ein eigenes Schema erstellen wird – bestätigen Sie die Meldung mit OK.

Nehmen Sie nun die erforderlichen Änderungen in der Datei vor (siehe Abbildung 2.13) und exportieren Sie sie wiederum als XML-Datei über die Export-Funktion im Entwicklungstool-Register.

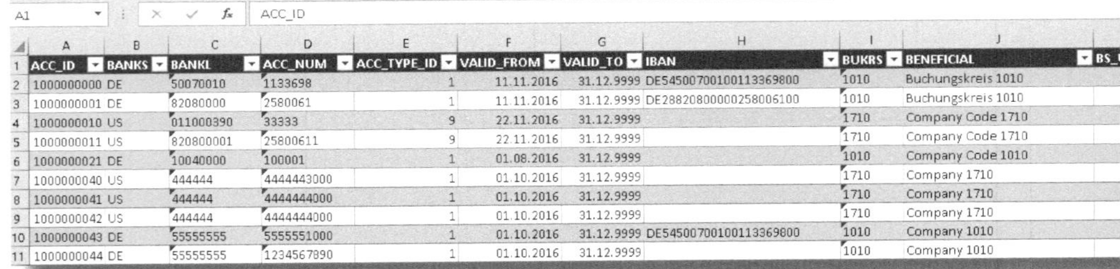

	ACC_ID	BANKS	BANKL	ACC_NUM	ACC_TYPE_ID	VALID_FROM	VALID_TO	IBAN	BUKRS	BENEFICIAL	BS_
2	1000000000	DE	50070010	1133698	1	11.11.2016	31.12.9999	DE54500700100113369800	1010	Buchungskreis 1010	
3	1000000001	DE	82080000	2580061	1	11.11.2016	31.12.9999	DE28820800000258006100	1010	Buchungskreis 1010	
4	1000000010	US	011000390	33333	9	22.11.2016	31.12.9999		1710	Company Code 1710	
5	1000000011	US	820800001	25800611	9	22.11.2016	31.12.9999		1710	Company Code 1710	
6	1000000021	DE	10040000	100001	1	01.08.2016	31.12.9999		1010	Company Code 1010	
7	1000000040	US	444444	4444443000	1	01.10.2016	31.12.9999		1710	Company 1710	
8	1000000041	US	444444	4444444000	1	01.10.2016	31.12.9999		1710	Company 1710	
9	1000000042	US	444444	4444444000	1	01.10.2016	31.12.9999		1710	Company 1710	
10	1000000043	DE	55555555	5555551000	1	01.10.2016	31.12.9999	DE54500700100113369800	1010	Company 1010	
11	1000000044	DE	55555555	1234567890	1	01.10.2016	31.12.9999		1010	Company 1010	

Abbildung 2.13: Bearbeitung von Bankdaten in Microsoft Excel

Workflow und Importprozess

Bitte beachten Sie vor dem Import der Stammdaten, dass Sie den dazugehörigen Workflow deaktiviert haben. Siehe dazu auch Abschnitt 2.12.2.

Im nächsten Schritt importieren Sie die XML-Datei mit ihren geänderten Feldinhalten. Wählen Sie dazu in der Rubrik Bankkontenimport den Button Datei auswählen (siehe Abbildung 2.14).

Sie haben hier die Möglichkeit, die Datei zunächst mit einem Testlauf zu importieren, um mögliche Fehler im Aufbau bzw. in den Inhalten zu validieren. So muss z. B. immer die Spalte ACC_ID enthalten sein, welche der technischen ID des Bankkontos entspricht. Die Importlogik sucht dabei immer nach den logischen Schlüsseln:

- ACC_NUM,
- BANKS,
- BANKL,
- CURRENCY.

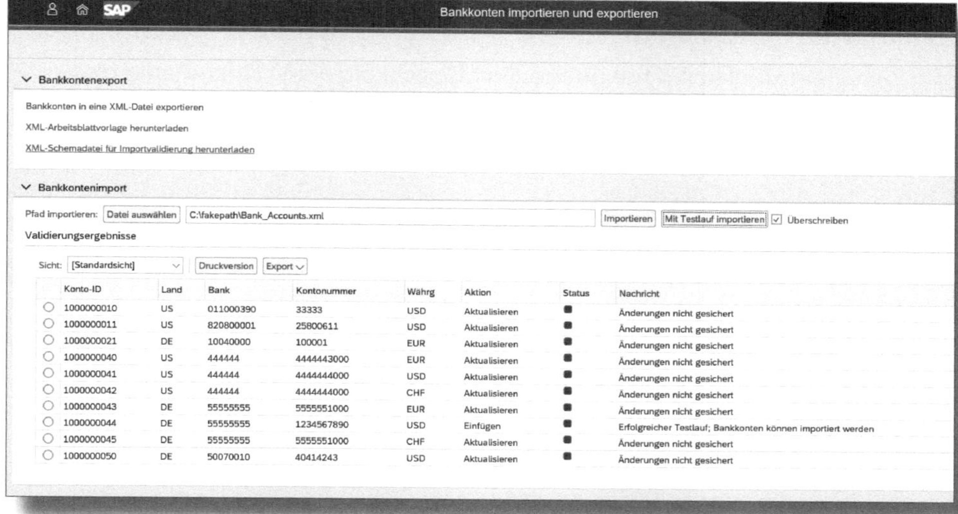

Abbildung 2.14: Bankkontenimport einer XML-Datei

Bankkontenimport einer XML-Datei

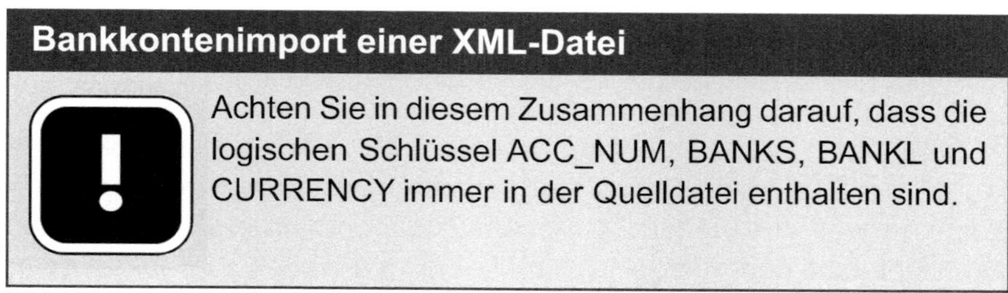

Achten Sie in diesem Zusammenhang darauf, dass die logischen Schlüssel ACC_NUM, BANKS, BANKL und CURRENCY immer in der Quelldatei enthalten sind.

2.3.3 Bankenhierarchie und Kontengruppen

Über den Button BANKENHIERARCHIE UND KONTENGRUPPEN rufen Sie direkt die dazugehörige App *Bankkonten verwalten – Bankenhierarchiesicht* in einem neuen Fenster auf und können dort die Banken- bzw. Kontenstruktur in Ihrem Unternehmen einsehen bzw. selbst zusammenstellen.

Im Abschnitt 2.4 erfahren Sie, wie diese App inhaltlich aufgebaut ist.

2.3.4 Beleg anlegen und suchen

In einem Bankkonto haben Sie die Möglichkeit, direkt Dokumente bzw. Anlagen zu hinterlegen. Mithilfe der beiden Buttons Beleg anlegen bzw. Beleg suchen ordnen Sie der Bankkontenverwaltung optional Dokumente zu.

2.3.5 Kontoauszüge verwalten

Möchten Sie aus der Bankkontenverwaltung heraus eine Übersicht Ihrer aktuellen Kontoauszüge erhalten, so können Sie über den Button Kontoauszüge verwalten diese Informationen direkt aufrufen.

2.4 Bankkonten verwalten – Bankenhierarchiesicht

Um die Zielrichtung dieser App zu verstehen, muss ich zunächst auf deren Entstehungsgeschichte zu sprechen kommen. Bis zum Release S/4HANA OP 1610 war die App *Bankkonten verwalten – Übersicht und Pflege* die alleinige Anwendung, mit der Sie Ihre Bankkonten in S/4HANA Finance verwalten konnten. Mit dem Release OP 1709 wurde die Bankkontenverwaltung um die modernere Fiori-App *Bankkonto verwalten* erweitert. In diesem Zusammenhang wurde die App zur Übersicht und Pflege in *Bankkonten verwalten – Bankenhierarchiesicht* umbenannt und ermöglicht nun auch keine direkte Anlage von Bankkonten mehr.

Darüber hinaus erfolgte im Grundumfang dieser App eine Reduktion der Funktionen, sodass über die App im Prinzip nur noch die Bankenhierarchien dargestellt werden.

Im erweiterten Umfang des CM können Sie, wie in Abbildung 2.15 zu sehen ist, zwei Sichten nutzen:

- Standardsichten (Bankhierarchie),
- Bankkontengruppen-Sichten.

Diese werde ich Ihnen in den folgenden Abschnitten etwas näher zeigen.

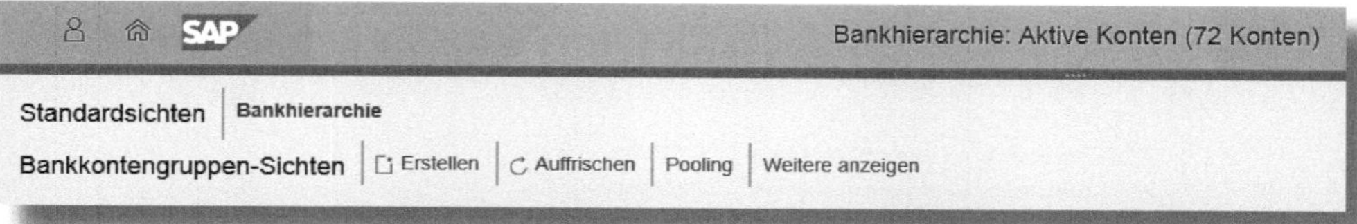

Abbildung 2.15: Vollversion mit Standardsichten und Bankkontengruppen-Sichten

2.4.1 Sicht Bankenhierarchie

Um zu den Standardsichten zu gelangen, rufen Sie zunächst die App *Bankkonten verwalten – Bankenhierarchiesicht* auf. Sie erhalten im Einstiegsbild die Darstellung der von Ihnen gepflegten Hierarchie Ihrer Haus- und Hausbankkonten (siehe Abbildung 2.16).

In dieser Darstellung können Sie zwischen Hausbanken bzw. Hausbankkonten navigieren und beispielsweise in die Details zum Konto abspringen, die Sie bereits aus der App *Bankkonten verwalten* kennen.

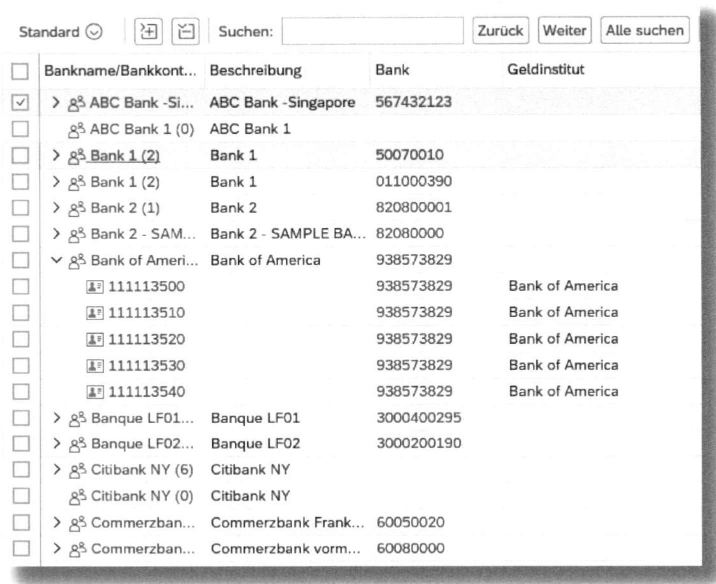

Bankname/Bankkont...	Beschreibung	Bank	Geldinstitut
ABC Bank -Si...	ABC Bank -Singapore	567432123	
ABC Bank 1 (0)	ABC Bank 1		
Bank 1 (2)	Bank 1	50070010	
Bank 1 (2)	Bank 1	011000390	
Bank 2 (1)	Bank 2	820800001	
Bank 2 - SAM...	Bank 2 - SAMPLE BA...	82080000	
Bank of Ameri...	Bank of America	938573829	
111113500		938573829	Bank of America
111113510		938573829	Bank of America
111113520		938573829	Bank of America
111113530		938573829	Bank of America
111113540		938573829	Bank of America
Banque LF01...	Banque LF01	3000400295	
Banque LF02...	Banque LF02	3000200190	
Citibank NY (6)	Citibank NY		
Citibank NY (0)	Citibank NY		
Commerzban...	Commerzbank Frank...	60050020	
Commerzban...	Commerzbank vorm...	60080000	

Abbildung 2.16: Standardsicht Bankhierarchie

Möchten Sie die Darstellung der Bankenhierarchie ändern, wechseln Sie über den Button in den Änderungsmodus. Im Browser öffnet sich daraufhin ein neues Fenster (siehe Abbildung 2.17), welches Ihnen auf der linken Bildschirmseite eine Übersicht aller verfügbaren Banken und auf der rechten Bildschirmseite die aktuelle Bankhierarchie darstellt.

Zur Aufnahme einer neuen Bank (inkl. der dazugehörigen Konten) markieren Sie diese im linken Abschnitt und wählen zwischen:

1. BANK HINZUFÜGEN und

2. BANK MIT GP HINZUFÜGEN.

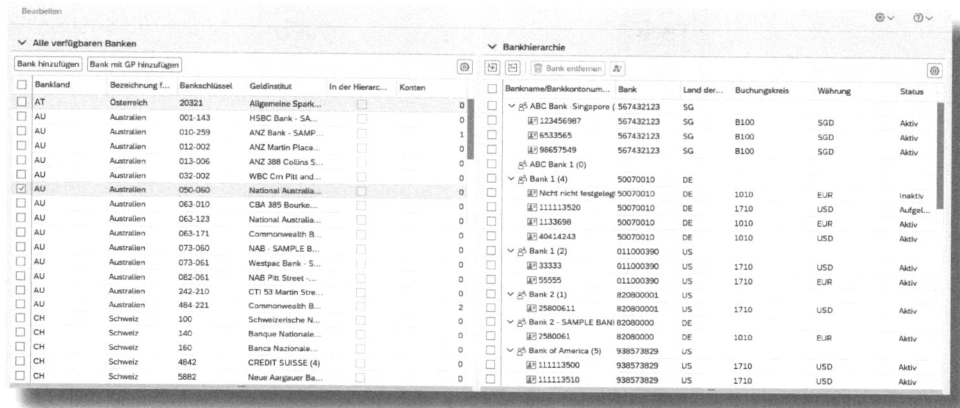

Abbildung 2.17: Änderung der Bankenhierarchie

Möchten Sie die Bank über den ersten Button in der Hierarchie ergänzen, so benötigen Sie einen Geschäftspartner, der bereits in der Hierarchie hinterlegt ist.

Banken und Geschäftspartner

Für die Bankkontenverwaltung sind Geschäftspartner im Regelfall nicht notwendig. Sie benötigen Geschäftspartner nur dann (Rolle »TR0703 Bank«), wenn Sie die Bank über diese App in eine Bankhierarchie einfügen möchten.

Hatten Sie zuvor noch keinen Geschäftspartner definiert, so müssen Sie die Bank mithilfe des zweiten Buttons BANK MIT GP HINZUFÜGEN in die Bankhierarchie einfügen.

Wie in Abbildung 2.18 dargestellt ist, lässt sich hier die Bank auf Basis eines bereits bestehenden Geschäftspartners hinzufügen, oder Sie legen die Bank mit einem neuen Geschäftspartner an und ordnen diese dann der Bankhierarchie zu.

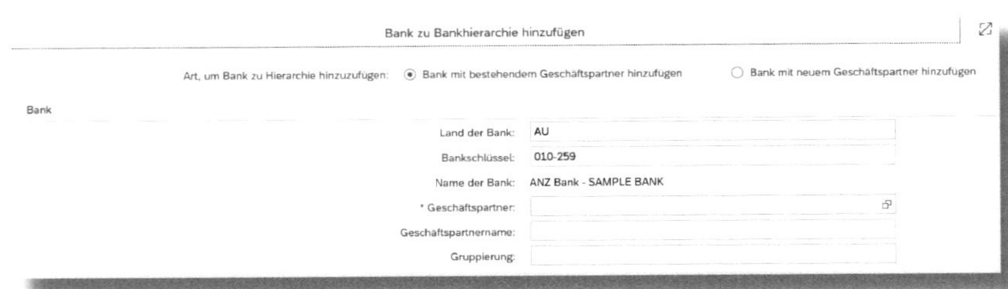

Abbildung 2.18: Bank zur Bankhierarchie hinzufügen

Geschäftspartner für Banken

Möchten Sie wissen, zu welcher Bank bereits ein Geschäftspartner angelegt worden ist, rufen Sie die Transaktion *FCLM_BAM_BNKA_BP* auf (siehe Abbildung 2.19).

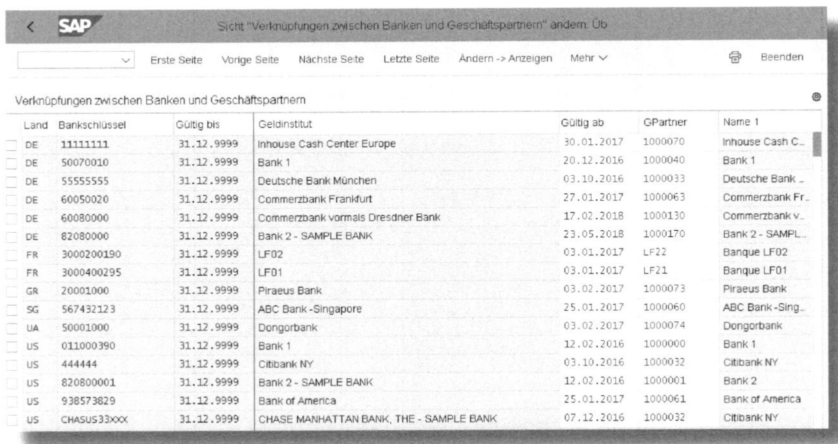

Land	Bankschlüssel	Gültig bis	Geldinstitut	Gültig ab	GPartner	Name 1
DE	11111111	31.12.9999	Inhouse Cash Center Europe	30.01.2017	1000070	Inhouse Cash C...
DE	50070010	31.12.9999	Bank 1	20.12.2016	1000040	Bank 1
DE	55555555	31.12.9999	Deutsche Bank München	03.10.2016	1000033	Deutsche Bank ...
DE	60050020	31.12.9999	Commerzbank Frankfurt	27.01.2017	1000063	Commerzbank Fr...
DE	60080000	31.12.9999	Commerzbank vormals Dresdner Bank	17.02.2018	1000130	Commerzbank v...
DE	82080000	31.12.9999	Bank 2 - SAMPLE BANK	23.05.2018	1000170	Bank 2 - SAMPL...
FR	3000200190	31.12.9999	LF02	03.01.2017	LF22	Banque LF02
FR	3000400295	31.12.9999	LF01	03.01.2017	LF21	Banque LF01
GR	20001000	31.12.9999	Piraeus Bank	03.02.2017	1000073	Piraeus Bank
SG	567432123	31.12.9999	ABC Bank -Singapore	25.01.2017	1000060	ABC Bank -Sing...
UA	50001000	31.12.9999	Dongorbank	03.02.2017	1000074	Dongorbank
US	011000390	31.12.9999	Bank 1	12.02.2016	1000000	Bank 1
US	444444	31.12.9999	Citibank NY	03.10.2016	1000032	Citibank NY
US	820800001	31.12.9999	Bank 2 - SAMPLE BANK	12.02.2016	1000001	Bank 2
US	938573829	31.12.9999	Bank of America	25.01.2017	1000061	Bank of America
US	CHASUS33XXX	31.12.9999	CHASE MANHATTAN BANK, THE - SAMPLE BANK	07.12.2016	1000032	Citibank NY

Abbildung 2.19: Verknüpfung zwischen Banken und Geschäftspartnern

Sie erhalten dort eine Übersicht all Ihrer Geschäftspartner und der mit ihnen bereits verbundenen Banken.

2.4.2 Bankontengruppen-Sichten

Mithilfe der Option BANKKONTENGRUPPEN-SICHTEN können Sie eine eigene Hierarchie für bzw. Sicht auf Ihre Bankkonten erstellen. Erzeugen Sie zunächst eine neue Bankkontogruppe mittels Klick auf den Button Erstellen. Legen Sie in der Kopfzeile einen Namen für die Bankkontogruppe fest (siehe Abbildung 2.20) und definieren Sie, für welchen Teilnehmerkreis die Gruppe sichtbar sein soll. Sie können dabei auswählen zwischen:

- FÜR BESTIMMTE PERSONEN SICHTBAR,
- FÜR DEN ERSTELLER SICHTBAR.

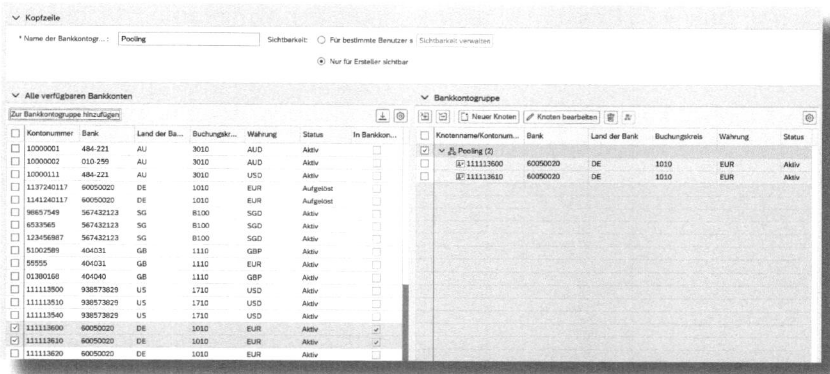

Abbildung 2.20: Bankkontengruppen anlegen

Legen Sie nun auf der rechten Bildschirmseite einen Knoten an, der später die Bankkonten enthalten soll. Dann markieren Sie die Konten, die Sie diesem Knoten zuordnen möchten, und übernehmen diese abschließend mit dem Button ZUR BANKKONTOGRUPPE HINZUFÜGEN. Sichern Sie abschließend Ihre Eingabe und schließen Sie das Fenster.

Auf der Ebene BANKKONTENGRUPPEN-SICHTEN sehen Sie nun Ihre neu angelegte Hierarchie (siehe Abbildung 2.21).

Abbildung 2.21: Eigene Hierarchie in den Bankkontengruppen-Sichten

Cash-Pool

Über den Button Cash-Pool können Sie auf Basis von *Repetitive Codes* aus der Bankbuchhaltung einen konzerninternen Liquiditätsausgleich, das sogenannte *Cash-Pooling*, initiieren. Die Auswahl der Repetitive Codes wurde dazu um die Spalten des geplanten bzw. des Minimumsaldos erweitert. Mithilfe des Buttons Konzentration (siehe Abbildung 2.22) können Sie einen Zahlungsvorschlag erstellen, bearbeiten und anschließend eine entsprechende Zahlungsanordnung anlegen.

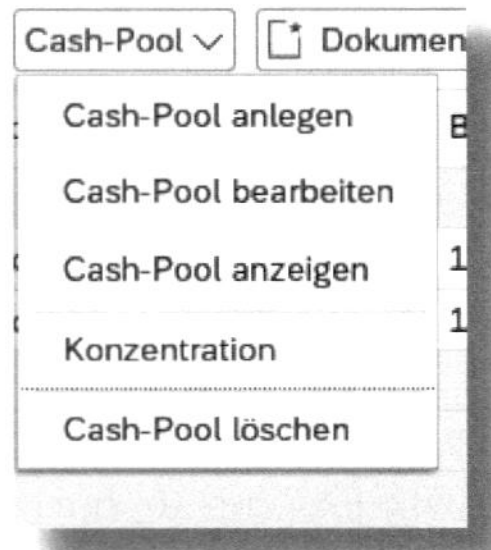

Abbildung 2.22: Funktionsmenü »Cash-Pooling«

Die Funktion Cash-Pooling ist im Rahmen der Bankkontenverwaltung eine Mischung aus den Repetitive Codes und Zahlungsanordnungen der Bankbuchhaltung sowie dem Kontenclearing aus dem Cash Management.

2.5 Prüfprozess initiieren – Für Bankkonten

Eine der wiederkehrenden Aufgaben im Cash Management ist die regelmäßige Kontrolle der Bankkonten. Im Lebenszyklus eines Kontos ergeben sich oftmals Änderungen, wie beispielsweise neue Ansprechpartner und Zuständigkeiten, oder Konten werden durch Fusionen obsolet und können geschlossen werden.

Für diese Aufgabe steht Ihnen die App *Prüfprozess initiieren – Für Bankkonten* zur Verfügung, mit deren Hilfe Sie den Prüfprozess workflowgestützt anstoßen und überwachen können.

Starten Sie dazu die App und wählen Sie über die verschiedenen Filter die Bankkonten aus, für die Sie eine Prüfung einleiten möchten (siehe Abbildung 2.23).

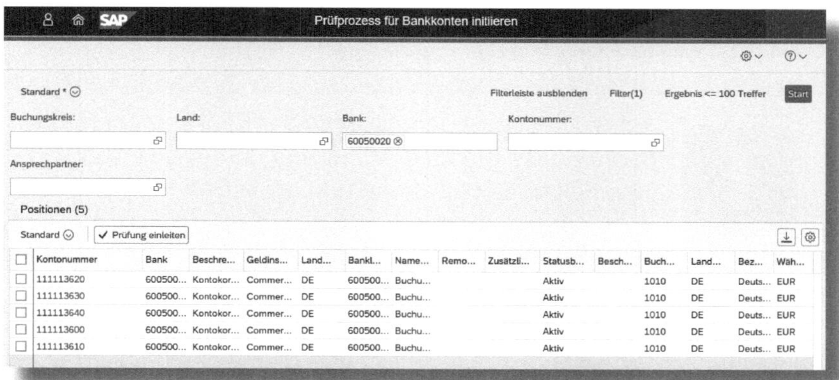

Abbildung 2.23: Prüfprozess für Bankkonten initiieren

Markieren Sie anschließend die Konten, die Sie selektieren bzw. kontrollieren möchten, und stoßen Sie die Prüfung über den Button Prüfung einleiten an. Es öffnet sich ein Pop-up (siehe Abbildung 2.24), bei dem Sie das Fälligkeitsdatum der Prüfung sowie einen Titel bzw. eine Notiz hinterlegen.

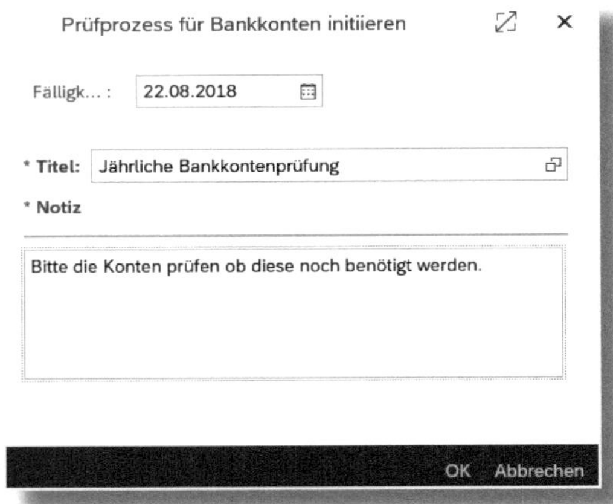

Abbildung 2.24: Basisinformationen zur Bankkontenprüfung

Sobald Sie Ihre Eingabe mit OK bestätigt haben, erhalten Sie die Information, dass für Ihre ausgewählten Konten der Prüfprozess ausgelöst und ein Änderungsantrag dazu angelegt wurde.

Aktiver Workflowprozess

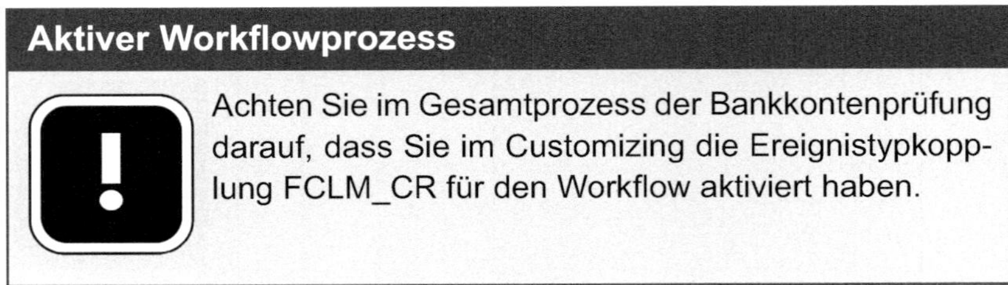

Achten Sie im Gesamtprozess der Bankkontenprüfung darauf, dass Sie im Customizing die Ereignistypkopplung FCLM_CR für den Workflow aktiviert haben.

Die Weiterleitung der Bankkontenprüfung an einen Sachbearbeiter erfolgt immer nur dann, wenn dieser in den allgemeinen Daten eines Bankkontos in der Rubrik der internen Ansprechpartner als *allgemeiner Ansprechpartner* angelegt ist.

2.6 Review-Status überwachen – Für Bankkonten

Mit der App *Review-Status überwachen – Für Bankkonten* haben Sie Zugriff auf Funktionen, die den eingeleiteten Prüfprozess überwachen.

Rufen Sie die App auf, um den Status der Bankkontenprüfung zu ermitteln.

Legen Sie über die Filter in der Kopfzeile der App (siehe Abbildung 2.25) die Konten fest, die Sie überwachen möchten, und starten Sie den Kontrolllauf. Sie erhalten im Anschluss eine Liste mit allen Konten, die in die Prüfung einbezogen wurden, einschließlich des dazugehörigen Status bzw. einer prozentualen Übersicht über den aktuellen Prüfungsfortschritt.

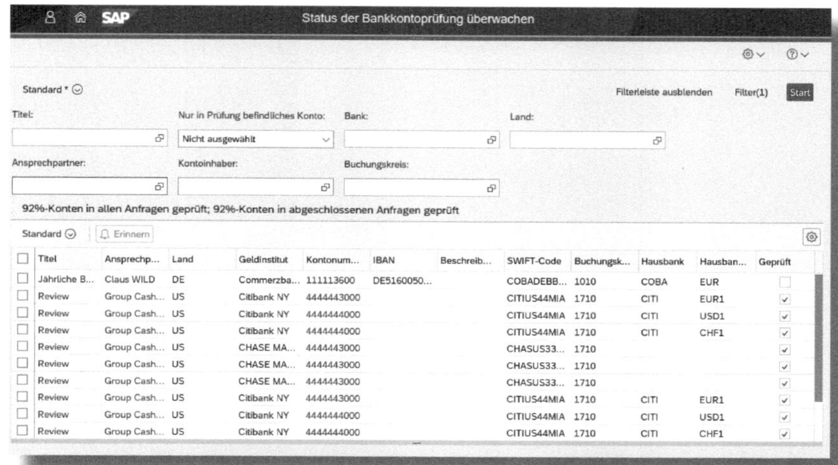

Abbildung 2.25: Status der Bankkontoprüfung überwachen

Zu Konten, für die noch keine Prüfung erfolgt ist, können Sie eine Erinnerung an den jeweiligen Sachbearbeiter versenden. Markieren Sie dazu die entsprechenden Konten und drücken Sie den Button Erinnern. Sie erhalten daraufhin ein Pop-up, in das Sie eine Nachricht für den Empfänger hinterlegen können.

2.7 Unterzeichner bearbeiten – Für mehrere Bankkonten

Einer der aufwendigsten Prozesse in der Bankkontenverwaltung ist sicherlich die Zuordnung von zeichnungsberechtigten Mitarbeitern zu den jeweiligen Bankkonten im elektronischen Zahlungsverkehr. Bedingt durch das Ausscheiden oder den Neuzugang von Mitarbeitern im Unternehmen müssen die Bankverträge mit den dazugehörigen Bankvollmachten bzw. Berechtigungen im elektronischen Zahlungsverkehr kontinuierlich angepasst werden.

In der erweiterten Bankkontenverwaltung steht Ihnen dazu die App *Unterzeichner bearbeiten – Für mehrere Bankkonten* zur Verfügung, die eine Massenänderungen der zeichnungsberechtigen Benutzer in den Bankkonten erlaubt.

Starten Sie die App und wählen Sie über die Filter die Konten aus, bei denen Sie die Zeichnungsberechtigung ändern möchten (siehe Abbildung 2.26).

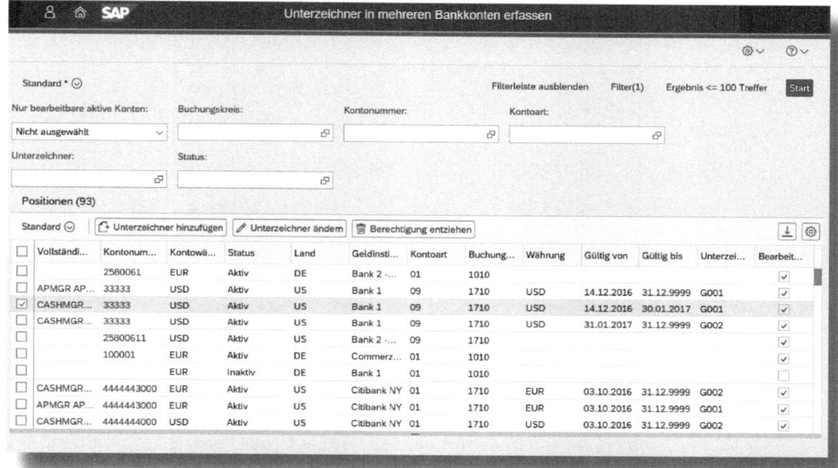

Vollständi...	Kontonum...	Kontowä...	Status	Land	Geldinsti...	Kontoart	Buchung...	Währung	Gültig von	Gültig bis	Unterzei...	Bearbeit...
	2580061	EUR	Aktiv	DE	Bank 2 -...	01	1010					☑
APMGR AP...	33333	USD	Aktiv	US	Bank 1	09	1710	USD	14.12.2016	31.12.9999	G001	☑
CASHMGR...	33333	USD	Aktiv	US	Bank 1	09	1710	USD	14.12.2016	30.01.2017	G001	☑
CASHMGR...	33333	USD	Aktiv	US	Bank 1	09	1710	USD	31.01.2017	31.12.9999	G002	☑
	25800611	USD	Aktiv	US	Bank 2 -...	09	1710					☑
	100001	EUR	Aktiv	DE	Commerz...	01	1010					☑
		EUR	Inaktiv	DE	Bank 1	01	1010					☐
CASHMGR...	4444443000	EUR	Aktiv	US	Citibank NY	01	1710	EUR	03.10.2016	31.12.9999	G002	☑
APMGR AP...	4444443000	EUR	Aktiv	US	Citibank NY	01	1710	EUR	03.10.2016	31.12.9999	G001	☑
CASHMGR...	4444444000	USD	Aktiv	US	Citibank NY	01	1710	USD	03.10.2016	31.12.9999	G002	☑

Abbildung 2.26: Unterzeichner in mehreren Bankkonten erfassen

Sie haben in dem Zusammenhang diese Möglichkeiten:

- Unterzeichner hinzufügen,
- Unterzeichner ändern und
- Berechtigung entziehen.

Im nachfolgenden Beispiel ordnen wir mehreren Bankkonten einen weiteren zeichnungsberechtigten Teilnehmer zu. Markieren Sie dazu die Konten, für die Sie eine Änderung vornehmen möchten, und drücken Sie den Button Unterzeichner hinzufügen.

Geben Sie anschließend in dem in Abbildung 2.27 gezeigten Fenster alle notwendigen Daten in die Mussfelder ein, wie beispielsweise den Namen, die Unterzeichnergruppe und die Maximalbeträge für die Zahlungsbatches – bestätigen Sie anschließend Ihre Eingaben mit OK.

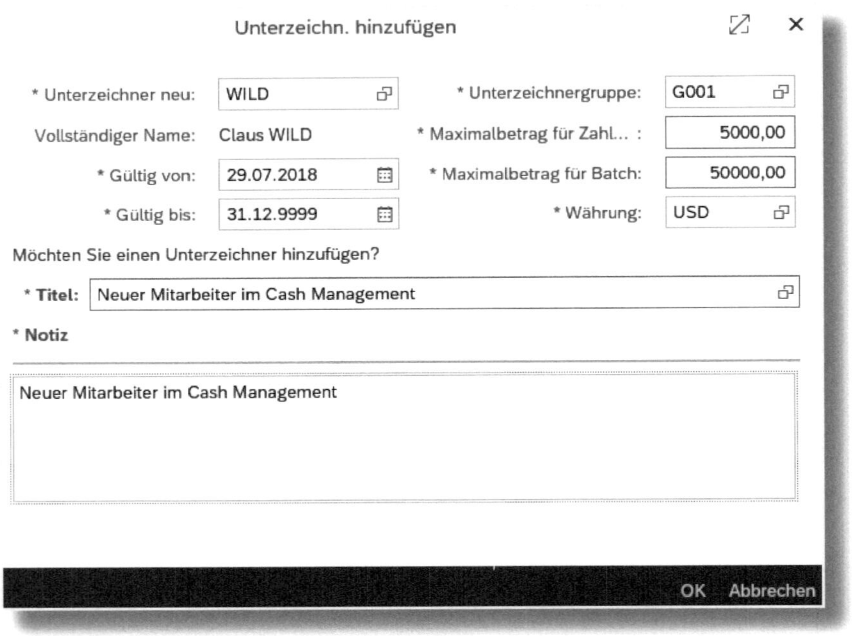

Abbildung 2.27: Unterzeichner hinzufügen

Mit der Änderung wird ein neuer Workflowprozess ausgelöst, der ein Workitem an den oder die für den Prüfprozess verantwortlichen Mitarbeiter versendet.

Verfahren Sie bei den beiden anderen Optionen (Unterzeichner ändern oder eine Berechtigung entziehen) wie in dem gezeigten Beispiel.

2.8 Meine Bankkontenliste

Für die Bearbeitung Ihrer eigenen Workitems, die Ihnen durch den Workflowprozess zugestellt worden sind, steht Ihnen die App *Meine Bankkontenliste* zur Verfügung.

Mit Start der App erhalten Sie, wie in Abbildung 2.28 dargestellt ist, eine Arbeitsliste mit allen Aufgaben, die Ihnen im Rahmen Ihrer Berechtigungen zugeordnet wurden.

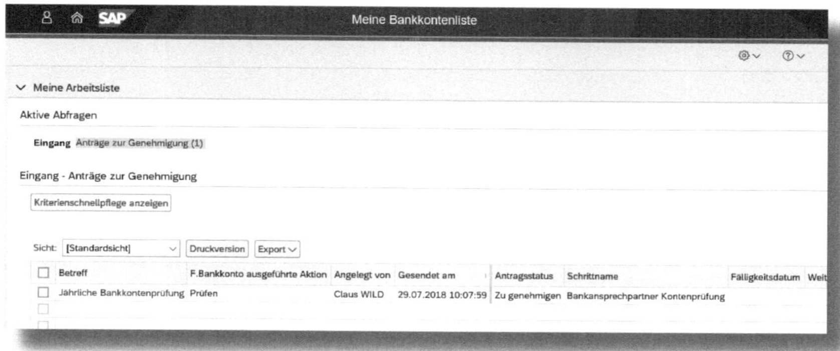

Abbildung 2.28: Übersicht der persönlichen Bankkontenliste

Zum Bearbeiten der Ihnen zugewiesenen Aufgaben klicken Sie einfach auf die Aufgabe in der Spalte Betreff. Im gezeigten Beispiel werden Sie automatisch zur Genehmigung des Änderungsantrags für ein Bankkonto weitergeleitet.

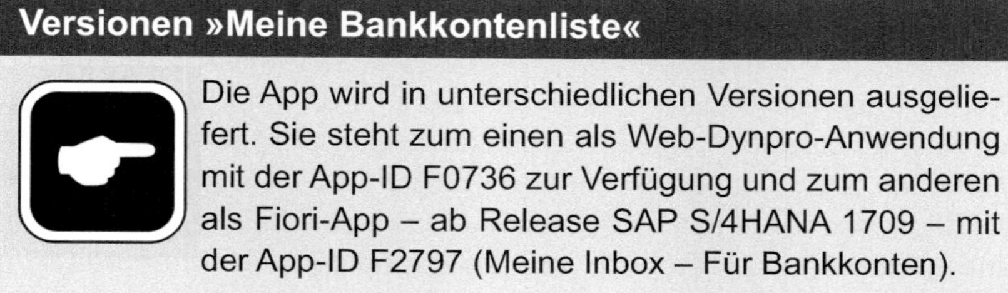

Versionen »Meine Bankkontenliste«

Die App wird in unterschiedlichen Versionen ausgeliefert. Sie steht zum einen als Web-Dynpro-Anwendung mit der App-ID F0736 zur Verfügung und zum anderen als Fiori-App – ab Release SAP S/4HANA 1709 – mit der App-ID F2797 (Meine Inbox – Für Bankkonten).

2.9 Meine gesendeten Anträge – Für Bankkonten

Mit der App *Meine gesendeten Anträge – Für Bankkonten* können Sie sich eine Übersicht über Ihre mittels Workflowprozess gesendeten Anträge verschaffen.

Starten Sie dazu die App und lassen Sie sich ALLE Ihre Workflowprozesse anzeigen (siehe Abbildung 2.29). Alternativ können Sie auch auf bestimmte Prozesse wie ZU GENEHMIGEN oder ABGELEHNT einschränken. Sie erhalten unterhalb des Arbeitsvorrats eine Übersicht über die Anzahl wie auch den Status der Workflowitems.

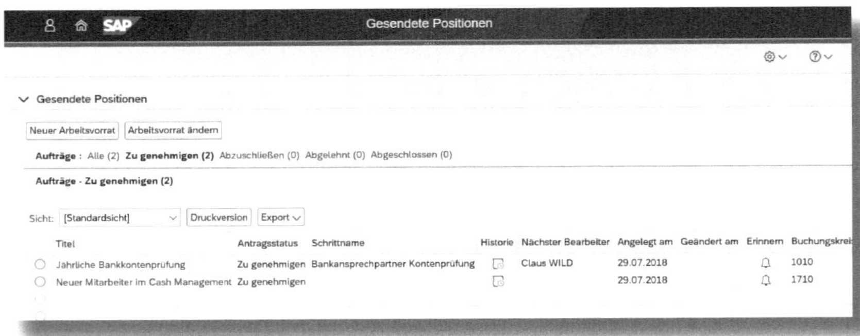

Abbildung 2.29: Überblick über gesendete Positionen

Optional können Sie an dieser Stelle eine Erinnerung an die Sachbearbeiter versenden, die ihre Workitems noch nicht bearbeitet haben. Markieren Sie dazu die betreffende Position und drücken Sie am rechten Bildschirmrand (hier nicht mehr sichtbar) den Button ERINNERN, um eine entsprechende Nachricht an den zuständigen Sachbearbeiter zu versenden.

Versionen »Meine gesendeten Anforderungen – Für Bankkonten«

Auch diese App wird in unterschiedlichen Versionen ausgeliefert. Bis zum Release SAP S/4HANA 1610 kann die App-ID F1371 verwendet werden (Web Dynpro), mit SAP S/4HANA 1709 steht die erweiterte Fiori-App F1371A zur Verfügung.

2.10 Replikation von Bank- und Hausbankkonten sowie Hausbanken

Ein zentrales Thema bei der Verwaltung von Hausbankkonten stellt die Replikation von Bank- und Hausbankkonten sowie der Hausbanken selbst dar. Im klassischen SAP-ERP-System ist die Konfiguration der Hausbanken bzw. Hausbankkonten Teil des Customizings und wird anschließend vom Entwicklungs- über das Test- und Qualitätssystem in das Produktivsystem transportiert.

In der Bankkontenverwaltung in S/4HANA Finance haben wir es mit einem anderen Ansatz zu tun. Diese Daten sind nun Stammdaten und müssen in andere Systeme bzw. Instanzen verteilt werden. So können beispielsweise Banken und Hausbanken direkt im Produktivsystem angelegt und in einer exemplarisch 3-stufigen Systemlandschaft in das Entwicklungssystem übergeben werden.

Replikation von Bankdaten

Weitere Informationen für die Replikation der Bankdaten erhalten Sie im Hinweis 2305593 – Replikation von Bankkonten, Hausbanken und Hausbankkonten in Remote-Systemen.

Die Replikation der Hausbank und Hausbankkonten erfolgt in dem Zusammenhang über IDocs. Verwenden Sie dazu die Nachrichtentypen HBHBAMAST01, HBHBAMAST02 sowie BAMMAST01 und BAMMAST02.

2.11 Hausbankkonten migrieren

Damit Sie Ihre bestehenden Hausbankkonten aktiv für den Zahlungsverkehr im neuen Cash Management verwenden können, ist es zunächst notwendig, diese nach S/4HANA Finance zu migrieren. Die Migration der Hausbankkonten ist Voraussetzung für beide Cash-Management-Lösungen – für das erweiterte Cash Management wie auch für die Basisversion.

Für die Migration stehen Ihnen zwei Werkzeuge zur Verfügung. Neben der Bearbeitung mithilfe der Im- und Exportfunktionen können Sie Ihre Hausbankkonten auch direkt über das Anwendungsmenü im SAP Easy Access migrieren. Rufen Sie dazu die Transaktion *FCLM_BAM_MIGRATION* über den Pfad RECHNUNGSWESEN • FINANCIAL SUPPLY CHAIN MANAGEMENT • CASH- UND LIQUIDITÄTSMANAGEMENT • WERKZEUGE • BANKKONTENVERWALTUNG • HAUSBANKKONTEN MIGRIEREN auf.

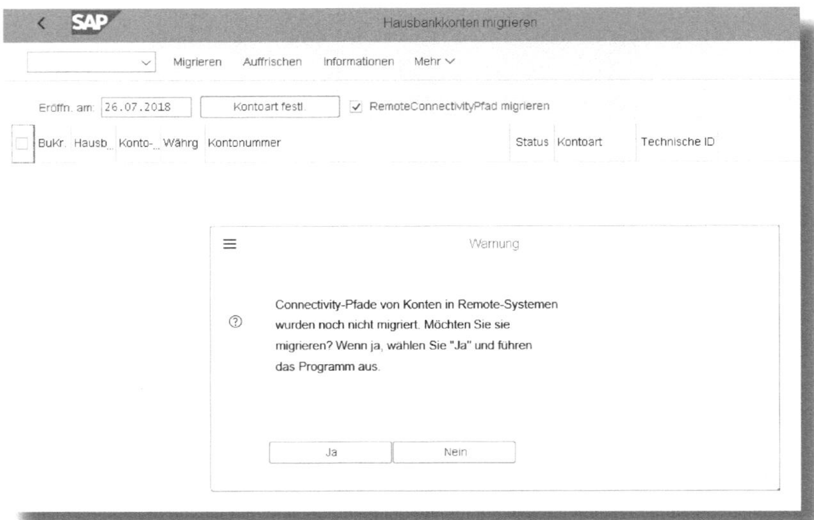

Abbildung 2.30: Start der Hausbankkontenmigration

Sie werden nach dem Aufruf der Transaktion darauf hingewiesen, dass die Connectivity-Pfade in Remote-Systemen noch nicht migriert worden sind (siehe Abbildung 2.30). Haben Sie Verknüpfungen zu Kontosätzen in Remote-Systemen, die noch zu berücksichtigen sind, wählen Sie an der Stelle Ja aus und bestätigen die Eingabe.

Sie erhalten nun eine Übersicht aller bestehenden Konten, die bereits migriert worden sind, Fehler in der Migration aufweisen oder aktuell noch übertragen werden müssen (siehe Abbildung 2.31).

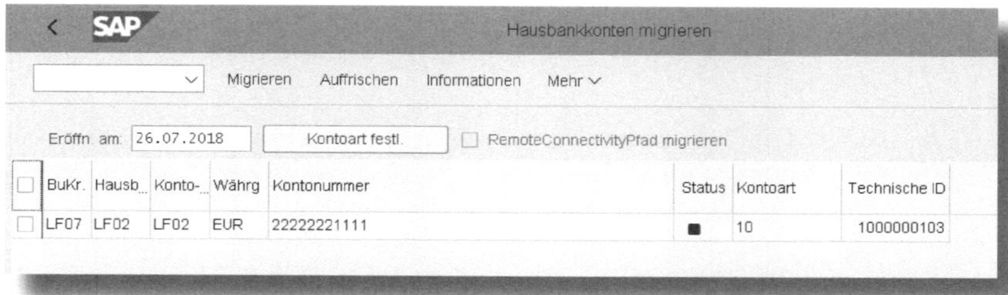

Abbildung 2.31: Übersicht der Hausbankkonten in der Datenmigration

Pflege der Hausbanken

Für die Pflege der Hausbanken steht Ihnen zusätzlich eine der wenigen klassischen Transaktionen zur Verfügung: die *FI12_HBANK*. Bitte beachten Sie an der Stelle auch den Hinweis 2646577 »Reaktivierung des Transaktionscodes FI12 zum Pflegen der Hausbanken«, der die »Anzeige« der Hausbankkonten über die Transaktion FI12 wieder ermöglicht.

Technisch betrachtet, werden bei der Migration alle in der Tabelle T012K abgelegten Hausbankkonten in die Tabelle FCLM_BAM_ACLINK2 überführt. Dieser Vorgang läuft wie folgt ab:

1. Geben Sie ein Migrationsdatum ein und markieren Sie die zu migrierenden Hausbankkonten.

2. Legen Sie die Kontoart des Kontos fest, die Sie zuvor im Customizing definiert haben.

3. Mit Drücken des Buttons Migrieren werden die Hausbankkonten in die Tabelle FCLM_BAM_ACLINK2 übertragen.

Sie erhalten im Anschluss ein Protokoll über den Migrationsprozess, welches Sie auch über die Transaktion *SLG1* und das Objekt BAM_MIGRATE aufrufen können. Den Ampelfunktionen können Sie weitere Informationen zum Status eines Hausbankkontos entnehmen:

- Grün: Das Hausbankkonto ist mit einem Bankkontostammsatz verknüpft.
- Gelb: Die Hausbankkonten wurden in einer älteren Version von S/4HANA Finance migriert oder angelegt. Die Migration dieser Konten muss erneut erfolgen.
- Rot: Das Hausbankkonto wurde nicht mit einem Bankkonto-Stammsatz verknüpft. Weitere Informationen dazu entnehmen Sie dem Protokoll.

Migration nur mit Banken im System

Beachten Sie vor jeder Migration, dass Sie alle Banken in Ihrem System gepflegt haben müssen. Die Pflege der Banken kann über die in den Abschnitten 2.1 und 2.2 erwähnten Fiori-Apps erfolgen bzw. klassisch über die Transaktionen *FI01* bzw. *FI02* oder alternativ über einen automatischen Import der Bankdaten mithilfe der Transaktion *BIC2*.

2.12 Customizing

Nachdem wir uns im bisherigen Teil die wichtigsten Funktionen in der Bankkontenverwaltung angeschaut haben, zeige ich Ihnen in diesem Abschnitt das dazugehörige Grund-Customizing.

2.12.1 Grundeinstellungen

Rufen Sie die Grundeinstellungen der Bankkontenverwaltung über den Menüpfad SAP CUSTOMIZING EINFÜHRUNGSLEITFADEN • FINANCIAL SUPPLY CHAIN MANAGEMENT • CASH- UND LIQUIDITÄTSMANAGEMENT • BANKKONTENVERWALTUNG • GRUNDEINSTELLUNGEN auf.

Nummernkreise

Legen Sie in einem ersten Schritt in bekannter Weise die Nummernkreise bzw. Nummernkreisintervalle an, und zwar für die

- Änderungsanträge in der Bankkontenverwaltung sowie
- technischen Bankkonto-IDs.

Ist der Workflow in der Bankkontenverwaltung aktiviert, wird bei jedem Änderungsantrag eine fortlaufende Nummer erzeugt und dem Antrag zugeordnet. Analog dazu wird bei der Anlage eines Kontos automatisch eine technische Bankkonto-ID für das Konto gebildet und zugeordnet.

Verbinden Sie nun in den Grundeinstellungen der Bankkontenverwaltung die zuvor definierten Nummernkreisintervalle mit den Änderungs-IDs bzw. technischen IDs der Bankkonten.

Nummernkreise für die Migration der Bankkonten

Sie benötigen die Nummernkreise für die spätere Migration der Hausbankkonten. Diese Einstellungen sind für die vereinfachte wie auch die erweiterte Bankkontenverwaltung erforderlich.

Definition der Kontoart

Wechseln wir nun in die Einstellungen der Bankkonto-Stammdaten. Rufen Sie dazu den Menüpunkt SAP CUSTOMIZING EINFÜHRUNGSLEITFADEN • FINANCIAL SUPPLY CHAIN MANAGEMENT • CASH- UND LIQUIDITÄTSMANAGE-

MENT • BANKKONTENVERWALTUNG • EINSTELLUNGEN FÜR BANKKONTO-STAMMDATEN DEFINIEREN auf.

Definieren Sie gemäß Abbildung 2.32 mögliche Kontoarten, die Sie für Ihren täglichen Geschäftsverkehr mit Ihren Hausbanken benötigen. Auf Basis dieser vordefinierten Kontoarten können Sie später Auswertungen je Art (bspw. Darlehens-, Gehalts-, Kontokorrent-, Depotkonten usw.) und Umfang (operativ/funktional) Ihrer Konten vornehmen sowie im weiteren Verlauf des Customizings die GENEHMIGUNGSMUSTER der Unterzeichnergruppen einer Kontoart explizit zuordnen.

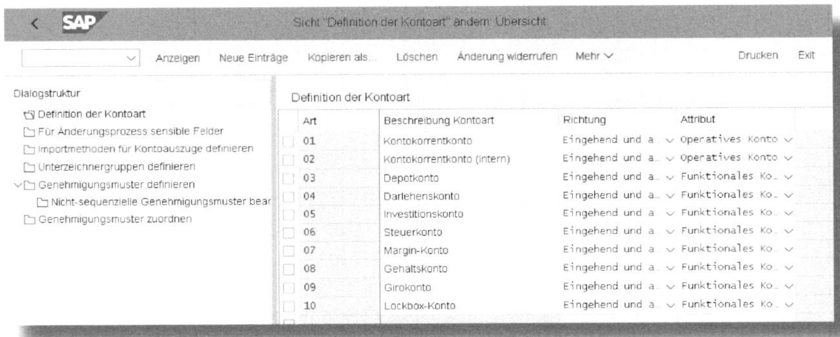

Abbildung 2.32: Definition von Kontoarten

Definieren Sie nun die RICHTUNG des Cashflows eines Kontos, d. h., werden für das Konto nur eingehende oder nur ausgehende Bewegungen erwartet bzw. sind Zahlungsströme in beide Richtungen möglich?

Legen Sie abschließend das ATTRIBUT der Kontoart fest. Mit dem *Attribut* eines Kontos steuern Sie, ob das Konto operativ für die täglichen Geschäftsvorfälle genutzt wird oder ob es sich um ein funktionales Konto handelt, das beispielsweise für Darlehen oder Investitionen dient.

Für Änderungsprozess sensible Felder

In einem nächsten Schritt können Sie sensible Felder für Änderungsprozesse festlegen, die einen Workflow-Änderungsantrag auslösen sollen (siehe Abbildung 2.33), sofern Sie den SAP Business Workflow für die Bankkontenverwaltung zuvor aktiviert (siehe Abschnitt 2.12.2) haben.

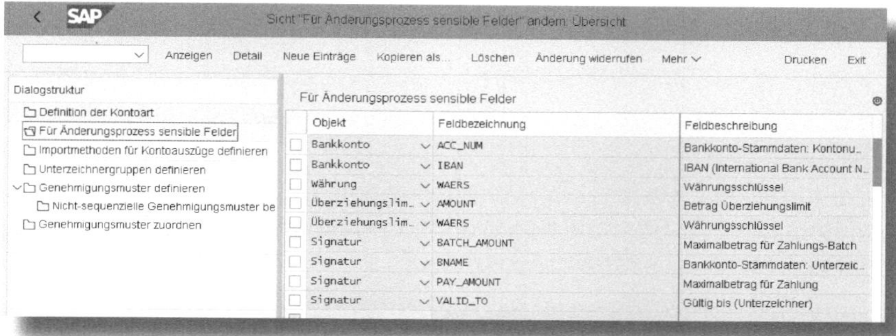

Abbildung 2.33: Sensible Felder für Änderungsprozesse definieren

Legen Sie dazu einen neuen Eintrag an und wählen Sie ein OBJEKT sowie das Feld aus, das Sie als *sensibel* kennzeichnen möchten. Die in den Objekten vorgehaltenen Feldnamen verfügen über eine Wertehilfe, die Ihnen die Auswahl der sensiblen Felder vereinfacht.

Änderungen an Inhalten derart gekennzeichneter Felder durchlaufen nun den Workflow-Genehmigungsprozess und müssen durch die in den Regeln zugeordneten Mitarbeiter bearbeitet werden.

Importmethoden für Kontoauszüge

Über diesen Menüpunkt in der Dialogstruktur definieren Sie, nach welcher Methode der Import von Kontoauszügen in SAP erfolgen soll (siehe Abbildung 2.34).

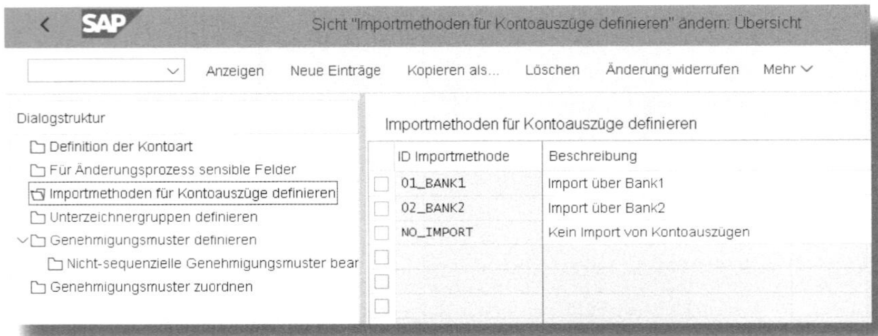

Abbildung 2.34: Importmethode für Kontoauszüge

In der Fiori-App *Bankkonten verwalten* können Sie bei der Anlage oder Änderungen der Stammdaten die Importmethoden der Kontoauszüge im Register BANKBEZIEHUNG zuordnen.

Definition von Unterzeichnergruppen/ Unterzeichnergruppen definieren

Mit dem vollen Funktionsumfang des Cash Managements ist nun auch das SAP BCM zugänglich. Darin enthalten sind u. a. unterschiedliche Freigabeszenarien, die Sie für die Autorisierung von Zahlungen bzw. Batches benötigen. Das erweiterte Cash Management bietet zusätzlich die optionale Funktion, die Zuständigkeiten der Zahlungsfreigabe direkt mit einem Konto in der Bankkontenverwaltung zu verknüpfen.

Mit dieser Customizing-Einstellung können Sie unterschiedliche Unterzeichnergruppen definieren (siehe Abbildung 2.35), denen Sie wiederum in der Rubrik ZAHLUNGSUNTERZEICHNER in der Fiori-App BANKKONTEN VERWALTEN einzelne Unterzeichner hinzufügen können.

So lassen sich beispielsweise Unterzeichnergruppen bzw. Unterschriftenklassen analog zum *EBICS-Verfahren* abbilden (etwa Klasse A und B), die Sie bereits heute in Ihren Electronic-Banking-Systemen pflegen.

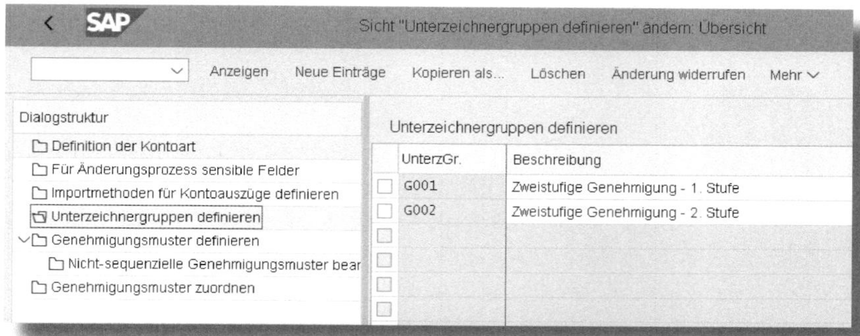

Abbildung 2.35: Definition von Unterzeichnergruppen

Definition von Genehmigungsmustern

Nachdem Sie die Unterzeichnergruppen festgelegt haben, definieren Sie in einem nächsten Schritt die möglichen Genehmigungsmuster. In diesen Mustern legen Sie fest, wie viele Schritte für die Freigabe bzw. Autorisierung einer Zahlung benötigt werden, ob die Freigabe der Zahlungsbatches in sequenzieller oder nicht-sequenzieller Reihenfolge erfolgt, und Sie bestimmen optionale Mindestbeträge für einzelne Zahlungen bzw. Batches (siehe Abbildung 2.36).

Sicht "Genehmigungsmuster definieren" ändern: Übersicht

Genehmigungsmuster definieren

Muster	GenehmAbf.	UnterzGr.	Währg	Mindestbetra...	Mindestbetrag für Batch
P001	Erster Schritt	G001			
P001	Zweiter Schritt	G002			
PSEQ	Nicht-sequenziell				

Abbildung 2.36: Definition von Genehmigungsmustern

Ordnen Sie nun der Genehmigungsabfolge bzw. dem Muster noch eine Unterzeichnergruppe zu, die Sie in dem Arbeitsschritt zuvor festgelegt haben.

Risiken des sequenziellen Genehmigungsverfahrens

Wenn Sie sich für ein *sequenzielles Genehmigungsverfahren* entscheiden, müssen zuerst die Unterschriften der Unterzeichnergruppe aus dem ersten Genehmigungsschritt vorliegen, bevor das Genehmigungsverfahren im zweiten Schritt fortgesetzt werden kann. Dies kann immer dann zu Problemen führen, wenn nicht alle zeichnungsberechtigten Mitarbeiter einer Unterzeichnergruppe für den jeweils zugeordneten Schritt verfügbar sind.

Das flexiblere Verfahren dürfte an der Stelle das *nicht-sequenzielle Genehmigungsmuster* sein, da die Auswahl der Unterzeichnergruppen an keine bestimmte Reihenfolge geknüpft ist. Legen Sie dazu ein Muster an und wählen Sie anschließend die nicht-sequenzielle Genehmigungsabfolge aus. Markieren Sie die Zeile und wechseln Sie, wie in Abbildung 2.37 dargestellt ist, in das Untermenü Nicht-sequenzielle Genehmigungsmuster bearbeiten. Dort tragen Sie Ihre Unterzeichnergruppen ein, die für das Genehmigungsmuster Zahlungen autorisieren dürfen.

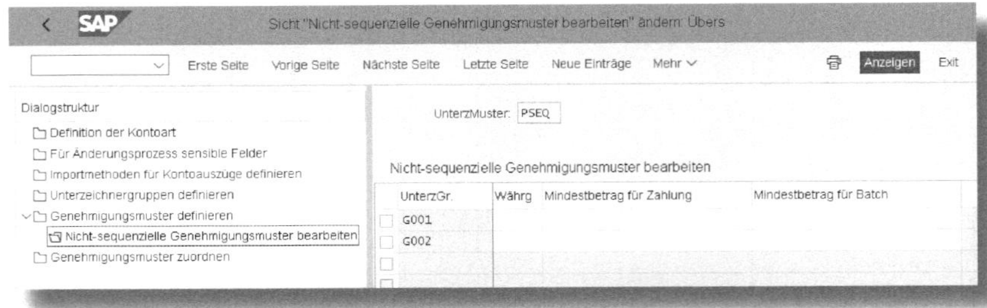

Abbildung 2.37: Pflege nicht-sequenzieller Genehmigungsmuster

Optional können Sie auch hier Mindestbeträge für eine Zahlung oder einen Zahlungsbatch hinterlegen, die erreicht werden müssen, um diesen festgelegten Arbeitsschritt zu erfüllen. Sind die Bedingungen für diesen Schritt nicht erfüllt, so werden mögliche weitere Abfolgen für die Zuordnung geprüft.

Zuordnung von Genehmigungsmustern

In einem letzten Schritt ordnen Sie das Genehmigungsmuster einer Kontoart und einem Buchungskreis zu und hinterlegen eine Priorität, mit der das Genehmigungsmuster ermittelt werden soll, sofern mehrere Muster demselben Buchungskreis oder derselben Kontoart zugewiesen sind (siehe Abbildung 2.38).

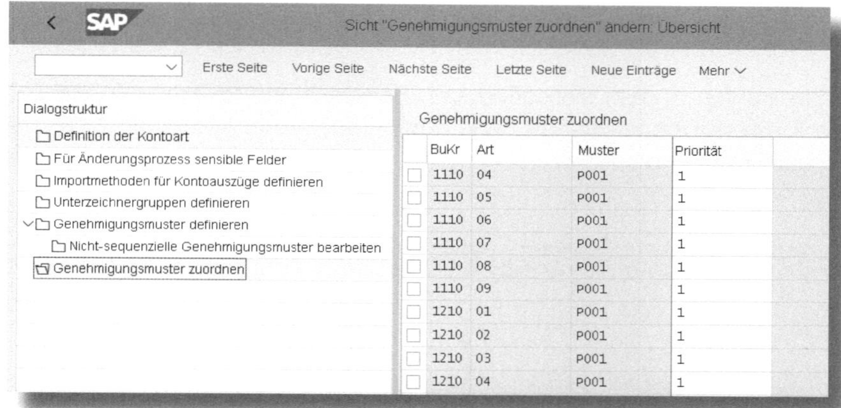

BuKr	Art	Muster	Priorität
1110	04	P001	1
1110	05	P001	1
1110	06	P001	1
1110	07	P001	1
1110	08	P001	1
1110	09	P001	1
1210	01	P001	1
1210	02	P001	1
1210	03	P001	1
1210	04	P001	1

Abbildung 2.38: Genehmigungsmuster zuordnen

Bei der Ermittlung der möglichen Genehmigungsmuster hat der Prioritätswert 0 immer die höchste Priorität.

Priorität des Genehmigungsmusters

zB

Sie ordnen dem Buchungskreis 1000 die Kontoart *Treasury* mit den Genehmigungsmustern P001 und P002 zu. Dem Muster P001 ordnen Sie die Priorität 0 zu – dem Muster P002 die Priorität 1. Bei der Ermittlung der möglichen Zeichnungsberechtigten für eine Zahlung werden die im Muster P001 hinterlegten Mitarbeiter verwendet, da es die höhere Priorität besitzt.

2.12.2 Ereignistypkopplung für Workflowprozesse

Möchten Sie die Workflowprozesse für die Bankkontenverwaltung – also bei der Anlage, Änderung oder Auflösung eines Kontos – verwenden, so aktivieren Sie die *Ereignistypkopplung*. Dies erfolgt im SAP-Customizing-Einführungsleitfaden über FINANCIAL SUPPLY CHAIN MANAGEMENT • CASH- UND LIQUIDITÄTSMANAGEMENT • BANKKONTENVERWALTUNG • EREIGNISTYPKOPPLUNG ZUM AUSLÖSEN VON WORKFLOW-PROZESSEN PFLEGEN.

Sie wählen in dem sich öffnenden Fenster den Objekttyp *FCLM_CR* mit einem Doppelklick aus und markieren, wie in Abbildung 2.39 dargestellt, das Feld KOPPLUNG AKTIVIERT, um die Standardworkflowprozesse zu aktivieren.

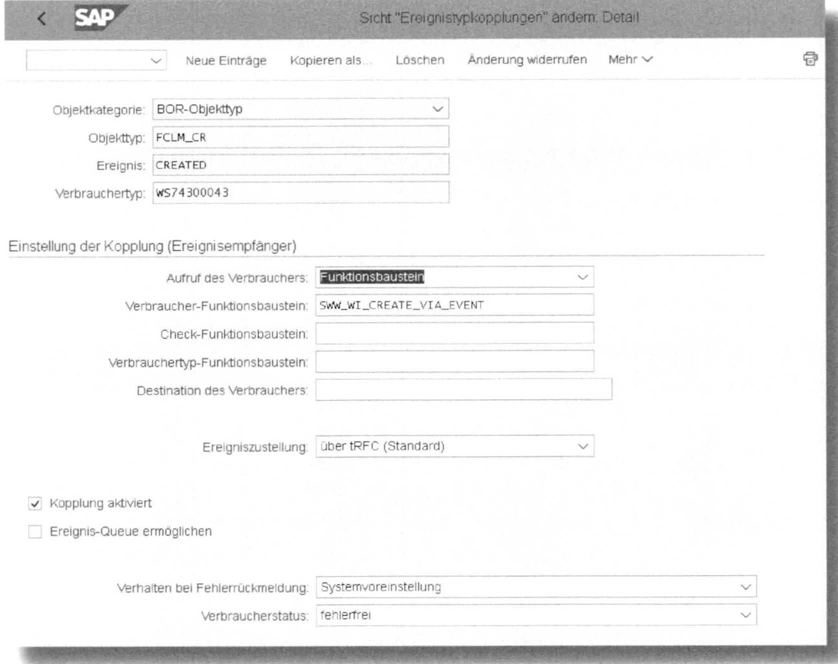

Abbildung 2.39: Kopplung für Workflowprozesse in der Bankkontenverwaltung aktivieren

Im SAP-Standard werden die beiden Workflowmuster WS74300043 und WS78500050 ausgeliefert, die die Weiterleitung eines Änderungsantrags als Workitem an die zuständigen Bearbeiter ermöglichen. Diese Muster beinhalten die folgenden Prozesse:

- Eröffnen von Bankkonten,
- Ändern von Bankkonten,
- Auflösen von Bankkonten,
- Ändern eines Unterzeichners in mehreren Bankkonten.

Das Workflowmuster WS74300043 umfasst zusätzlich noch den Workflowprozess

- Überprüfung von Bankkonten.

Sind im Customizing die beiden Workflowmuster in dem BOR-Objekt FCLM_CR angelegt und als aktiv gekennzeichnet, so wird immer das Workflowmuster WS74300043 verwendet.

2.12.3 Zuständigkeiten für die in Workflowschritten verwendeten Regeln

Für die einzelnen Workflowschritte in der erweiterten Bankkontenverwaltung werden im SAP-Standard vordefinierte Regeln ausgeliefert, denen in diesem Customizing-Schritt die jeweiligen Zuständigkeiten bzw. Mitarbeiter zugeordnet werden können. Navigieren Sie dazu im SAP-Customizing-Einführungsleitfaden über Financial Supply Chain Management • Cash- und Liquiditätsmanagement • Bankkontenverwaltung • Zuständigkeiten für in Workflow-Schritten verwendete Regeln definieren. Hier stehen Ihnen die folgenden Regeln zur Verfügung:

- 74300006 Cash Manager,
- 74300007 Cash-Spezialist,
- 74300008 Key-User,
- 74300013 Prüfer.

Innerhalb eines Workflowprozesses (beispielsweise für das Workflowmuster WS74300043) werden die ersten drei Regeln durchlaufen und dabei die für den weiteren Verlauf zuständigen Sachbearbeiter zugeordnet.

Prozess einer Kontoeröffnung

Der Workflow wird mit der Anfrage zur Eröffnung eines Bankkontos durch den Cash Manager einer Tochtergesellschaft gestartet. Der Cash Manager der Konzernzentrale empfängt das Workitem und entscheidet, ob die Kontoeröffnung zulässig ist. Dabei kann das Workitem genehmigt oder abgelehnt werden.

Ist der Antrag genehmigt, wird der Prozess fortgeführt, und die notwendigen Daten wie beispielsweise Bankbestandskonto und Konto-ID werden von der IT-Fachabteilung eingetragen. Der Workflowprozess ist damit beendet, und das Konto kann aktiv für den Zahlungsverkehr verwendet werden.

Tragen Sie dazu eine der Regelnummern in das Eingabefeld ein und bestätigen Sie Ihre Eingabe mit Enter. Sie erhalten daraufhin eine leere Zuständigkeit, der Sie die berechtigten Sachbearbeiter zuordnen (siehe Abbildung 2.40). Um eine neue Zuständigkeit anzulegen, drücken Sie im anschließenden Dynpro den Button .

Zuständigkeit anlegen

*Objektkürzel: FCLM_SYSCOLL
*Bezeichnung: Key-User
*Beginndatum: 24.07.2018
*Endedatum: 31.12.9999

Weiter Abbrechen

Abbildung 2.40: Anlage einer Zuständigkeit

Die Zuständigkeit selbst definiert über das Beginndatum den Zeitpunkt, ab dem ein Sachbearbeiter ein Workitem innerhalb des Workflowprozesses zur Bearbeitung zugeordnet bekommt.

Legen Sie nun in einem nächsten Schritt fest, für welche Kontoart und welchen Buchungskreis der Sachbearbeiter zuständig ist (siehe Abbildung 2.41).

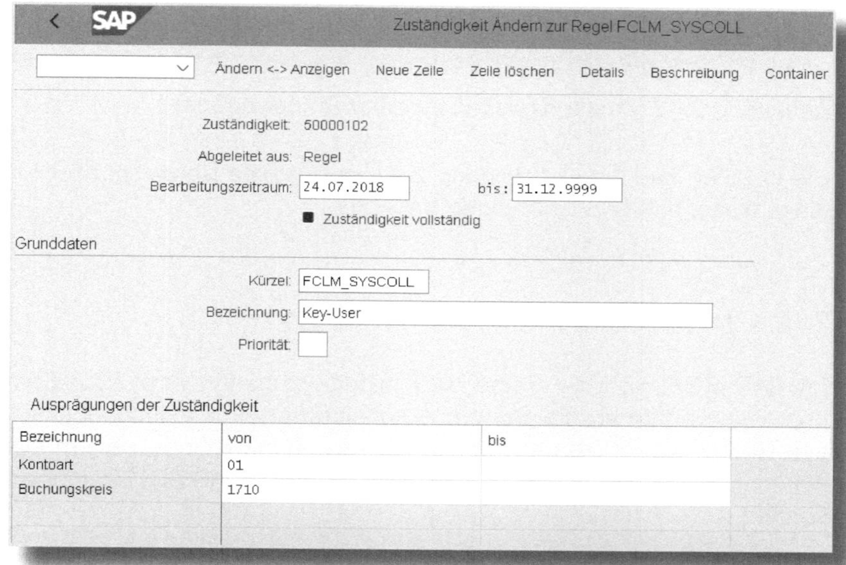

Abbildung 2.41: Ausprägung der Zuständigkeit zu einer Regel

Sichern Sie abschließend Ihre Eingaben und kehren Sie zurück in die Regelübersicht. Ordnen Sie nun noch die Sachbearbeiter zu, die in dieser Regel die Berechtigung für den Workflowschritt bekommen sollen. Dazu markieren Sie die Zuständigkeit zur Regel und drücken anschließend den Button . Wählen Sie nun den *Benutzer*, den Sie hinzufügen möchten, sowie den Gültigkeitszeitraum aus und bestätigen Sie die Eingabe.

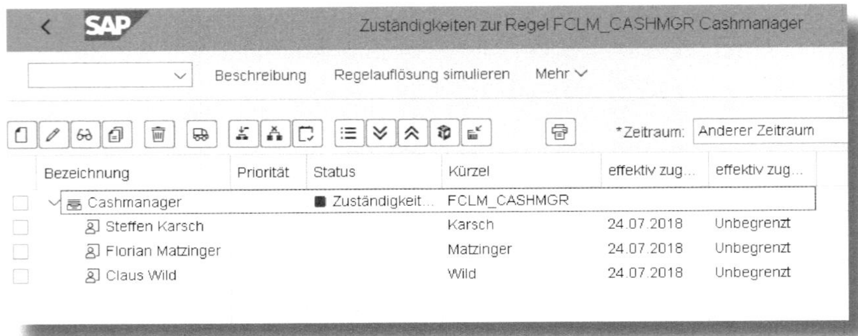

Abbildung 2.42: Zuständigkeiten zu einer Standardregel

Sie erhalten nun die in Abbildung 2.42 dargestellte Übersicht aller für diese Regel effektiv zuständigen Benutzer.

2.12.4 Unterzeichnerkontrolle aktivieren

Im SAP BCM ist eine Reihe an Freigabeszenarien bzw. Workflowprozesse verfügbar, die Sie zur Autorisierung von Zahlungsbatches einsetzen können. Mit der Bankkontenverwaltung ist eine weitere Option hinzugekommen, wie Sie Zahlungsbaches in SAP BCM freigeben können.

Dazu wird zunächst die *Unterzeichnerkontrolle* aktiviert. Das zugehörige Customizing rufen Sie unter SAP Customizing Einführungsleitfaden • Financial Supply Chain Management • Cash- und Liquiditätsmanagement • Bankkontenverwaltung • Unterzeichnerkontrolle aktivieren auf.

Ordnen Sie gemäß Abbildung 2.43 den Prozessen 0BANK002 und 0BANK004 die Funktionsbausteine FCLM_BAM_BCM_AGT_PRESEL bzw. FCLM_BAM_BCM_REL_PROC_CTRL zu. Wählen Sie als Produkt jeweils den Eintrag *INGA*.

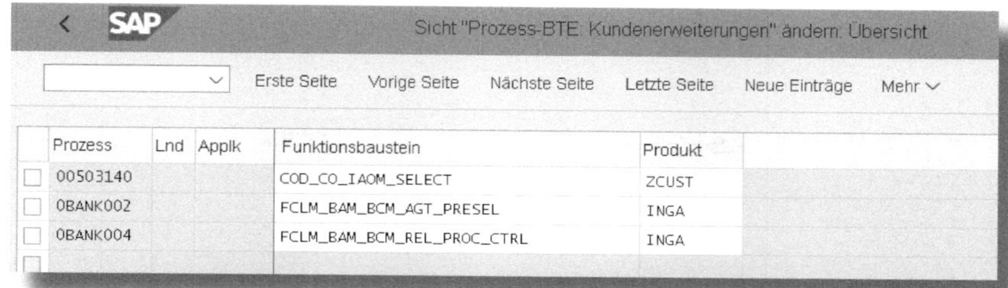

Abbildung 2.43: Unterzeichnerkontrolle aktivieren

Die Ermittlung eines Zeichnungsberechtigten führt zu Fehlern, wenn die im Customizing hinterlegten Betragsgrenzen überschritten werden, der Benutzer in der Bankkontenverwaltung inaktiv ist oder das Genehmigungsmuster nicht ermittelt werden kann.

Neben dieser Anbindung der Bankkontenverwaltung an das SAP BCM müssen Regeln und zusätzliche Kriterien für die Zahlungsgruppierung zwingend erfüllt sein, die ich Ihnen in den Abschnitten 2.13.2 und 2.13.3 kurz vorstelle.

2.12.5 Feldstatusgruppen verwalten

Möchten Sie den Status der im SAP-Standard vorbelegten Feldstatusgruppen ändern, so können Sie den Aufbau bzw. die Feldinhalte über diese Funktion individuell gestalten. Darüber hinaus können Sie das Verhalten bei der Eingabe von Daten über Sonderregeln gezielt steuern. Rufen Sie dazu die Verwaltung der Feldstatusgruppen über den Menüpfad SAP CUSTOMIZING EINFÜHRUNGSLEITFADEN • FINANCIAL SUPPLY CHAIN MANAGEMENT • CASH- UND LIQUIDITÄTSMANAGEMENT • BANKKONTENVERWALTUNG • FELDSTATUSGRUPPEN VERWALTEN auf (siehe Abbildung 2.44).

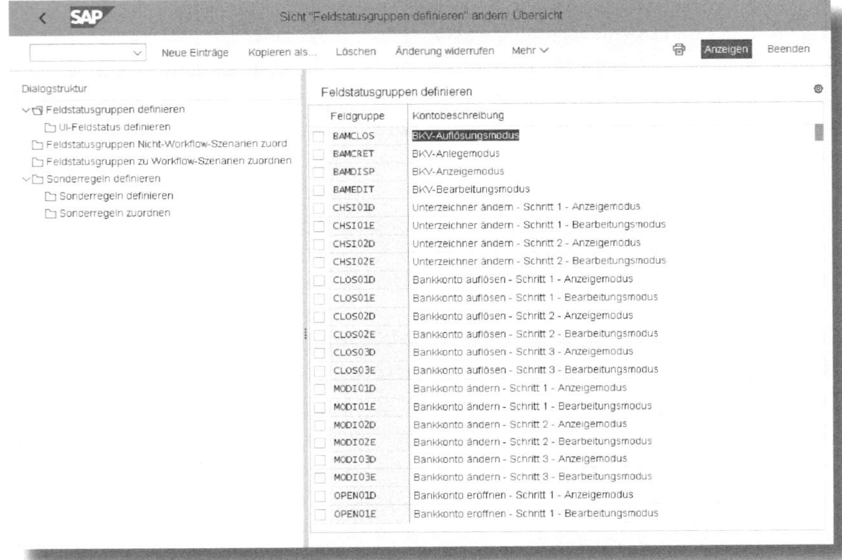

Abbildung 2.44: Änderung der Feldstatusgruppen

Neben der gestalterischen Anpassung können Sie Feldstatusgruppen auch zu Workflowszenarien zuordnen oder von dort entfernen. Außerdem lässt sich mithilfe von Sonderregeln das Eingabeverhalten für bestimmte Feldinhalte gezielt festlegen. So können Sie beispielsweise die IBAN für die Länder als Mussfeld definieren, wo die Mitgabe der Internationalen Bankkontonummer zwingend erforderlich ist, oder Sie blenden die IBAN für Länder aus, in denen sie für den Zahlungsverkehr nicht benötigt wird.

2.12.6 Workflows verwalten – Für Bankkonten

Mit der App *Workflows verwalten – Für Bankkonten* lassen sich Ihre Workflowprozesse in der Bankkontenverwaltung noch flexibler nach Ihren Bedürfnissen gestalten.

Die Inhalte bzw. der Aufbau der App orientieren sich an den vordefinierten Workflows für die Pflege von Bankkonten. Sie können auf diesem Weg eigene Arbeitsabläufe definieren und über Bedingungen, Schritte und Empfänger individuell festlegen, wie der Workflowprozess gesteuert werden soll.

Rufen Sie dazu die App auf und erstellen Sie ein neues Workflowszenario über den Button Hinzufügen . Legen Sie in den EIGENSCHAFTEN einen Namen für Ihren Prozess fest und definieren Sie einen Gültigkeitszeitraum. Im nächsten Schritt (siehe Abbildung 2.45) definieren Sie eine VORBEDINGUNG, die erfüllt sein muss, um den Workflow zu starten – in unserem Beispiel ist es die Kontoaktion *01* (Eröffnen eines Kontos).

Workflow für Bankkontoanträge /

Dreistufiges Verfahren für die Kontoeröffnung

Deaktivieren Kopieren

Eigenschaften Vorbedingungen Schrittfolge

Den Workflow nur starten, wenn die folgenden Vorbedingungen erfüllt werden:

Kontoaktion 01

SCHRITTFOLGE

Schritte

Name	Empfänger	Vorbedingungen
1. Cash Specialist	Regel für Cash-Spezialist	
2. Cash Manager	Regel für Cash-Manager	
3. Key User	Regel für Anwendungsexperten	

Abbildung 2.45: Definition eines Workflowprozesses

Legen Sie abschließend noch die SCHRITTFOLGE fest, die in dem Workflowprozess durchlaufen werden soll (siehe Abbildung 2.46). Haben Sie alle Eingaben vorgenommen, sichern und aktivieren Sie Ihre Einstellungen.

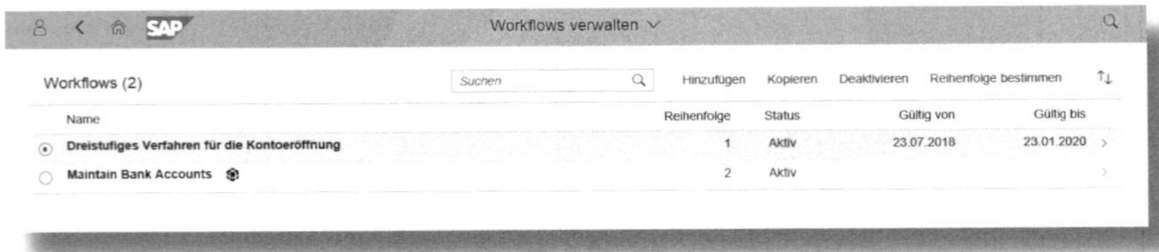

Abbildung 2.46: Workflows verwalten

Über den Button Reihenfolge bestimmen legen Sie fest, mit welcher Priorität Ihre definierten Workflows ablaufen sollen.

2.13 Zahlungsgenehmigung

Schauen wir uns in diesem Abschnitt noch einige wesentliche Grundeinstellungen des SAP BCM an, die wir für die Genehmigung von Zahlungsbatches benötigen bzw. die an die Freigabeszenarien in der Bankkontenverwaltung gekoppelt sind. Aufgrund des umfangreichen Funktionsumfangs von SAP BCM zeige ich Ihnen in diesem Zusammenhang nur einige wenige grundlegende Optionen.

2.13.1 Grundeinstellungen für Genehmigung

In den Grundeinstellungen für die Genehmigung legen Sie beispielsweise die Standard- bzw. REGELWÄHRUNG fest, die für die Auswertung der Zahlungsbatches verwendet werden soll – inklusive des dazugehörigen KURSTYPS für die Umrechnungskurse. Darüber hinaus bestimmen Sie das Datum zur WIEDERVORLAGE Ihrer Zahlungsbatches, falls Sie die Signatur einer Zahlung zunächst zurückstellen möchten. Abbildung 2.47 zeigt z. B., dass hierfür eine Frist von *5* Tagen hinterlegt ist; als Währung ist Euro mit dem Kurstyp *G* für »Standardumrechnung zum Geldkurs« voreingestellt.

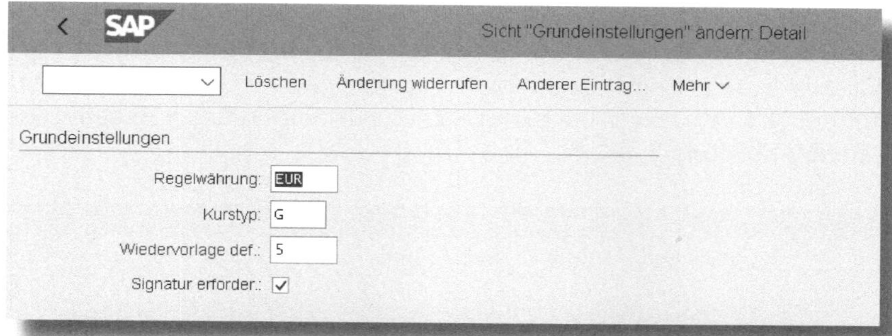

Abbildung 2.47: Grundeinstellungen in SAP BCM

Zusätzlich ist dort definiert, dass eine Signatur für die Freigabe der Zahlungsbatches notwendig ist, d. h., die Zahlung muss zunächst vom freigebenden Sachbearbeiter autorisiert werden.

Dies geschieht wahlweise über die in SAP BCM hinterlegten Freigaberegeln oder alternativ über die Einstellungen in der Bankkontenverwaltung.

Diese Einstellungen rufen Sie über den SAP CUSTOMIZING EINFÜHRUNGSLEITFADEN • FINANCIAL SUPPLY CHAIN MANAGEMENT • BANK COMMUNICATION MANAGEMENT • GRUNDEINSTELLUNGEN • GRUNDEINSTELLUNGEN FÜR GENEHMIGUNG auf und hinterlegen dort Ihre gewünschten Vorgaben.

2.13.2 Zahlungsgruppierung Regelpflege

Im Verlauf des Kapitels haben Sie nun schon mehrmals den Begriff *Batch* oder *Zahlungsbatch* gehört. Was hat es damit auf sich? Zu der Grundidee von SAP BCM gehört es, dass ein Zahlungsträger erst dann erstellt wird, wenn die finale Unterschrift auf einem Batch geleistet worden ist.

Ein Batch ist in diesem Zusammenhang immer eine Gruppierung aus einem oder mehreren Zahlläufen, die über ein vordefiniertes Regelwerk gebündelt und den zeichnungsberechtigten Benutzern im Rahmen eines Workflowszenarios zur Unterschrift vorgelegt werden. Um die Art der Gruppierung zu definieren, navigieren wir über den SAP Customizing Einführungsleitfaden • Financial Supply Chain Management • Bank Communication Management • Zahlungsgruppierung • Regelpflege (siehe Abbildung 2.48).

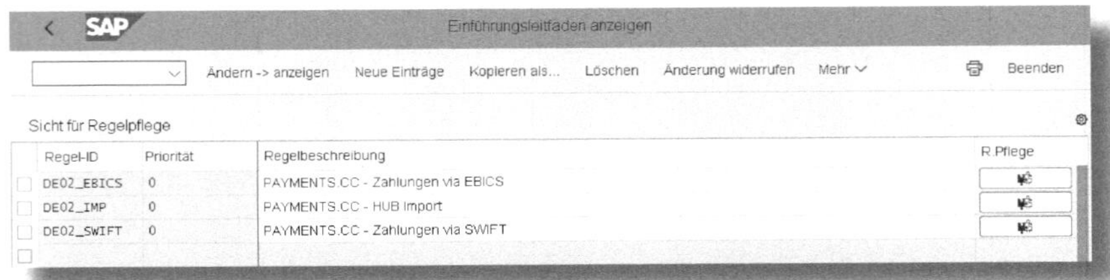

Abbildung 2.48: Regelpflege für Zahlungsbatches

Sie können die Regel-ID frei vergeben und mit einer Priorität versehen, die immer dann angewendet wird, wenn mehrere Regeln die Gruppierungskriterien erfüllen. Für die Regelpflege selbst stehen Ihnen zahlreiche Felder zur Verfügung, die Sie über den Button aufrufen und für die spätere Gruppierung von Zahlungen verwenden können.

2.13.3 Zusätzliche Kritieren für Zahlungsgruppierung

Verknüpfen Sie abschließend das Hausbankkonto aus der Bankkontenverwaltung mit dem SAP BCM. Hinterlegen Sie dazu im Gruppierungsfeld 1 das Hausbankkonto mit dem Schlüssel *HKTID* (siehe Abbildung 2.49). Dazu müssen Sie das Customizing über SAP Customizing Einführungsleitfaden • Financial Supply Chain Management • Bank Communication Management • Zahlungsgruppierung • Zusätzliche Kriterien für Zahlungsgruppierung aufrufen und diesen Schlüsselwert hinterlegen.

< SAP Sicht "Zusatzkriterien für Zahlungsgruppierung" ändern: Übersicht

Änderung widerrufen | Alle markieren | Block markieren | Alle entmarkieren | Mehr

Zusatzkriterien für Zahlungsgruppierung

Regel-ID	Priorität	Gruppierungsfeld 1	Gruppierungsfeld 2
DE02_EBICS	0	HKTID	
DE02_IMP	0		
DE02_SWIFT	0		

Abbildung 2.49: Zusätzliche Kriterien für Zahlungsgruppierung

Dadurch ist die Batching-Regel nun mit dem Hausbankkonto verknüpft. Möchten Sie noch weitere Kriterien für die Zahlungsgruppierung vornehmen, so können Sie diese im Gruppierungsfeld 2 zusätzlich definieren.

2.13.4 Regeln für automatische Zahlungen markieren

Eine weitere Option für eine Freigabestrategie von Batches stellen Regeln für automatische Zahlungen dar. Sie können darüber festlegen, für welche Regel-ID **keine** Freigabe der Zahlungsbatches durch einen Benutzer notwendig ist (siehe Abbildung 2.50). Rufen Sie dazu die SAP-Aktivität über SAP Customizing Einführungsleitfaden • Financial Supply Chain Management • Bank Communication Management • Freigabestrategie • Regeln für automatische Zahlungen markieren (Keine Genehmigung) auf.

< SAP Sicht "Regeln für automische Zahlungen)" ä

Änderung widerrufen | Alle markieren | Block markieren | Alle entmarkieren | Mehr

Regeln für automische Zahlungen)

Regel-ID	Priorität	Regelbeschreibung	Automatisch	Aufriss
DE02_EBICS	0	PAYMENTS.CC - Zahlungen via EBICS	☐	☐
DE02_IMP	0	PAYMENTS.CC - HUB Import	☑	☐
DE02_SWIFT	0	PAYMENTS.CC - Zahlungen via SWIFT	☐	☐

Abbildung 2.50: Regeln für automatische Zahlungen

Setzen Sie in der Spalte Automatisch einen Haken für die Regel-ID, welche ohne den Workflowprozess im SAP BCM bzw. Genehmigungsprozess in der Bankkontenverwaltung ausgeführt werden soll.

2.14 Fazit

Mit der Bankkontenverwaltung ist der Funktionsumfang im erweiterten Cash Management sinnvoll ergänzt worden. Die Hausbankkonten sind nun an einer zentralen Stelle im Unternehmen bzw. in S/4HANA Finance geführt, und der komplette Lebenszyklus der Bankkonten kann optional über vordefinierte Workflows gesteuert werden.

Zahlreiche Apps unterstützen die Mitarbeiter bei der Arbeit mit den Hausbankkonten. So können beispielsweise Hierarchien auf Konzern- oder Buchungskreisebene definiert, Auswertungen durchgeführt wie auch Prüfprozesse über den kompletten Hausbankenstamm gestartet werden.

Ebenfalls erweitert wurden der Funktionsumfang bzw. die Anzahl der ausgelieferten Apps. Standen zu Anfang in S/4HANA überwiegend nur Web-Dynpro-Anwendungen zur Verfügung, so wurden diese in den letzten Release-Zyklen verstärkt mit Fiori-Apps ergänzt.

Das Cash Management im Grundfunktionsumfang nutzt ebenfalls die Bankkontenverwaltung – allerdings in einer vereinfachten Form ohne Business-Workflow und die dahinterliegenden Funktionalitäten.

3 SAP Cash Management – Grundfunktionalitäten

Im Kapitel 1 haben Sie bereits Umfang, Bestandteile sowie wesentliche Merkmale des Cash Managements in S/4HANA Finance kennengelernt. Ich möchte Ihnen in diesem Kapitel die wesentlichen Inhalte und Konfigurationsmöglichkeiten der Grundfunktionen im neuen Cash Management vorstellen, die sich im Wesentlichen mit den Funktionen decken, die wir bereits aus dem SAP ERP kennen. Darüber hinaus werde ich Ihnen einige kleine Beispiele zeigen, wie Sie ein bereits bestehendes Cash Management noch optimieren können.

Wenn Sie bereits das Cash Management im SAP ERP im Einsatz haben und mit der Migration auf S/4HANA Finance keinen Umstieg auf den erweiterten Funktionsumfang planen, können Sie im Regelfall auf Basis des Grundfunktionsumfangs wie gewohnt weiterarbeiten. Neben den Einzelsätzen für die Finanzdisposition finden Sie auch hier *klassische* Funktionen wie beispielsweise die Bankkontenüberträge oder das Kontenclearing. Bekannte Werkzeuge, so etwa der Avisabgleich aus dem SAP ERP, unterstützen Sie zusätzlich bei der täglichen Abstimmung und Planung Ihrer Daten.

Grundlegende Änderungen finden wir aber in den bekannten Transaktionen für den Tagesfinanzstatus und die Liquiditätsvorschau. Die Datenbasis wurde in beiden Fällen dem erweiterten Cash Management angeglichen und erforderte an der Stelle zwei neue Transaktionen. Mit der *FF7AN* für den *Tagesfinanzstatus* und der *FF7BN* für die *Liquiditätsvorschau* stehen Ihnen nun zwei Transaktionen bzw. Apps zur Verfügung, mit denen Sie Ihren Finanzstatus auswerten können.

Fehlendes Anwendungsmenü im Cash Management

In manchen Fällen kann es vorkommen, dass in Ihrem System das Anwendungsmenü des Cash Managements im SAP Easy Access fehlt. Sie können in dem Fall das Menü über die Transaktion *TDMN* aufrufen. Weitere Information dazu erhalten Sie auch über den Hinweis »998909 – Cash Management nicht im Anwendungsmenü«.

3.1 Tagesfinanzstatus

Der Tagesfinanzstatus ist neben der Liquiditätsvorschau ein Instrument im SAP-Standard, mit dem sich der Cashflow Ihres Unternehmens darstellen lässt. Sie können darüber sowohl die Liquidität im Unternehmen sicherstellen als auch alle ein- und ausgehenden Zahlungsströme überwachen.

Schauen wir uns zunächst einige Merkmale und Ordnungsbegriffe an, die wir für die Anwendung wie auch das spätere Customizing benötigen.

Der Tagesfinanzstatus gibt Ihnen Auskunft darüber, wie sich die Liquidität bzw. die valutarischen Salden des Unternehmens auf Basis der Bank- und Bankverrechnungskonten sowie der manuellen Einzelsätze in den nächsten Tagen entwickeln werden. Der typische Zeithorizont, der dem Cash Manager aussagekräftige Informationen zu den geplanten und realisierten Cashflows darstellt, liegt dabei zwischen ein bis fünf Tagen.

Zu den Merkmalen bzw. dem Aufbau des Tagesfinanzstatus gehören die

- Ebenen und
- Gruppen.

Eine *Ebene* erteilt qualitative Aussagen zum Ursprung bzw. zur Ursache einer Kontobewegung. Sie stellt somit die Datenquelle dar und bestimmt die Anfangs- und Endbestände eines Kontos. Indem sie sie auf einer Stufe zusammenfasst, ermöglicht die Ebene Aussagen über die betriebswirtschaftlichen Vorgänge bzw. Kontobewegungen im Unternehmen.

Die Informationen dazu werden aus der Bankbuchhaltung (z. B. elektronischer Kontoauszug) und den manuellen Einzelsätzen abgeleitet. Je nachdem, wie sicher das Eintreffen der geplanten Positionen ist, können diese innerhalb einer Ebene weiter klassifiziert werden – beispielsweise in *bestätigte* oder *unbestätigte Positionen*.

Die *Gruppe* im Tagesfinanzstatus beinhaltet die Anzahl an Bank- und Bankverrechnungskonten (Sachkonten), für die der Tagesfinanzstatus dargestellt werden soll.

Starten Sie nun den Tagesfinanzstatus (siehe Abbildung 3.1) über die Transaktion *FF7AN* oder über die gleichnamige App. Alternativ können Sie über das Menü RECHNUNGSWESEN • FINANCIAL SUPPLY CHAIN MANAGEMENT • CASH- UND LIQUIDITÄTSMANAGEMENT • TAGESFINANZSTATUS ANZEIGEN im SAP Easy Access gehen.

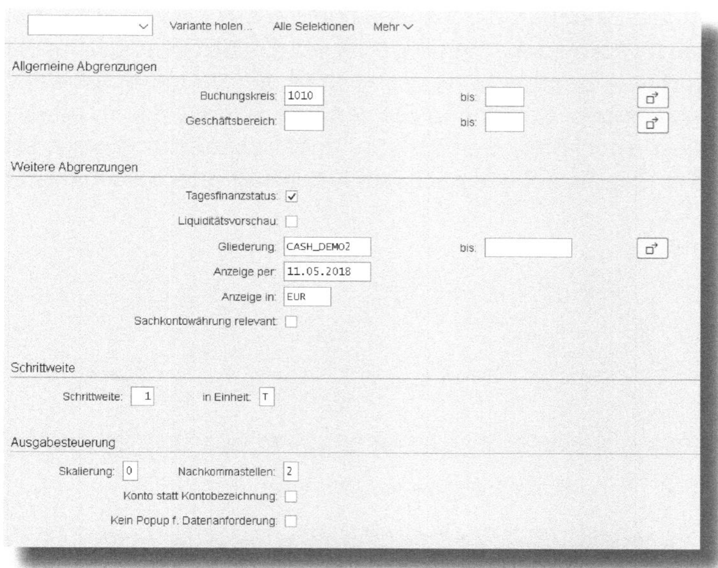

Abbildung 3.1: Selektionsbild für die Finanzdisposition

In der Rubrik Weitere Abgrenzungen wählen Sie nun das Feld Tagesfinanzstatus aus und selektieren eine Gliederung, die Sie über das Customizing festgelegt haben. In den Rubriken Schrittweite und Ausgabesteuerung legen Sie fest, wie der Tagesfinanzstatus (Zeithorizont und Vorkommastellen) dargestellt werden soll.

Varianten für den Tagesfinanzstatus

Für den Aufruf des Tagesfinanzstatus empfiehlt es sich, mit Varianten zu arbeiten. Sie können dadurch verschiedene Szenarien, beispielsweise in unterschiedlichen Gliederungen (vgl. Abschnitt 3.7.3), verwalten. So können Sie sich etwa eine Gliederung zusammenstellen, die alle Bankkonten des Unternehmens beinhaltet oder eine Sicht auf alle Konten, die in ein Kontenclearing eingebunden sind usw.

Neben den Selektionsmöglichkeiten, die Sie nach dem Start der Transaktion sehen, gibt es noch eine Reihe ausgeblendeter Optionen. Für eine komplette Übersicht drücken Sie den Button Alle Selektionen . Sie erweitern dadurch die Eingabemöglichkeiten unter Weitere Abgrenzung, bei der Schrittweite sowie der Ausgabesteuerung. Zusätzlich erscheint die Rubrik Disponierte Beträge verschieben, über die Sie die Schrittweite in Tagen verschieben. So können Sie verhindern, dass die an arbeitsfreien Tagen disponierten Beträge im Tagesfinanzstatus dargestellt werden, indem Sie sie auf den nächsten Arbeitstag verschieben (siehe Abbildung 3.2).

Disponierte Beträge verschieben (für Schrittweite in Tagen)

- (●) Samstag/Sonntag->Montag
- ( ) Arbeitsfreier Tag->nächster Arbeitstag   Kalender: [ ]
- ( ) Keine Verschiebung

Abbildung 3.2: Disponierte Beträge verschieben

Nachdem Sie den Report ausgeführt haben, erhalten Sie eine übersichtlich in Ebenen gegliederte Darstellung (siehe Abbildung 3.3) Ihres Tagesfinanzstatus, die Sie zuvor in der Struktur der Gliederung im Customizing definiert haben (siehe Abschnitt 3.7.3).

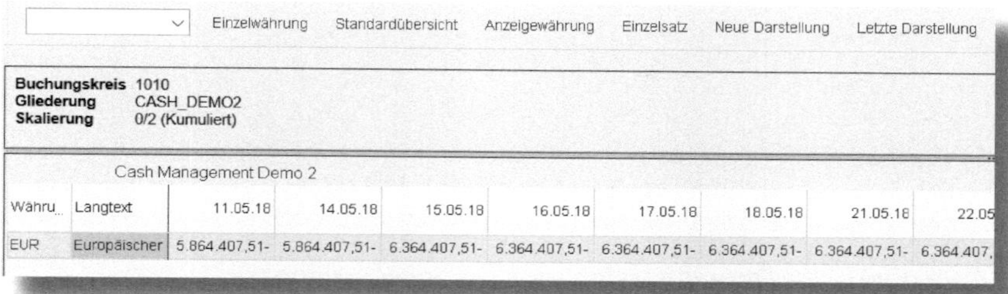

Abbildung 3.3: Gesamtübersicht des Tagesfinanzstatus

Die Buttons in der Kopfzeile ermöglichen das Wechseln zwischen unterschiedlichen Sichten und Darstellungen. Alternativ können Sie auch über einen Doppelklick (z. B. auf die DispoEbene »AU«) in den jeweils darunterliegenden Verdichtungsbegriff bzw. die Belegzeile immer eine Ebene tiefer navigieren, bis Sie auf die ursprünglichen Belegzeilen gelangen.

Navigation in Dispositionsebenen

Die DispoEbene »F0« hat den Kurztext »FI-Banken« und ist somit der Verdichtungsbegriff für alle darunterliegenden Bankkonten (siehe Abbildung 3.4). Auf der nächsthöheren Ebene wäre z. B. die Währung »EUR« ein Verdichtungsbegriff, der alle EUR-Konten beinhaltet.

Mithilfe des Buttons Auffrischen in der Menüleiste kehren Sie wieder in die darüberliegende Ebene zurück.

Buchungskreis	1010
Anzeige in	EUR
Gliederung	CASH_DEMO2
Skalierung	0/2 (Kumuliert)

BANK 1 |**

DispoEbene	Kurztext	Σ 11.05.18	Σ 14.05.18	Σ 15.05.18	Σ 16.05.18
AU	Avis, unb.			250.000,00-	250.000,00-
F0	FI-Banken	7.984,00-	7.984,00-	7.984,00-	7.984,00-
RC	Finanzstat	5.000.000,00-	5.000.000,00-	5.000.000,00-	5.000.000,00-
		▪ **5.007.984,00-**	▪ **5.007.984,00-**	▪ **5.257.984,00-**	▪ **5.257.984,00-**

Abbildung 3.4: Detailübersicht der Dispositionsebenen

3.2 Liquiditätsvorschau

Bei der Liquiditätsvorschau betrachten wir die mittelfristige Entwicklung unserer Liquidität auf Basis der Personenkonten. Wir erhalten darüber hinaus Informationen über die zu erwartenden Zahlungsströme für einen typischen Zeithorizont, der sich zwischen ein bis zwanzig Wochen erstrecken kann.

Haben wir beim Tagesfinanzstatus die Sicht auf die Bank- und Bankverrechnungskonten, so fokussieren wir bei der Liquiditätsvorschau beispielsweise auf manuelle Plandaten, Rechnungen, Aufträge und Bestellungen, die wir aus den jeweiligen Modulen ableiten.

Die Liquiditätsvorschau kennt ebenso wie der Tagesfinanzstatus die Ordnungsbegriffe »Ebenen« und »Gruppen«. Bei den Gruppen werden allerdings keine Konten miteinbezogen, sondern es handelt sich um Kunden- oder Lieferantengruppen, die über einen Stammsatzeintrag ermittelt werden. Möchten Sie die Gruppen weiter klassifizieren, beispielsweise nach Risiken oder bestimmten Verhaltensweisen, so können Sie im Customizing unterschiedliche Ebenen dazu festlegen und in den Stammsätzen der Debitoren und Kreditoren zuordnen.

Sie starten die Liquiditätsvorschau über die Transaktion *FF7BN* oder über die gleichlautende App; alternativ wählen Sie im SAP-Easy-

Access-Menü Rechnungswesen • Financial Supply Chain Management • Cash- und Liquiditätsmanagement • Liquiditätsvorschau anzeigen.

Die Transaktion für die Liquiditätsvorschau ist analog zum Tagesfinanzstatus aufgebaut, sodass Sie die Einstellungen der Varianten aus dem Tagesfinanzstatus weitgehend übernehmen können. Markieren Sie dieses Mal das Feld Liquiditätsvorschau und wählen Sie eine passende Gliederung aus, die Ihnen die Übersicht der Personendaten darstellt (siehe Abbildung 3.5).

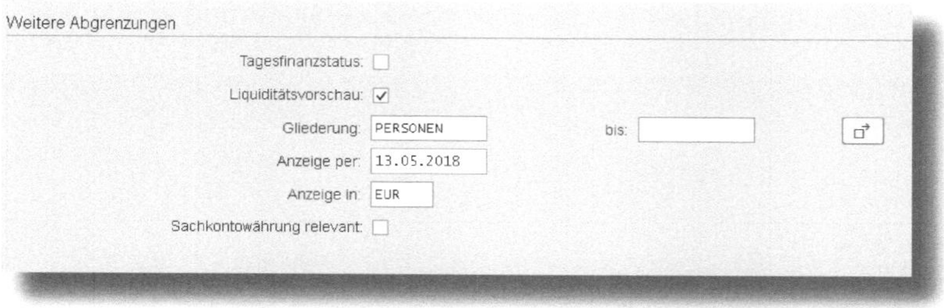

Weitere Abgrenzungen

Tagesfinanzstatus:	☐
Liquiditätsvorschau:	☑
Gliederung:	PERSONEN bis:
Anzeige per:	13.05.2018
Anzeige in:	EUR
Sachkontowährung relevant:	☐

Abbildung 3.5: Abgrenzung Tagesfinanzstatus/Liquiditätsvorschau

Führen Sie anschließend den Report aus – Sie erhalten, wie in Abbildung 3.6 dargestellt ist, eine Übersicht der verdichtenden Ebenen, die Sie zuvor im Customizing festgelegt haben.

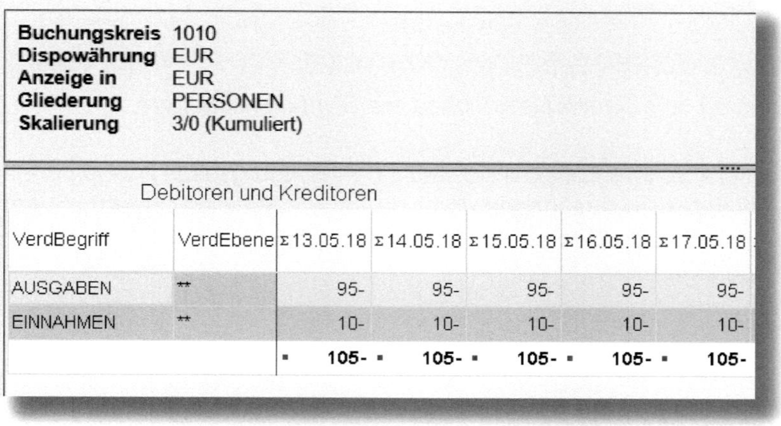

Buchungskreis 1010
Dispowährung EUR
Anzeige in EUR
Gliederung PERSONEN
Skalierung 3/0 (Kumuliert)

Debitoren und Kreditoren

VerdBegriff	VerdEbene	Σ13.05.18	Σ14.05.18	Σ15.05.18	Σ16.05.18	Σ17.05.18
AUSGABEN	**	95-	95-	95-	95-	95-
EINNAHMEN	**	10-	10-	10-	10-	10-
		▪ **105-**	▪ **105-**	▪ **105-**	▪ **105-**	▪ **105-**

Abbildung 3.6: Verdichtete Ansicht von Einnahmen und Ausgaben

Mittels Doppelklick auf einen Verdichtungsbegriff verzweigen Sie weiter auf die Ebenen und Gruppen der Liquiditätsvorschau, wo Sie aus der Klassifizierung einer Gruppe mögliche Risiken und die Entwicklung Ihrer Liquidität ablesen und daraus Maßnahmen ableiten können (siehe Abbildung 3.7). An dem gezeigten Beispiel erkennen Sie, dass für die Verdichtungsebene *EINNAHMEN* eine Gruppe von Kunden mit der Klassifizierung *E5* für »hohes Risiko« zugeordnet ist. Aktuell liegen Forderungen in Höhe von *14 EUR* vor, was bedeutet, dass Sie ggf. mit Forderungsausfällen der Kunden aus dieser Gruppierung rechnen und daraus Maßnahmen ableiten müssen, indem Sie die Geschäfte bzw. Forderungen beispielsweise mit einer Kreditversicherung absichern.

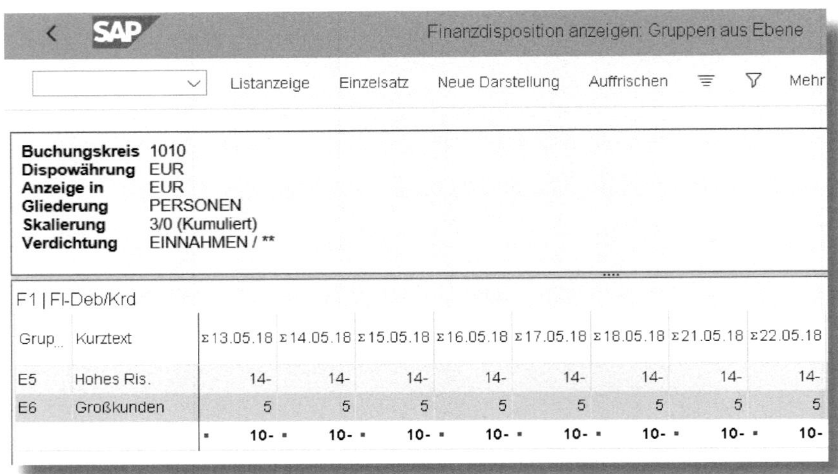

Grup...	Kurztext	Σ13.05.18	Σ14.05.18	Σ15.05.18	Σ16.05.18	Σ17.05.18	Σ18.05.18	Σ21.05.18	Σ22.05.18
E5	Hohes Ris.	14-	14-	14-	14-	14-	14-	14-	14-
E6	Großkunden	5	5	5	5	5	5	5	5
		▪ 10-	▪ 10-	▪ 10-	▪ 10-	▪ 10-	▪ 10-	▪ 10-	▪ 10-

Abbildung 3.7: Liquiditätsvorschau auf Sicht der Gruppen

Mit einem weiteren Doppelklick auf eine der Belegzeilen können Sie in die Einzelposten abspringen und bekommen detaillierte Informationen über die offenen Posten zu den in den Gruppierungen hinterlegten Geschäftspartnern.

3.3 Einzelsätze und manuelle Disposition

Im Tagesfinanzstatus werden uns Informationen bereitgestellt, die aus den Buchungen auf den Bankbestands- und Bankverrechnungskonten resultieren. Darüber hinaus müssen im Tagesgeschäft geplante Zahlungsein- und ausgänge für die Finanzdisposition berücksichtigt werden. Mithilfe der *manuellen Disposition über Einzelsätze* planen Sie Bewegungen, die nicht über Echtbuchungen in das Cash Management gelangen.

Die Funktionalität der manuellen Disposition über Einzelsätze steht sowohl in den Grundfunktionalitäten als auch im erweiterten Cash Management zur Verfügung.

3.3.1 Einzelsatz anlegen und anzeigen

Für die Anlage von manuellen Einzelsätzen dient im SAP-Standard die Transaktion *FF63*, oder Sie gehen über den Menüpfad Rechnungswesen • Financial Supply Chain Management • Cash- und Liquiditätsmanagement • Einzelsatz • Einzelsatz anlegen. Sie haben hier die Möglichkeit, die manuellen Einzelsätze über eine Einzel- oder Schnellerfassung anzulegen. In unserem Beispiel legen wir einen Planposten über eine Einzelerfassung an. Tragen Sie dazu den gewünschten Buchungskreis ein sowie eine Dispositionsart, für die der Posten angelegt werden soll. Die Dispositionsart ist in dem Zusammenhang ein eindeutiges Identifikationsmerkmal und steuert, auf welcher Ebene der Einzelsatz später abgebildet werden soll.

Die Anlage eines Einzelsatzes ist in zwei Rubriken aufgeteilt:

- *dispositive Angaben,*
- *Zusatzangaben.*

In beiden Fällen werden Felder, in denen Sie Angaben vornehmen, über das Customizing gesteuert. Die darin enthaltenen Eigenschaften definieren Sie mithilfe der Feldstatusleiste. In unserem Beispiel wurden das Valutadatum sowie die dispositive Kontobezeichnung zusätzlich als Mussfeld definiert.

Über die **dispositiven Angaben** steuern Sie, welcher Betrag zu welchem Datum und welchem dispositiven Konto zugeordnet werden soll (siehe Abbildung 3.8).

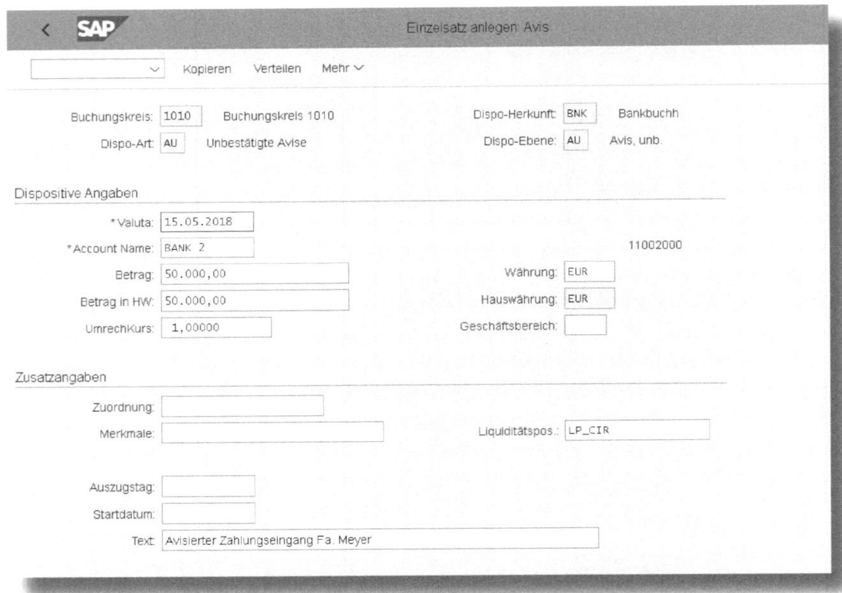

Abbildung 3.8: Anlage eines manuellen Einzelsatzes – Übersicht

Über die **Zusatzangaben** können Sie optional noch weitere Informationen mitgeben, die Aufschluss darüber geben, wofür der Planposten angelegt werden soll, indem Sie beispielsweise noch einen erläuternden Text hinterlegen. Mit S/4HANA Finance wurde das Feld Liquiditätsposition neu aufgenommen, um im Planposten optional Informationen für die Mittelherkunft und Mittelverwendung mitzugeben.

Avise und manuelle Einzelsätze

Im Sprachgebrauch wie auch in Online-Dokumentationen werden die manuellen Einzelsätze gelegentlich als *Avise* bezeichnet. Diese stehen allerdings in keinem Zusammenhang mit eingehenden Zahlungsavisen aus Kundenzahlungen.

In der Menüleiste finden Sie zwei Hilfsmittel, die Sie beim Planungsprozess unterstützen: Mithilfe des Kopieren-Buttons können Sie Kopien des Einzelsatzes anlegen – mithilfe des Verteilen-Buttons teilen Sie den ursprünglichen Betrag auf mehrere Einzelsätze und unterschiedliche Betragsgrößen auf (siehe Abbildung 3.9).

Abbildung 3.9: Betragsmäßige Verteilung der manuellen Einzelsätze

Neben der klassischen Anlage von Planposten können Sie über den Einzelsatz auch direkt einen Kontoübertrag zwischen zwei Bankkonten initiieren (siehe Abbildung 3.10). Definieren Sie dazu im Customizing der Dispositionsarten für den Bereich Zusatzangaben zum Planposten ein Gegenkonto und einen Gegenbuchungskreis (vgl. auch Abschnitt 3.7.6).

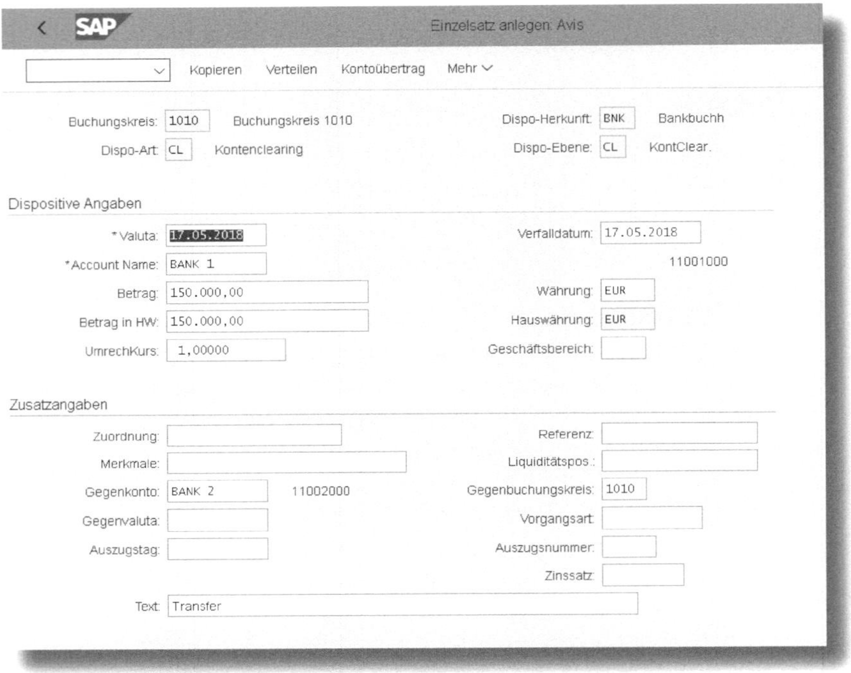

Abbildung 3.10: Kontoübertrag mittels dispositiven Einzelsatzes

Nachdem Sie Ihre Plandaten erfasst haben, drücken Sie den Button Kontoübertrag, wodurch ein entsprechendes Avis bzw. ein Planposten erstellt wird. Haben Sie alle Kontenüberträge mithilfe der manuellen Einzelsätze angelegt, können Sie in einem nächsten Schritt eine Zahlungsanordnung aus den Finanzdispo-Avisen erzeugen. Rufen Sie dazu die Transaktion *FF.D* auf oder alternativ das SAP-Easy-Access-Menü Rechnungswesen • Financial Supply Chain Management • Cash- und Liquiditätsmanagement • Kontenclearing • Zahlungsanordnungen aus Avisen generieren. Abbildung 3.11 zeigt den Einstiegsbildschirm.

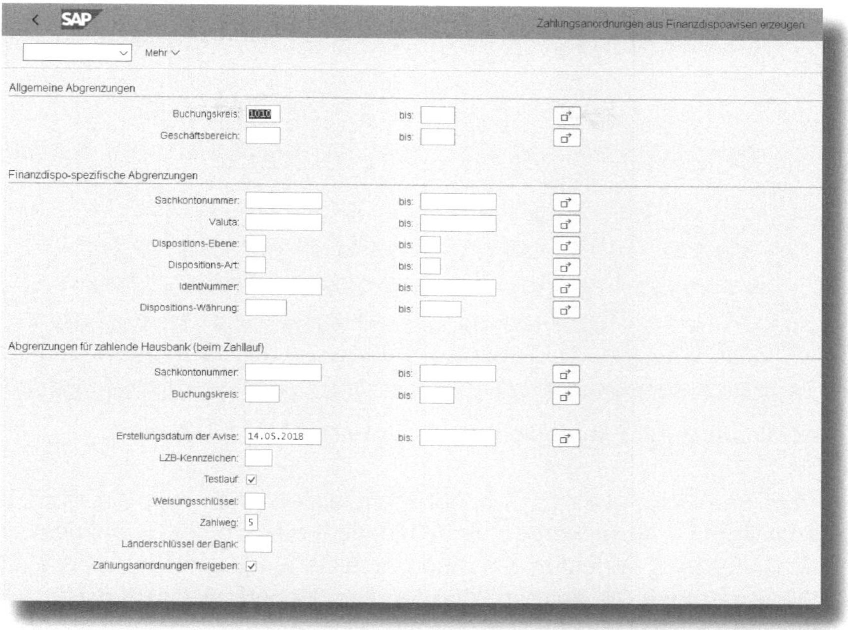

Abbildung 3.11: Zahlungsanordnungen aus Finanzdispoavisen erzeugen

3.3.2 Einzelsatzliste bearbeiten

Wenn Sie die Anlage der manuellen Einzelsätze abgeschlossen haben, können Sie diese mithilfe der *Einzelsatzliste* bei Bedarf ändern. Rufen Sie dazu die Transaktion *FF6A* für die Einzelsätze des Tagesfinanzstatus bzw. Transaktion *FF6B* für die Einzelsatzliste der Liquiditätsvorschau auf. Alternativ wählen Sie über das SAP-Easy-Access-Menü Rechnungswesen • Financial Supply Chain Management • Cash- und Liquiditätsmanagement • Einzelsatz • Einzelsatzliste für Tagesfinanzstauts bearbeiten bzw. Einzelsatzliste für Liquiditätsvorschau bearbeiten. Dort nehmen Sie die gewünschten Einstellungen vor und starten den Report. Sie erhalten nun eine Übersicht über die ausgewählten Einzelsätze, die Sie per Doppelklick im Änderungsmodus bearbeiten können (siehe Abbildung 3.12).

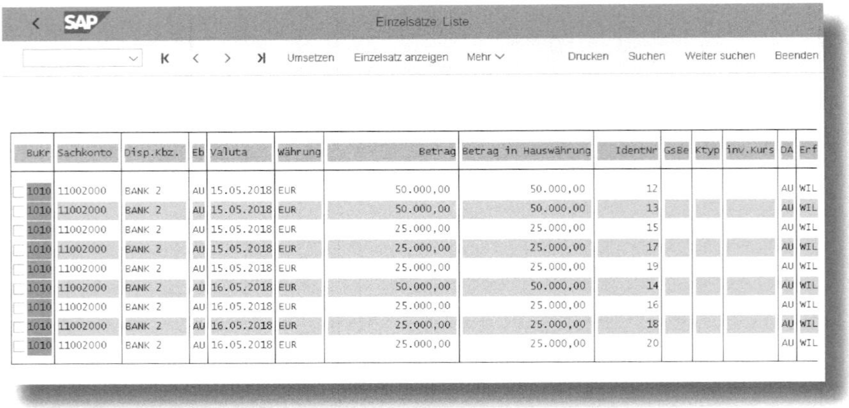

Einzelsätze Liste

K < > >| Umsetzen Einzelsatz anzeigen Mehr Drucken Suchen Weiter suchen Beenden

BuKr	Sachkonto	Disp.Kbz.	Eb	Valuta	Währung	Betrag	Betrag in Hauswährung	IdentNr	GsBe	Ktyp	inv.Kurs	DA	Erf
1010	11002000	BANK 2	AU	15.05.2018	EUR	50.000,00	50.000,00	12				AU	WIL
1010	11002000	BANK 2	AU	15.05.2018	EUR	50.000,00	50.000,00	13				AU	WIL
1010	11002000	BANK 2	AU	15.05.2018	EUR	25.000,00	25.000,00	15				AU	WIL
1010	11002000	BANK 2	AU	15.05.2018	EUR	25.000,00	25.000,00	17				AU	WIL
1010	11002000	BANK 2	AU	15.05.2018	EUR	25.000,00	25.000,00	19				AU	WIL
1010	11002000	BANK 2	AU	16.05.2018	EUR	50.000,00	50.000,00	14				AU	WIL
1010	11002000	BANK 2	AU	16.05.2018	EUR	25.000,00	25.000,00	16				AU	WIL
1010	11002000	BANK 2	AU	16.05.2018	EUR	25.000,00	25.000,00	18				AU	WIL
1010	11002000	BANK 2	AU	16.05.2018	EUR	25.000,00	25.000,00	20				AU	WIL

Abbildung 3.12: Planposten in der Einzelsatzliste – Übersicht

Über den Button Umsetzen in der Menüleiste lassen sich Einzelsätze archivieren – diese werden daraufhin nicht mehr in der Finanzdisposition angezeigt. Möchten Sie einen archivierten Einzelsatz wieder aktivieren, tragen Sie bei der Selektion zum Report im Einstiegsbild der FF6A bzw. FF6B in den weiteren Abgrenzungen die Archivklasse ein und erhalten eine Übersicht aller bereits archivierten Planposten. Mit einem erneuten Klick auf den Button Umsetzen aktivieren Sie einen zuvor angewählten archivierten Planposten.

3.3.3 Einzelsätze von Datei einlesen

Um den täglichen Planungsprozess im Cash Management zu optimieren, können Sie die Erfassung von Einzelsätzen bzw. Planposten auch automatisieren. Dies ist insbesondere dann empfehlenswert, wenn Sie die Finanzdisposition in einer zentralen Struktur verantworten und die Planposten von Tochtergesellschaften erfasst werden müssen.

Legen Sie in einem ersten Schritt eine Struktur für die externen Avise fest. Starten Sie dazu die Transaktion *RFTS6510CS* oder navigieren Sie über das Menü Rechnungswesen • Financial Supply Chain Management • Cash- und Liquiditätsmanagement • Einzelsatz • Struktur für externe Avise anlegen. Legen Sie hier fest, ob das Template für die externe Aviserstellung mit einem FELDNAMEN oder mit FELDTEXTEN und in welchem DATEIFORMAT aufgebaut werden soll (siehe Abbildung 3.13).

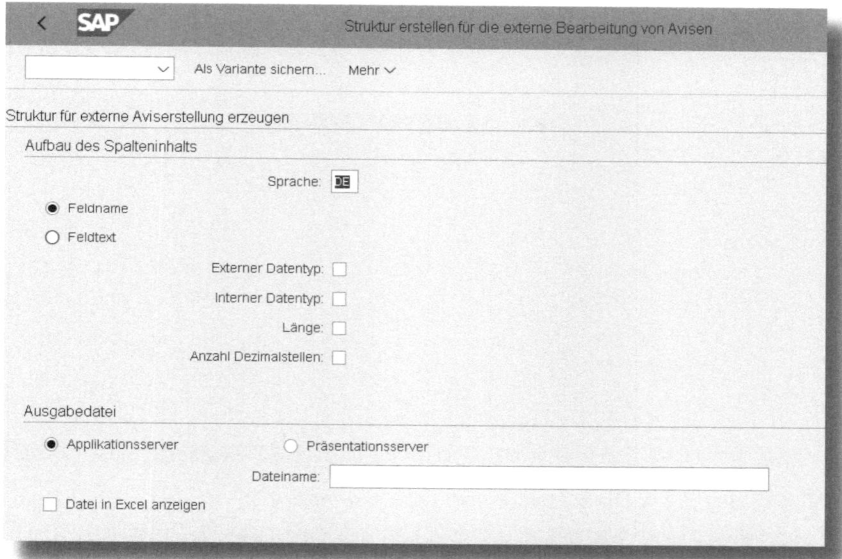

Abbildung 3.13: Struktur für externe Avise

Sie erhalten nach der Ausführung ein Template im ausgewählten Dateiformat, das Sie an Ihre in der Finanzdisposition verwendeten Strukturen bzw. Felder anpassen können. Auf Basis dieser Vorlage können die Mitarbeiter die geplanten Posten nun einfach und schnell erfassen. Durch die vorgegebenen Parameterwerte werden darüber hinaus Fehler und der Kontrollaufwand im zentralen Cash Management reduziert.

Mithilfe der Transaktion *RFTS6510* oder alternativ über den Menüpfad RECHNUNGSWESEN • FINANCIAL SUPPLY CHAIN MANAGEMENT • CASH- UND LIQUIDITÄTSMANAGEMENT • EINZELSATZ • EINZELSÄTZE VON DATEI EINLESEN können Sie nun die extern erfassten Planposten einlesen (siehe Abbildung 3.14).

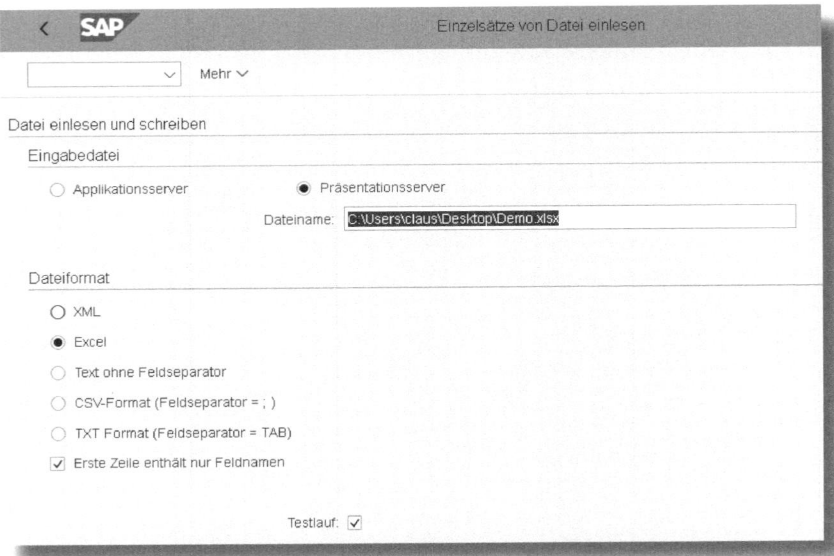

Abbildung 3.14: Einzelsätze von Datei einlesen

Optional können Sie die Verarbeitung der Einzelsätze weiter optimieren, indem Sie diesen Prozess als Hintergrundjob automatisch einplanen, nachdem Sie die Plandateien von Ihren Tochtergesellschaften erhalten haben.

3.4 Bankkontoübertrag

Am Ende des täglichen Planungsprozesses bzw. der Finanzdisposition steht als potenzielle Aufgabe der Bankkontoübertrag zwischen Ihren Hausbanken an. Haben Sie ein Cash-Pooling in Ihrem Unternehmen bzw. Konzern etabliert, so ist ein Kontoübertrag zwischen den aufnehmenden und abgebenden Konten innerhalb einer Bankengruppe im Regelfall nicht notwendig.

Haben Sie beispielsweise ein *Zerobalancing* mit Ihrer Hausbank vereinbart, so werden die Salden zwischen den einzelnen Konten am Tagesende von der Bank automatisch ausgeglichen. Den Transfer zwischen den einzelnen Hausbanken müssen Sie in der Regel selbst initiieren. Im SAP-Standard steht Ihnen dazu eine Reihe an Werkzeugen zur Verfügung, wie beispielsweise:

- Bankkontenübertrag mit Repetitive Codes,
- Kontenclearing,
- Zahlungsanordnungen aus Finanzdispoavisen,
- Free-Form-Zahlungen.

Wir wollen uns in diesem Abschnitt die »Bankkontenüberträge mit den Repetitive Codes« anschauen, die technisch auf den Zahlungsanordnungen aufbauen und auf den bestehenden Zahlwegen der *Payment Medium Workbench (PMW)* aufsetzen. Der Implementierungsaufwand ist dadurch gering, und der Transfer von Zahlungen kann im Regelfall schnell und ohne großen Aufwand realisiert werden. Der Prozess für wiederkehrende und manuelle Zahlungen wird dadurch deutlich vereinfacht.

Doch zunächst – was sind *Repetitive Codes*?

Die Repetitive Codes stehen für Schlüssel, die gleichbleibende Daten im Zahlungsverkehr zwischen der Sender- und Empfängerbank beinhalten und für eine weitere Vereinfachung in Gruppen zusammengefasst werden können. So können Sie beispielsweise für die Kontenüberträge einer Hausbank jeweils einen Repetitive Code definieren, der die Empfängerbank ausweist. Alle Repetitive Codes zu einer Bank werden gruppiert. Für einen Transfer können Sie dann auswählen, über welche dieser Gruppierungen die Zahlung erfolgen soll. Neben dem Ziel eines Banktransfers können Sie Repetitive Codes auch für zentrale Geschäftspartner bzw. Kreditoren anlegen.

Schauen wir uns nun zunächst die Anlage eines Repetitive Codes an. Starten Sie dazu die Transaktion *OT81* oder gehen Sie alternativ über das SAP-Easy-Access-Menü Rechnungswesen • Finanzwesen • Banken • Stammdaten • Repetitive Codes. Sie gelangen nun in die Gesamtübersicht, in der Sie Repetitive Codes anlegen, anzeigen, ändern und auch freigeben können. Wählen Sie zunächst den zahlenden Buchungskreis (Zahl.Bukrs.) sowie eine Hausbank und Konto-ID aus, über die später die Zahlung erfolgen soll (siehe Abbildung 3.15).

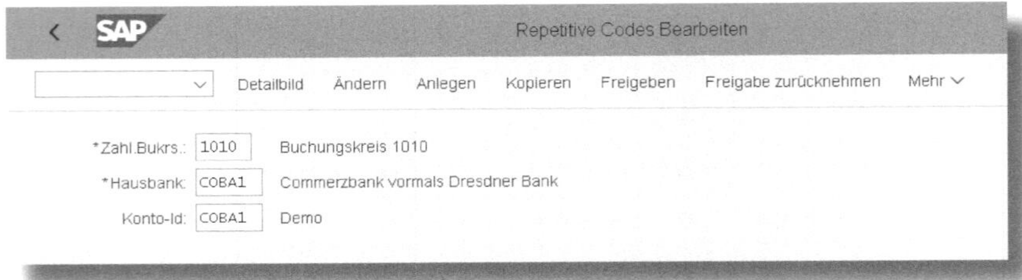

Abbildung 3.15: Initiale Anlage eines Repetitive Codes

Erstellen Sie nun einen Repetitive Code über den Button Anlegen. In dem folgenden Pop-up werden Sie aufgefordert, einen Geschäftspartner auszuwählen – wählen Sie gemäß Abbildung 3.16 den Typ Bank aus.

Abbildung 3.16: Auswahl des Geschäftspartners für Repetitive-Code-Zahlungen

Tragen Sie in das Feld Repetitive Code einen frei definierbaren Schlüssel ein und legen Sie die Empfängerbank, den Zahlweg (im Beispiel

»T« für eine Überweisung) sowie die Währung für den Repetitive Code fest (siehe Abbildung 3.17).

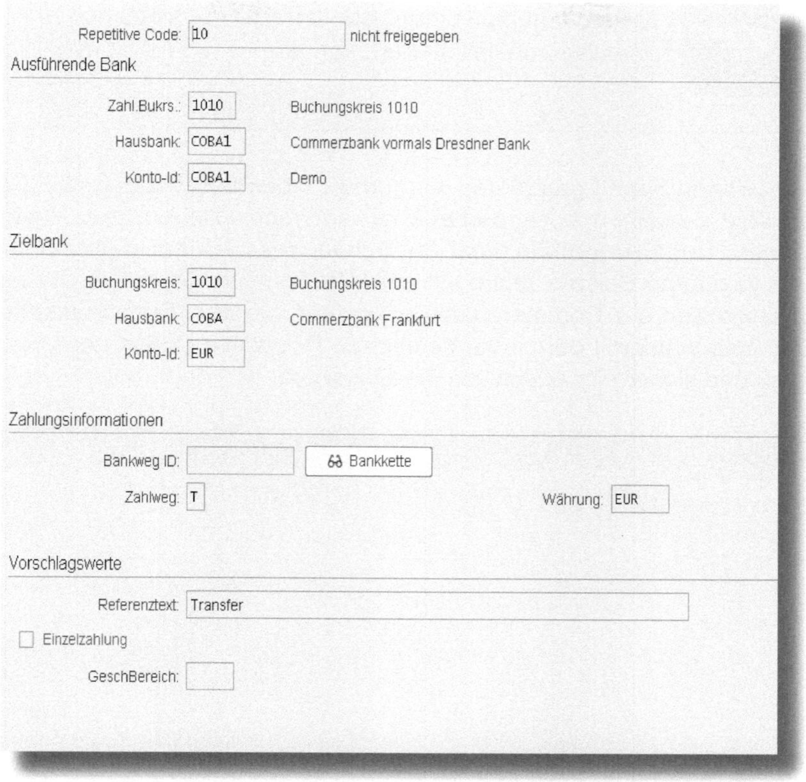

Repetitive Code: 10 nicht freigegeben

Ausführende Bank

Zahl.Bukrs.: 1010 Buchungskreis 1010

Hausbank: COBA1 Commerzbank vormals Dresdner Bank

Konto-Id: COBA1 Demo

Zielbank

Buchungskreis: 1010 Buchungskreis 1010

Hausbank: COBA Commerzbank Frankfurt

Konto-Id: EUR

Zahlungsinformationen

Bankweg ID: Bankkette

Zahlweg: T Währung: EUR

Vorschlagswerte

Referenztext: Transfer

Einzelzahlung

GeschBereich:

Abbildung 3.17: Nicht freigegebener Repetitive Code

Kehren Sie nach der Anlage des Codes wieder zurück zum Einstiegsbildschirm der OT81 mit der Gesamtübersicht aller vorhandenen Repetitive Codes und legen Sie bei Bedarf weitere Codes an. Da alle Codes nach der Anlage zunächst inaktiv sind, müssen Sie diese für den Zahlungsverkehr noch freigeben. Markieren Sie dazu die zu aktivierenden Codes bzw. Zeilen und drücken Sie auf den Button Freigeben. Sichern Sie im Anschluss Ihre Eingabe.

Freigabe von Repetitive Codes

Die Freigabe von Repetitive Codes lässt sich jederzeit wieder zurücknehmen, sodass Sie geplante Kontenüberträge gezielt steuern können.

Im nächsten Schritt gruppieren wir nun wie oben beschrieben alle Datensätze derselben Absenderbank mit unterschiedlichen Empfängerbanken (1:n). Drücken Sie dazu den Button Gruppen . In dem in Abbildung 3.18 gezeigten Beispiel legen wir eine Gruppe von Repetitive Codes für Überträge der Commerzbank an, ordnen sie dem Buchungskreis *1010 Hausbank* mit den zuvor definierten Repetitive Codes der Gruppe zu und sichern im Anschluss die Eingaben.

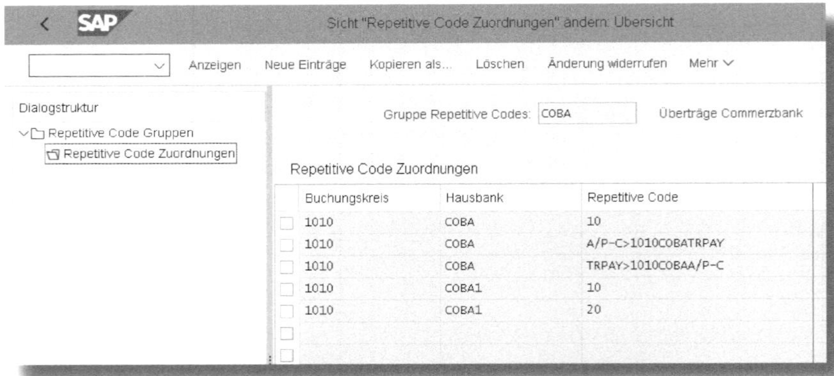

Abbildung 3.18: Repetitive Code – Zuordnung

Wenn Sie alle möglichen Kombinationen für die geplanten Bankkontenüberträge erfasst haben, starten Sie Ihre Transfers über die Transaktion *FRFT_B* oder den Menüpfad Rechnungswesen • Finanzwesen • Banken • Ausgänge • Zahlungen mit Repetitive Code • Bankkontoübertrag.

Kontenfindung Bankverrechnungskonten

Bei fehlenden Customizing-Einstellungen zur Kontenfindung der Bankverrechnungskonten müssen Sie (bei Bedarf) die Kontenfindung für Zahlungsanordnungen ergänzen. Sie finden die Einstellungen im SAP-Customizing-Einführungsleitfaden unter Finanzwesen • Bankbuchhaltung • Geschäftsvorfälle • Zahlungsverkehr • Zahlungsanordnung • Verr.konten für Empfängerbank beim Kontoübertrag definieren.

Rufen Sie nun in der Einbildtransaktion die Gruppe von Repetitive Codes auf, die Sie zuvor definiert haben, und tragen Sie in den Repetitive Codes, für die Sie im weiteren Verlauf einen Datenträger erstellen möchten, den regulierenden Betrag sowie den Referenztext ein (siehe Abbildung 3.19).

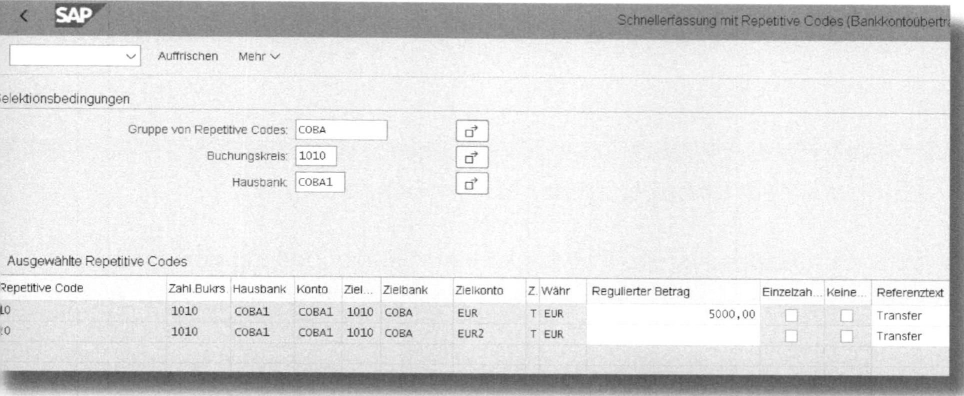

Abbildung 3.19: Schnellerfassung von Bankkontoüberträgen mit Repetitive Codes

Vorrat an Feldern in der Schnellerfassung

Neben Regulierender Betrag und Referenztext steht noch eine Reihe weiterer Felder zur Auswahl (im Screenshot nicht mehr sichtbar), über die Sie die Datenträgererstellung spezifizieren können, wie beispielsweise ein LZB-Kennzeichen, Zahlwegzusätze oder auch entsprechende Weisungsschlüssel in der Belegzeile.

Haben Sie alle Kombinationen ausgewählt, für die Sie Ihre Kontenüberüberträge durchführen möchten, drücken Sie den Button [Zahlungsanordnung erzeugen]. Sie sehen nun im unteren Teil des Screens die offenen Zahlungsanordnungen, die Sie im Rahmen der Repetitive Codes erstellt haben (Abbildung 3.20).

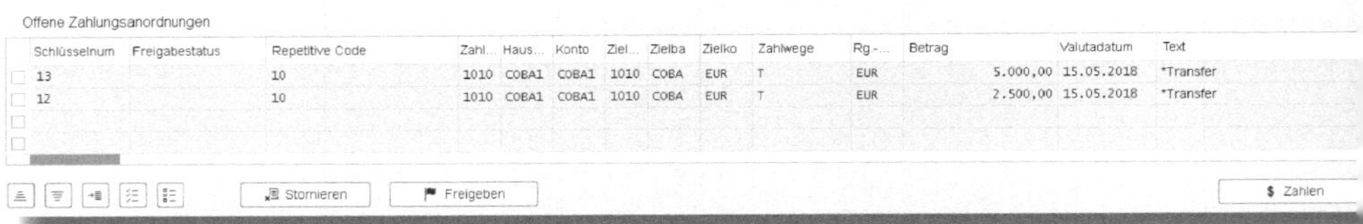

Abbildung 3.20: Übersicht offener Zahlungsanordnungen

Über die entsprechenden Buttons können Sie die Zahlungsanordnungen nun

- stornieren,
- freigeben oder
- zahlen.

Der weitere Prozess für die Zahlungsanordnungen ist abhängig davon, wie Sie diese im Customizing definiert haben. So können Sie beispielsweise mit Zahlen direkt einen Datenträger erstellen oder aber in das SAP BCM weiterleiten, wo dann die Autorisierung mit der anschließenden Datenträgererstellung erfolgt.

3.5 Kontenclearing

Mit den Repetitive Codes haben Sie eine Möglichkeit näher kennengelernt, wie Sie Transfers zwischen Ihren Bankkonten durchführen können – hierbei wurden die Beträge manuell ermittelt. In diesem Abschnitt schauen wir uns die Funktionalitäten des *Kontenclearings* im SAP-Standard an, bei dem die Beträge automatisch kalkuliert werden.

Dazu werden die Salden der Bankkonten unter Berücksichtigung von definierten Mindestbeständen auf ein gewünschtes Zielkonto transferiert (siehe Abbildung 3.21).

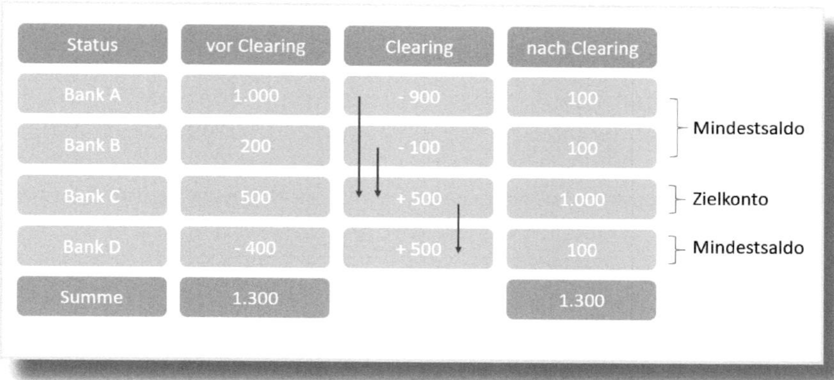

Abbildung 3.21: Funktionsweise Kontenclearing – Übersicht

Auf Grundlage der Gliederung, die wir auch im Tagesfinanzstatus bzw. der Liquiditätsvorschau verwenden, wird ein Clearingvorschlag erstellt, der den Tagesendsaldo sowie das spätere Ergebnis der Disposition enthält. Die Gliederung selbst enthält nur die Konten, die für das Clearing einbezogen werden sollen.

Sie können den Clearingvorschlag ändern und die vom System ermittelte Verteilung der Beträge anpassen. Möchten Sie ein Kontenclearing buchungskreisübergreifend durchführen, so müssen Sie dazu einen *Arbeitsvorrat* verwenden.

Arbeitsvorräte in SAP

Für die Anlage von Arbeitsvorräten starten Sie die Transaktion *OB55*. Wählen Sie anschließend das Objekt BUKRS für Buchungskreise aus und definieren Sie Ihren Arbeitsvorrat, den Sie für das Kontenclearing verwenden möchten.

Starten Sie nun das Kontenclearing über die Transaktion *FF74* (Kontenclearing mit Variante) oder navigieren Sie alternativ über das SAP-Menü Rechnungswesen • Financial Supply Chain Management • Cash- und Liquiditätsmanagement • Kontenclearing • Kontenclearing mit Variante aufrufen.

Wählen Sie oben den Buchungskreis oder den Arbeitsvorrat aus, für den Sie das Kontenclearing erstellen möchten. Geben Sie in den Selektionsangaben ein Dispositionsdatum sowie eine Gliederung ein und legen Sie optional einen Mindestsaldo fest, falls dieser in den Clearingvorschlag miteinbezogen werden soll (siehe Abbildung 3.22).

In der Rubrik Konzentration auf definieren Sie Ihr Zielkonto (Bankkonto) sowie den Zielbuchungskreis.

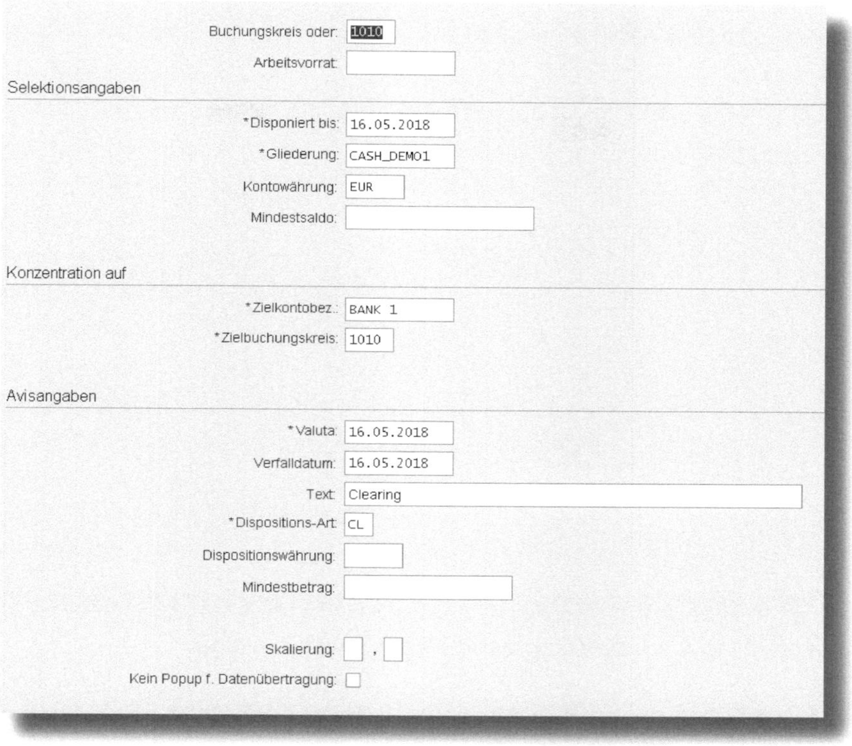

Buchungskreis oder: 1010
Arbeitsvorrat:

Selektionsangaben

*Disponiert bis: 16.05.2018
*Gliederung: CASH_DEMO1
Kontowährung: EUR
Mindestsaldo:

Konzentration auf

*Zielkontobez.: BANK 1
*Zielbuchungskreis: 1010

Avisangaben

*Valuta: 16.05.2018
Verfalldatum: 16.05.2018
Text: Clearing
*Dispositions-Art: CL
Dispositionswährung:
Mindestbetrag:

Skalierung: ,
Kein Popup f. Datenübertragung:

Abbildung 3.22: Automatisches Bankkonten-Clearing

In den Avisangaben legen Sie abschließend das Valutadatum der Buchung sowie die Dispositions-Art des Kontenclearings fest. Nachdem Sie das Kontenclearing durchgeführt haben, wird über diese Einstellung automatisch ein Planposten für den Tagesfinanzstatus erstellt. Starten Sie im Anschluss den Clearingvorschlag.

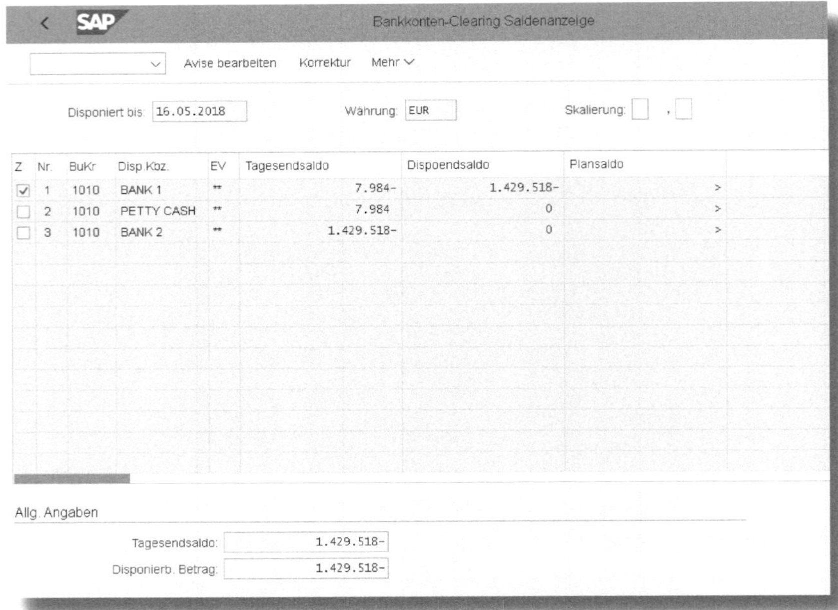

Abbildung 3.23: Bankkonten-Clearing Saldenanzeige

Sie erhalten nun, wie in Abbildung 3.23 zu sehen, die »Bankkonten-Clearing Saldenanzeige«, in der Sie den Clearingvorschlag bearbeiten können. Hier lassen sich Beträge ab- oder aufrunden, hinzufügen oder löschen, oder Sie können die vorgeschlagenen Konten ändern.

Programmstart Kontenclearing

Das Kontenclearing wird in zwei Versionen ausgeliefert:

Die Transaktion *FF74* ermöglicht Ihnen die Anlage einer Variante, wohingegen das mit der Transaktion *FF73* nicht möglich ist. Wenn Sie das Kontenclearing über die Transaktion *FF74* starten, verzweigen Sie unmittelbar nach der Anlage einer Variante auf die Transaktion *FF73*, in der Sie die Vorgabewerte erneut bestätigen müssen.

Wenn Sie den Vorschlag fertig bearbeitet haben, sichern Sie Ihre Eingaben und erstellen die Avise. In einem nächsten Schritt verbuchen Sie die Zahlungsaufträge, die Sie über das Kontenclearing erstellt haben. Rufen Sie dazu die Transaktion *FF.9* auf oder navigieren Sie alternativ über Rechnungswesen • Financial Supply Chain Management • Cash- und Liquiditätsmanagement • Kontenclearing • Zahlungsaufträge buchen. In dieser Transaktion werden die Avise auf die im Customizing hinterlegten Verrechnungskonten mithilfe von Batch-Input-Mappen verbucht (siehe Abbildung 3.24).

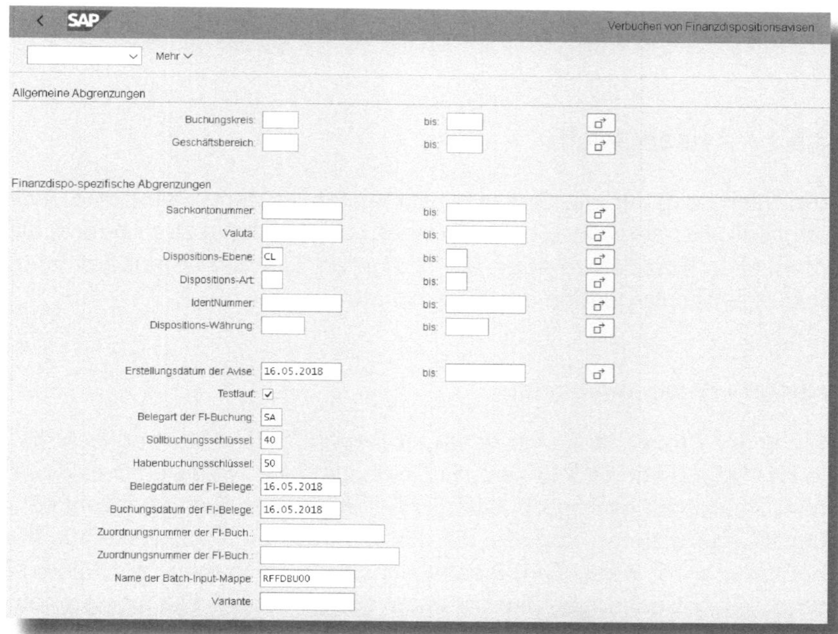

Abbildung 3.24: Verbuchung von Finanzdispoavisen

Erstellen Sie im letzten Schritt noch die Zahlungsanordnung, die sich aus den Zahlungsavisen ermitteln lässt (siehe dazu auch Abschnitt 3.3.1).

3.6 Bankenabstimmung

Wie wir bereits in Abschnitt 3.3 gelernt haben, können wir für den Tagesfinanzstatus neben den Daten, die uns aus der Bankbuchhaltung zur Verfügung gestellt werden, eigene Planposten über erwartete Geldströme anlegen. In diesem Zusammenhang ist es wichtig zu prüfen, ob unsere geplanten Transfers bzw. Bewegungen auch tatsächlich eingetroffen sind.

Dazu wird im SAP-Standard eine Reihe an Kontrollreports ausgeliefert, die Sie bei der täglichen Bankenabstimmung unterstützen.

3.6.1 Avisabgleich

Ein Werkzeug für die Bankenabstimmung ist der sogenannte *Avisabgleich,* bei dem die Echtbuchungen des Kontoauszugs gegen die manuellen Einzelsätze abgestimmt werden. Der SAP-Standard liefert dazu die nachfolgenden drei Reports aus.

Report »Avise abgleichen«

Ein in der Praxis häufig verwendeter Report für den Avisabgleich dürfte der Report RFFDIS45 sein. Er beinhaltet eine Reihe an Selektions- bzw. Abgrenzungsmöglichkeiten, über die Sie die Belegauswahl sehr genau spezifizieren können. So können Sie beispielsweise für die Zuordnung der Avise Betragsabweichungen definieren, auf Mindestbeträge der Buchungen einschränken oder manuelle Planposten automatisch archivieren (siehe Abbildung 3.25).

Mit Abgleich der Avise werden diese archiviert, sodass sie nicht mehr in die Betrachtung des Tagesfinanzstatus einfließen.

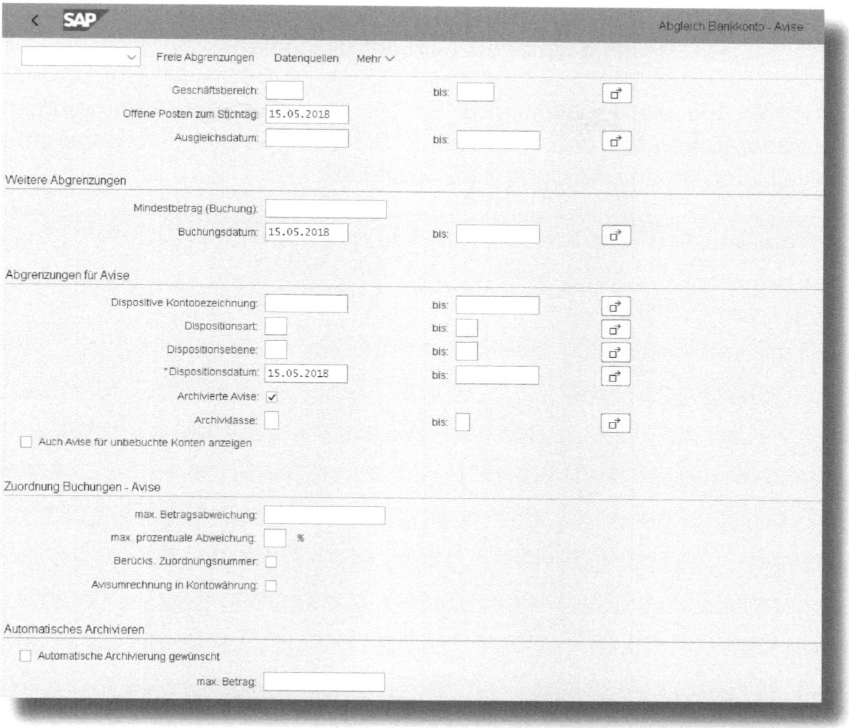

Abbildung 3.25: Avise gegen Bankkonto abgleichen

Sie können Avise maschinell oder auch manuell abgleichen. Beim maschinellen Abgleich müssen Sie den Parameter AUTOMATISCHE ARCHIVIERUNG GEWÜNSCHT markieren. Darüber hinaus ist es Bedingung für den automatischen Abgleich, dass die folgenden Parameter in Konto und Avis übereinstimmen:

- Buchungskreis,
- Geschäftsbereich,
- Bankkonto,
- Valuta,
- Vorzeichen,

- Betrag (der sich aber von dem von Ihnen im Feld MAX. BETRAGSABWEICHUNG definierten Wert unterscheiden darf).

Sobald Sie alle Einstellungen für die Belegauswahl vorgenommen haben, führen Sie den Report aus. Sie erhalten nun eine detaillierte Auflistung wie in Abbildung 3.26 dargestellt.

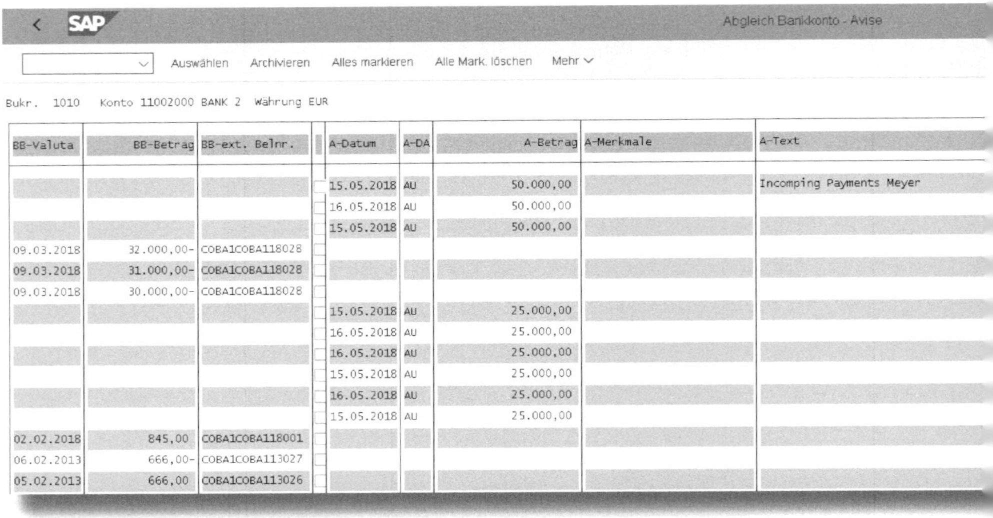

SAP — Abgleich Bankkonto - Avise

Auswählen | Archivieren | Alles markieren | Alle Mark. löschen | Mehr

Bukr. 1010 Konto 11002000 BANK 2 Währung EUR

BB-Valuta	BB-Betrag	BB-ext. Belnr.		A-Datum	A-DA	A-Betrag	A-Merkmale	A-Text
				15.05.2018	AU	50.000,00		Incomping Payments Meyer
				16.05.2018	AU	50.000,00		
				15.05.2018	AU	50.000,00		
09.03.2018	32.000,00-	COBA1COBA118028						
09.03.2018	31.000,00-	COBA1COBA118028						
09.03.2018	30.000,00-	COBA1COBA118028						
				15.05.2018	AU	25.000,00		
				16.05.2018	AU	25.000,00		
				16.05.2018	AU	25.000,00		
				15.05.2018	AU	25.000,00		
				16.05.2018	AU	25.000,00		
				15.05.2018	AU	25.000,00		
02.02.2018	845,00	COBA1COBA118001						
06.02.2013	666,00-	COBA1COBA113027						
05.02.2013	666,00	COBA1COBA113026						

Abbildung 3.26: Detailliste für den Avisabgleich

Sie finden auf der linken Seite des Doppelstrichs eine Übersicht der gebuchten Belege der elektronischen Kontoauszüge und auf der rechten Seite die von Ihnen manuell angelegten Planposten. Über einen Doppelklick auf eine Belegzeile gelangen Sie zum Einzelsatz eines Kontoauszugs bzw. direkt zum Planposten. Somit können Sie bei möglichen Unstimmigkeiten auf die Detailinformationen verzweigen, die Sie für den Abgleich benötigen.

Haben Sie die Planposten zum Kontoauszug identifiziert, markieren Sie diesen und drücken anschließend den Button Archivieren. Der Einzelsatz ist nun archiviert und wird im Tagesfinanzstatus nicht mehr berücksichtigt.

Report »Avise mit Kontoauszug vergleichen«

Eine weitere Funktionalität zum Abgleich Ihrer manuellen Planposten steht Ihnen mit dem Report RFFDIS46 zur Verfügung. Die Selektionsmöglichkeiten bei diesem Report sind etwas begrenzter, da diese explizit auf eine Hausbank und eine Auszugsnummer bzw. ein Auszugsdatum eingeschränkt sind und sich dadurch der Abstimmungsprozess der Planposten nicht so flexibel gestalten lässt. Nach meiner Erfahrung sollten Sie ihn nur einsetzen, wenn Sie nicht viele Bewegungen auf den Konten haben.

Report »Avise mit Kontoauszugsavisen vergleichen«

Der dritte Report für die Abstimmung der Planposten ist der RFFDIS47. Er kommt dann zum Einsatz, wenn beim Einleseprozess der Kontoauszüge für die Finanzdisposition zunächst Avise erstellt werden und die FI-Buchungen erst zu einem späteren Zeitpunkt erfolgen.

Da mittlerweile die überwiegende Anzahl an elektronischen Kontoauszügen im Report RFEBKA00 über die Option *Sofort buchen* verarbeitet wird, dürfte diese Möglichkeit des Avisabgleichs in der Zwischenzeit eine eher untergeordnete Rolle spielen.

3.7 Customizing

In diesem Abschnitt zeige ich Ihnen die wichtigsten Customizing-Einstellungen, die Sie für den Grundfunktionsumfang im Cash Management von S/4HANA Finance benötigen. Sie finden in den Grundeinstellungen zahlreiche Ordnungsbegriffe, die Sie bereits aus dem Cash Management in SAP ERP kennen. Darüber hinaus können Sie die hier getroffenen Einstellungen auch in den Filteroptionen der Apps im erweiterten Cash Management verwenden.

Konfiguration des Cash Managements

Dem Customizing für die Transaktionen *FF7AN* (Tagesfinanzstatus) und *FF7BN* (Liquiditätsvorschau) ist jeweils ein eigener Customizing-Pfad zugeordnet. Der Datenaufbau orientiert sich aber an einigen Stellen am erweiterten Cash Management. Der Hinweis »2274211 – Konfiguration des Cash Managements« beschreibt die Vorgehensweise. Der Hinweis 2530138 enthält eine FAQ zu beiden Transaktionen.

3.7.1 Herkunftssymbole

Die Herkunftssymbole verweisen auf die Quelle(n) der später im Tagesfinanzstatus oder in der Liquiditätsvorschau dargestellten Informationen (siehe Abbildung 3.27).

SAP Sicht "Herkunftssymbole Finanzdisposition" ändern: Übersicht

Anzeigen Neue Einträge Kopieren als... Löschen Änderung widerrufen Mehr

Herkunft	TFStatus	Bezeichnung	Kurztext
BNK	☑	Bankbuchhaltung	Bankbuchh.
MMF	☐	Materialwirtschaft	MM
PSK	☐	Nebenbuchhaltung	Neb.Buchh.
REM	☐	Immobilienverwaltung	Immobilien
SDF	☐	Vertrieb	Verkauf

Abbildung 3.27: Herkunftssymbole für die Finanzdisposition

Im SAP-Standard werden dazu im Regelfall bereits Beispiele ausgeliefert, die Sie weitgehend übernehmen können. Sie definieren die Herkunftssymbole über SAP Customizing Einführungsleitfaden Financial Supply Chain Management • Cash- und Liquiditätsmanagement • Cash Management • Einstellungen für FF7AN und FF7BN • Herkunftssymbole definieren.

Indem Sie den Haken im Feld TFSTATUS setzen, legen Sie fest, dass das Herkunftssymbol dem Tagesfinanzstatus zugeordnet wird: ohne den Haken gilt es für die Liquiditätsvorschau. Im späteren Verlauf des Customizings wird das Herkunftssymbol einer Dispositionsebene zugeordnet.

3.7.2 Dispositive Kontenbezeichnung

Mithilfe dieser Einstellung werden für die Bank- und Bankverrechnungskonten *sprechende* Namen hinterlegt, die später im Reporting anstelle der Sachkonten verwendet werden. Hinterlegen Sie eine *dispositive Kontenbezeichnung* im SAP-Customizing-Leitfaden unter FINANCIAL SUPPLY CHAIN MANAGEMENT • CASH- UND LIQUIDITÄTSMANAGEMENT • CASH MANAGEMENT • EINSTELLUNGEN FÜR FF7AN UND FF7BN • DISPOSITIVE KONTENBEZEICHNUNG DEFINIEREN. Als Beispiel zeigt Abbildung 3.28, dass wir für unser Sachkonto 11001010 den Eintrag *Commerzbank Kontokorrentkonto* in der Spalte BEZEICHNUNG vorgenommen haben.

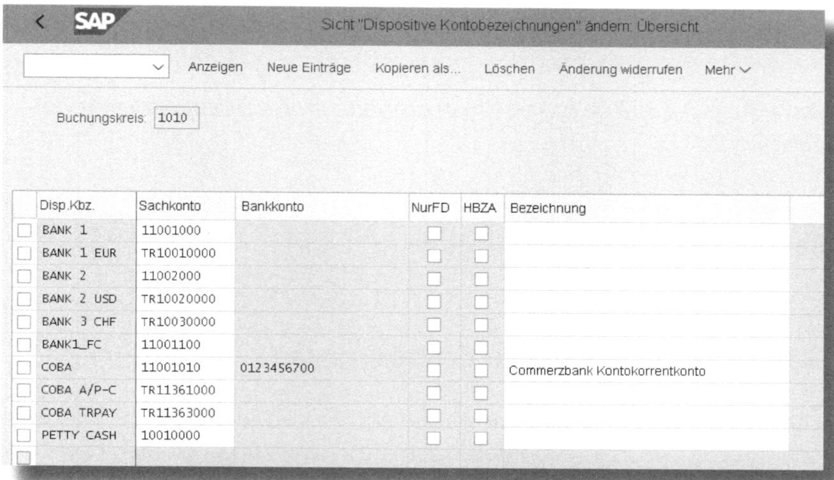

Disp.Kbz.	Sachkonto	Bankkonto	NurFD	HBZA	Bezeichnung
BANK 1	11001000		☐	☐	
BANK 1 EUR	TR10010000		☐	☐	
BANK 2	11002000		☐	☐	
BANK 2 USD	TR10020000		☐	☐	
BANK 3 CHF	TR10030000		☐	☐	
BANK1_FC	11001100		☐	☐	
COBA	11001010	0123456700	☐	☐	Commerzbank Kontokorrentkonto
COBA A/P-C	TR11361000		☐	☐	
COBA TRPAY	TR11363000		☐	☐	
PETTY CASH	10010000		☐	☐	

Abbildung 3.28: Dispositive Kontenbezeichnungen definieren

Ist für das Sachkonto ein Bankkonto Ihrer Hausbank zugeordnet, so wird dies in der Spalte BANKKONTO dargestellt. Um das zu erreichen, müssen Sie in der Sachkontenpflege in der Rubrik ERFASSUNG/BANK/ZINS die BANK- UND FINANZANGABEN IM BUCHUNGSKREIS pflegen (siehe Abbildung 3.29).

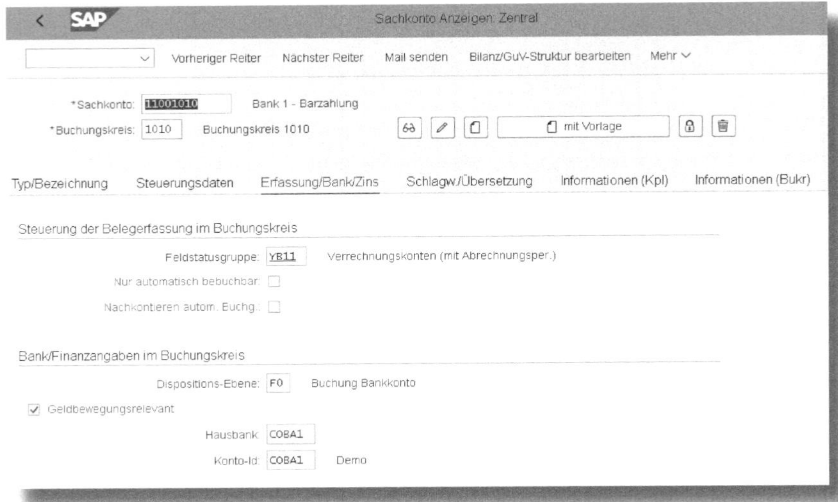

Abbildung 3.29: Bank- und Finanzangabe im Buchungskreis für ein Sachkonto

Ordnen Sie dem Sachkonto eine DISPOSITIONS-EBENE zu und hinterlegen Sie die HAUSBANK sowie die KONTO-ID.

3.7.3 Gliederungen und Gruppierungen

Über diese Einstellung legen wir die späteren Gliederungen inkl. Überschriften sowie die Gruppierungen des Tagesfinanzstatus bzw. der Liquiditätsvorschau fest.

Gliederungen definieren und Überschriften pflegen

Für die Pflege einer Gliederung bzw. Überschrift starten Sie im SAP-Customizing-Leitfaden über Financial Supply Chain Management • Cash- und Liquiditätsmanagement • Cash Management • Einstellungen für FF7AN und FF7BN • Gruppierung • Gliederung definieren und Überschriften pflegen. Es öffnet sich der in Abbildung 3.30 gezeigte Screen.

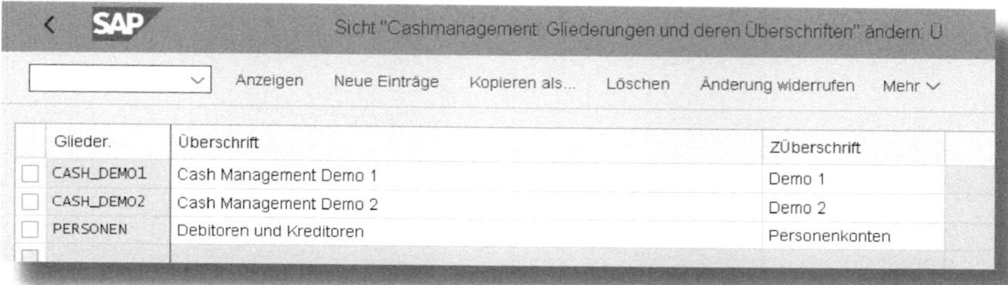

Abbildung 3.30: Gliederung und Überschriften pflegen

Hier wurden für die weiteren Abgrenzungen des Tagesfinanzstatus bzw. der Liquiditätsvorschau bereits drei Gliederungen eingetragen – zwei zu Demonstrationszwecken des Tagesfinanzstatus und eine für die Liquiditätsvorschau.

Struktur pflegen

Im vorherigen Customizing-Schritt haben Sie eine Gliederung gepflegt, die Sie nun mit Inhalten in Form einer *Struktur* füllen müssen. Rufen Sie dazu die Strukturpflege im SAP-Customizing über den Pfad Financial Supply Chain Management • Cash Management • Einstellungen für FF7AN und FF7BN • Gruppierung • Struktur pflegen auf (siehe Abbildung 3.31).

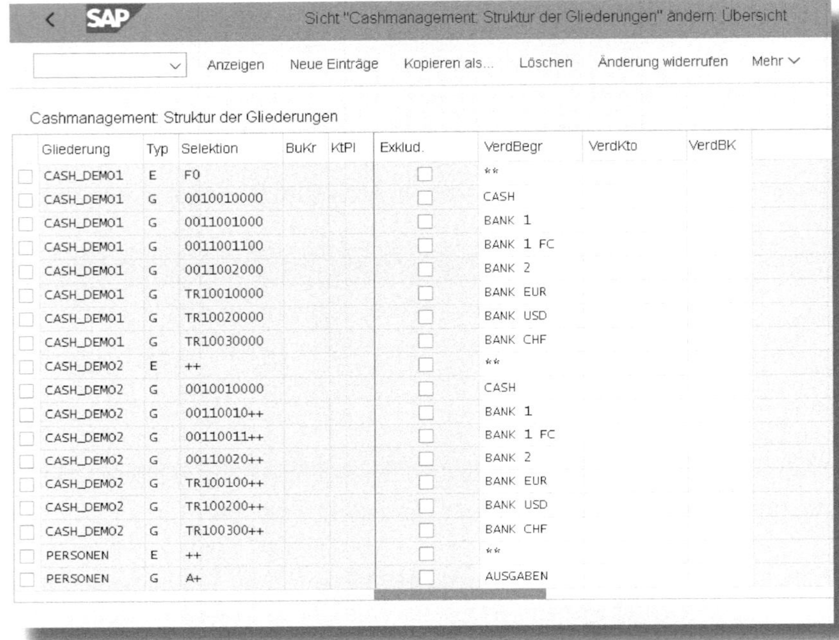

Sicht "Cashmanagement: Struktur der Gliederungen" ändern: Übersicht

Anzeigen Neue Einträge Kopieren als... Löschen Änderung widerrufen Mehr

Cashmanagement: Struktur der Gliederungen

Gliederung	Typ	Selektion	BuKr	KtPl	Exklud.	VerdBegr	VerdKto	VerdBK
CASH_DEMO1	E	F0				**		
CASH_DEMO1	G	0010010000				CASH		
CASH_DEMO1	G	0011001000				BANK 1		
CASH_DEMO1	G	0011001100				BANK 1 FC		
CASH_DEMO1	G	0011002000				BANK 2		
CASH_DEMO1	G	TR10010000				BANK EUR		
CASH_DEMO1	G	TR10020000				BANK USD		
CASH_DEMO1	G	TR10030000				BANK CHF		
CASH_DEMO2	E	++				**		
CASH_DEMO2	G	0010010000				CASH		
CASH_DEMO2	G	00110010++				BANK 1		
CASH_DEMO2	G	00110011++				BANK 1 FC		
CASH_DEMO2	G	00110020++				BANK 2		
CASH_DEMO2	G	TR100100++				BANK EUR		
CASH_DEMO2	G	TR100200++				BANK USD		
CASH_DEMO2	G	TR100300++				BANK CHF		
PERSONEN	E	++				**		
PERSONEN	G	A+				AUSGABEN		

Abbildung 3.31: Struktur der Gliederung pflegen

Sie definieren eine Struktur, indem Sie Konten der zuvor bestimmten Gliederung zuordnen. In diesem Zusammenhang unterscheiden wir zwischen zwei Ordnungsbegriffen:

Definieren Sie zunächst eine *Ebene* (Typ E), die alle darunterliegenden Gruppen beinhaltet bzw. verdichtet.

Ordnen Sie nun der Ebene noch die jeweiligen Inhalte einer *Gruppe* (Typ G) zu. In einer Gruppe können beispielsweise enthalten sein:

- Bankkonten,
- Bankverrechnungskonten,
- Dispositionsgruppen.

Sie können in beiden Fällen mit Maskierungen (+) arbeiten, um den Aufwand im Customizing so gering wie möglich zu halten.

So lassen sich bei der Maskierung beispielsweise bestimmte Werte exkludieren oder die Werte zusätzlich mit einem Buchungskreis hinterlegen, wenn gleiche Sachkontonummern zu unterschiedlichen Banken gehören.

Selektion der Struktur einer Gliederung

Bitte beachten Sie beim Erstellen einer Struktur, dass Sie bei der Eingabe der Sachkontennummern auf Gruppenebene die führenden Nullen mit eintragen müssen.

3.7.4 Dispositionsebenen

Wenden wir uns nun den Dispositionsebenen zu. Mit deren Hilfe steuern wir die Bewegungen in unserem Cash Management, was bedeutet, dass wir darin die typischen Finanzbewegungen unseres Tagesgeschäfts abbilden können. Dispositionsebenen erklären die Herkunft der Daten und können frei definiert werden.

Dispositionsebenen definieren

Rufen Sie die Pflege der Dispositionsebenen im SAP-Customizing-Einführungsleitfaden über Financial Supply Chain Management • Cash- und Liquiditätsmanagement • Cash Management • Einstellungen für FF7AN und FF7BN • Dispositionsebenen • Dispositionsebenen definieren auf. In der SAP-Standardauslieferung (siehe Abbildung 3.32) sind die beiden Ebenen F* und B* bereits vorgegeben und sollten für die Fortschreibung von FI-Buchungen reserviert werden.

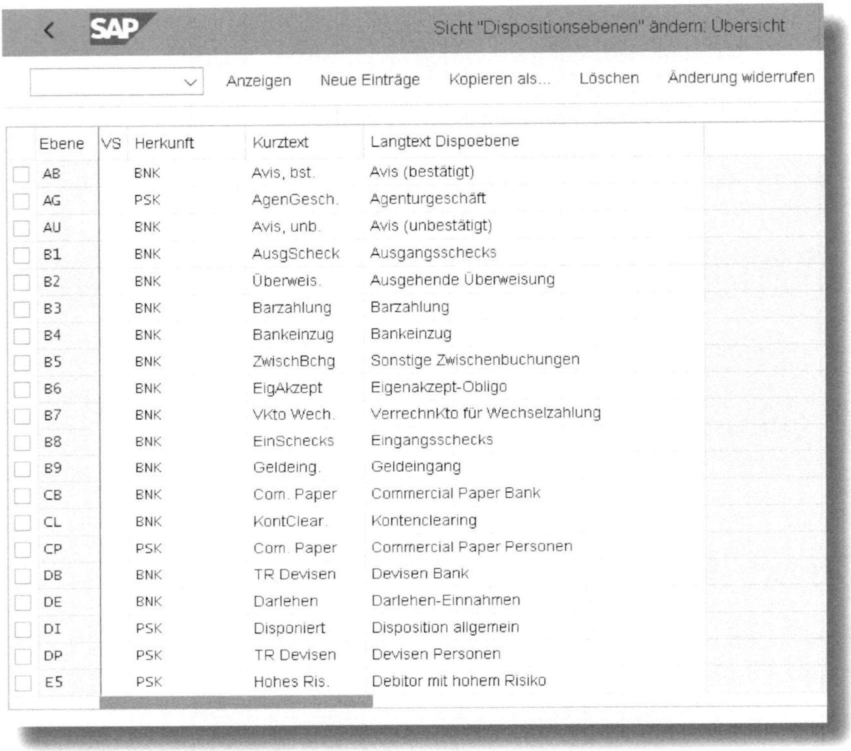

Sicht "Dispositionsebenen" ändern: Übersicht

Anzeigen | Neue Einträge | Kopieren als... | Löschen | Änderung widerrufen

Ebene	VS	Herkunft	Kurztext	Langtext Dispoebene
AB		BNK	Avis, bst.	Avis (bestätigt)
AG		PSK	AgenGesch.	Agenturgeschäft
AU		BNK	Avis, unb.	Avis (unbestätigt)
B1		BNK	AusgScheck	Ausgangsschecks
B2		BNK	Überweis.	Ausgehende Überweisung
B3		BNK	Barzahlung	Barzahlung
B4		BNK	Bankeinzug	Bankeinzug
B5		BNK	ZwischBchg	Sonstige Zwischenbuchungen
B6		BNK	EigAkzept	Eigenakzept-Obligo
B7		BNK	VKto Wech.	VerrechnKto für Wechselzahlung
B8		BNK	EinSchecks	Eingangsschecks
B9		BNK	Geldeing.	Geldeingang
CB		BNK	Com. Paper	Commercial Paper Bank
CL		BNK	KontClear.	Kontenclearing
CP		PSK	Com. Paper	Commercial Paper Personen
DB		BNK	TR Devisen	Devisen Bank
DE		BNK	Darlehen	Darlehen-Einnahmen
DI		PSK	Disponiert	Disposition allgemein
DP		PSK	TR Devisen	Devisen Personen
E5		PSK	Hohes Ris.	Debitor mit hohem Risiko

Abbildung 3.32: Übersicht Dispositionsebenen

Ordnen Sie nun noch jeder Ebene ein Herkunftskennzeichen zu, das Sie zuvor im Abschnitt 3.7.1 definiert haben. Optional können Sie im Feld VS (Vorzeichensteuerung) über die F4-Hilfe ein +- oder -Zeichen hinterlegen, was aussagt, ob es sich bei dem Herkunftszeichen um einen Zu- oder Abgang handelt. Lassen Sie das Feld leer, wie in unserem Beispiel, werden beide Werte bei der späteren Erfassung akzeptiert.

Ebenen für Zahlungsanordnungen zuordnen

Möchten Sie Zahlungsanordnungen auf gesonderten Ebenen ausweisen, so können Sie diese extra zuordnen. Sie pflegen die Ebenen über Financial Supply Chain Management • Cash- und Liquiditätsmanagement • Cash Management • Einstellungen für FF7AN und FF7BN • Dispositionsebenen • Ebenen für Zahlungsanordnungen zuordnen im SAP-Customizing-Einführungsleitfaden.

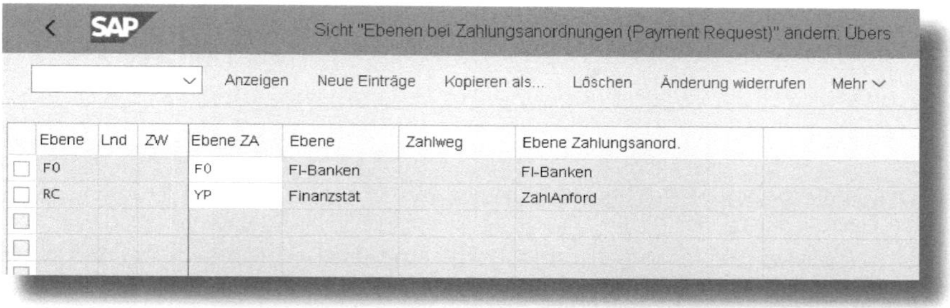

Ebene	Lnd	ZW	Ebene ZA	Ebene	Zahlweg	Ebene Zahlungsanord.
F0			F0	FI-Banken		FI-Banken
RC			YP	Finanzstat		ZahlAnford

Abbildung 3.33: Ebenen für Zahlungsanordnungen zuordnen

Werden die Zahlungsanordnungen auf einem Bankbestandskonto gebucht, muss ein Eintrag unter Ebene ZA hinterlegt werden (siehe Abbildung 3.33), da die Zahlungsanordnung sonst auf derselben Ebene wie die Bankbuchung angezeigt wird, was zu einer falschen Darstellung im Tagesfinanzstatus führt. Erfolgt die Buchung der Zahlungsanordnung auf einem Bankverrechnungskonto, ist der Eintrag an der Stelle optional.

Gesperrte Ebenen pflegen

Möchten Sie Belege mit einem Sperrkennzeichen gesondert ausweisen, so ordnen Sie sie für die Liquiditätsvorschau einer eigens für gesperrte Belege vorgesehenen Ebene zu. Diese Belege werden Ihnen somit separat angezeigt, und Sie erhalten Aufschluss darüber, welche Liquidität in den gesperrten Belegen gebunden ist.

Rufen Sie den Menüpunkt über Financial Supply Chain Management • Cash- und Liquiditätsmanagement • Cash Management • Einstellungen für FF7AN und FF7BN • Dispositionsebenen • Gesperrte ebenen pflegen auf und ordnen Sie, wie in Abbildung 3.34 dargestellt, ein Sperrkennzeichen einer gesperrten Ebene zu.

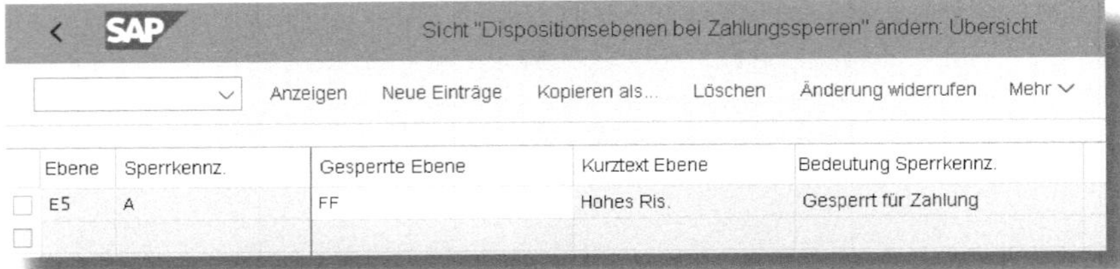

Abbildung 3.34: Dispositionsebenen bei Zahlungssperren

Ebenen Sonderhauptbuchvorgänge

Um Belege mit Sonderhauptbuchkennzeichen in der Liquiditätsvorschau darzustellen, weisen Sie diese für Debitoren und Kreditoren gesondert aus. Die Zuordnung von Sonderhauptbuchvorgängen in Ebenen ist möglich für:

- Anzahlungsanforderungen,
- Wechsel,
- sonstige Sonderhauptbuchvorgänge.

Für die Pflege dieser Ebenen rufen Sie im SAP-Customizing-Einführungsleitfaden das Menü Financial Supply Chain Management • Cash- und Liquiditätsmanagement • Cash Management • Einstellungen für FF7AN und FF7BN • Dispositionsebenen • Ebenen Sonderhauptbuchvorgänge auf.

Wählen Sie dort aus, ob Sie eine Ebene für Debitoren oder für Kreditoren anlegen möchten, und rufen Sie einen Sonderhauptbuchvorgang auf. In einem nächsten Schritt wählen Sie das Sonderhauptbuchkennzeichen über einen Doppelklick aus und ordnen dem Abstimmkonto für Sonderhauptbuchkonten eine Finanzdispositionsebene zu (siehe Abbildung 3.35).

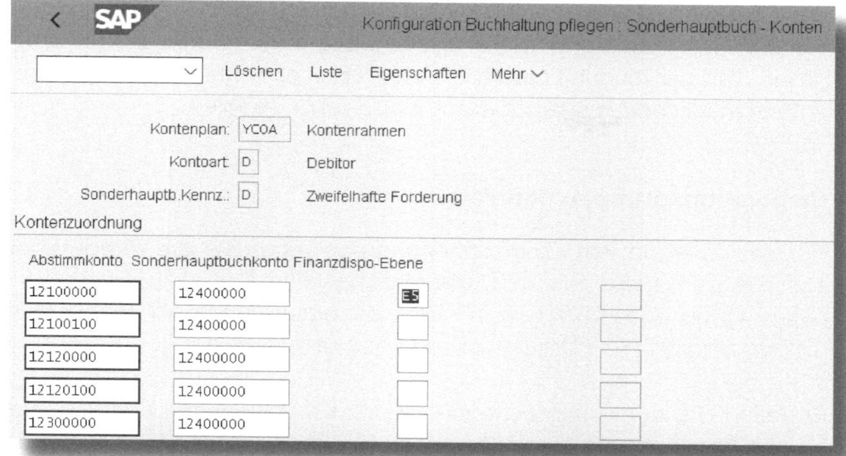

Abbildung 3.35: Sonderhauptbuchkonten einer Finanzdispo-Ebene zuordnen

3.7.5 Dispositionsgruppen

Nachdem wir die Dispositionsebenen für den Tagesfinanzstatus bzw. die Liquiditätsvorschau festgelegt haben, definieren wir in einem nächsten Schritt die in der Liquiditätsvorschau benötigten Dispositionsgruppen für Debitoren und Kreditoren.

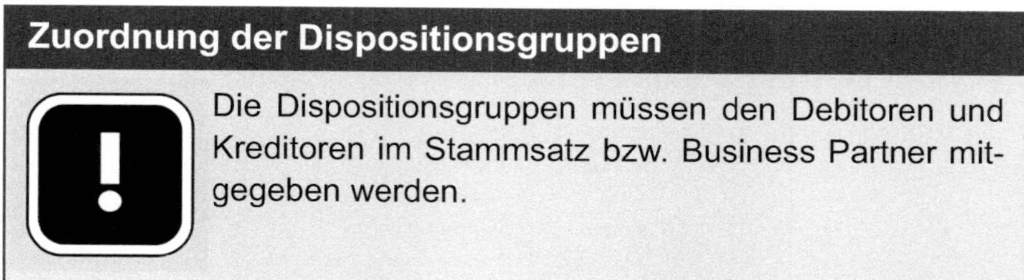

Zuordnung der Dispositionsgruppen

Die Dispositionsgruppen müssen den Debitoren und Kreditoren im Stammsatz bzw. Business Partner mitgegeben werden.

Die Dispositionsgruppen geben Aufschluss darüber, wie wahrscheinlich bzw. wie hoch der Mittelzu- oder abfluss einer ausgewählten Gruppe ist. Darüber hinaus können Sie die Personenkonten in Gruppen mit unterschiedlichen Risiken zusammenfassen.

Dispositionsgruppen definieren

Für das Anlegen von Dispositionsgruppen rufen Sie die Pflege über das Menü Financial Supply Chain Management • Cash- und Liquiditätsmanagement • Cash Management • Einstellungen für FF7AN und FF7BN • Dispositionsgruppe • Dispositionsgruppen definieren auf.

Erstellen Sie nun entsprechende Finanzdispositionsgruppen, die Sie für die Abbildung der einzelnen Gruppierungen in der Liquiditätsvorschau benötigen. Bei der Auswahl der Schlüssel sind Sie an keine Konventionen gebunden, wobei die SAP eine Klassifizierung getrennt nach Debitoren (E) und Kreditoren (A) empfiehlt. Ordnen Sie in einem nächsten Schritt der Finanzdispositionsgruppe eine entsprechende Ebene zu (siehe Abbildung 3.36).

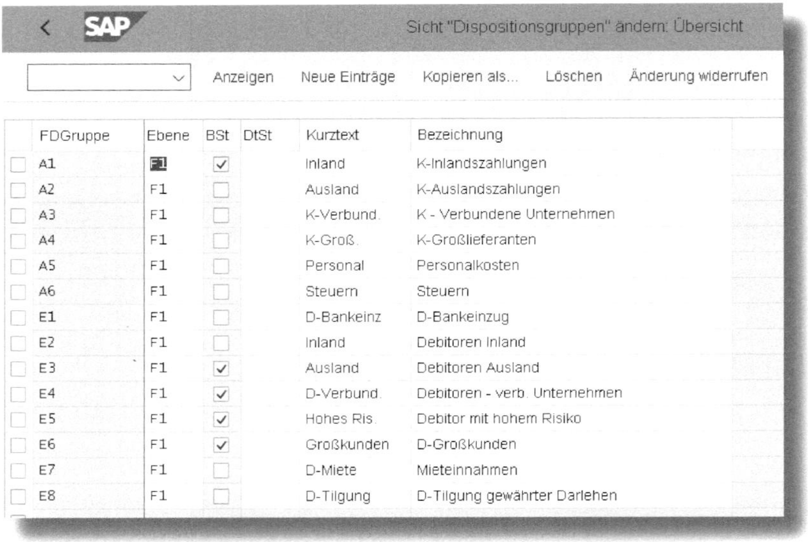

SAP Sicht "Dispositionsgruppen" ändern: Übersicht

Anzeigen Neue Einträge Kopieren als... Löschen Änderung widerrufen

FDGruppe	Ebene	BSt	DtSt	Kurztext	Bezeichnung
A1	F1	✓		Inland	K-Inlandszahlungen
A2	F1			Ausland	K-Auslandszahlungen
A3	F1			K-Verbund.	K - Verbundene Unternehmen
A4	F1			K-Groß.	K-Großlieferanten
A5	F1			Personal	Personalkosten
A6	F1			Steuern	Steuern
E1	F1			D-Bankeinz	D-Bankeinzug
E2	F1			Inland	Debitoren Inland
E3	F1	✓		Ausland	Debitoren Ausland
E4	F1	✓		D-Verbund.	Debitoren - verb. Unternehmen
E5	F1	✓		Hohes Ris.	Debitor mit hohem Risiko
E6	F1	✓		Großkunden	D-Großkunden
E7	F1			D-Miete	Mieteinnahmen
E8	F1			D-Tilgung	D-Tilgung gewährter Darlehen

Abbildung 3.36: Anlage von Dispositionsgruppen

Optional können Sie einen Haken in dem Feld *BSt* (Bildsteuerung) setzen. Dadurch werden das Dispositionsdatum und die Dispositionsebene bei der Belegerfassung und -änderung eingabebereit, und die Vorgaben aus den Stammsätzen können nachträglich noch geändert werden.

3.7.6 Einzelsätze

Damit wir die manuellen Einzelsätze für die tägliche Disposition verwenden können, legen wir zunächst die dazugehörigen Einstellungen fest. Wir finden diese im SAP-Customizing-Einführungsleitfaden unter Financial Supply Chain Management • Cash- und Liquiditätsmanagement • Cash Management • Einzelsätze.

Nummernkreise definieren

Im Customizing-Punkt *Nummernkreise definieren* legen Sie zunächst die Nummernkreise fest, die im späteren Verlauf des Customizings einer Dispositionsart zugewiesen werden.

Dispositionsarten definieren

Für die manuelle Disposition von Planposten benötigen Sie eine Dispositionsart, die einer Dispositionsebene zugeordnet wird. Darüber hinaus ordnen Sie der Dispositionsart eine Archivklasse sowie den zuvor definierten Nummernkreis zu (siehe Abbildung 3.37).

Durch einen Haken in der Spalte AutVerf. (Automatischer Verfall) können Sie definieren, dass ein dispositiver Einzelsatz gemäß seinem Verfallsdatum automatisch als ungültig gekennzeichnet wird. Ist hier kein Haken gesetzt, müssen Einzelsätze im Rahmen der Bankenabstimmung bearbeitet werden.

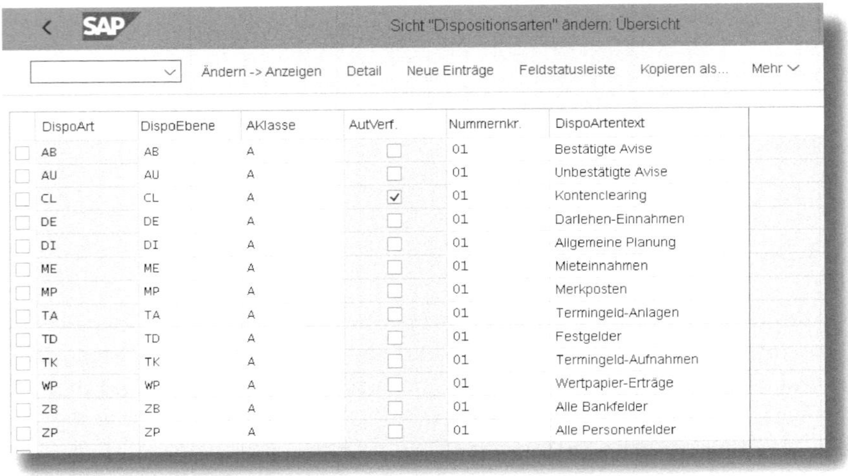

Sicht "Dispositionsarten" ändern: Übersicht

Ändern -> Anzeigen | Detail | Neue Einträge | Feldstatusleiste | Kopieren als... | Mehr

DispoArt	DispoEbene	AKlasse	AutVerf.	Nummernkr.	DispoArtentext
AB	AB	A	☐	01	Bestätigte Avise
AU	AU	A	☐	01	Unbestätigte Avise
CL	CL	A	☑	01	Kontenclearing
DE	DE	A	☐	01	Darlehen-Einnahmen
DI	DI	A	☐	01	Allgemeine Planung
ME	ME	A	☐	01	Mieteinnahmen
MP	MP	A	☐	01	Merkposten
TA	TA	A	☐	01	Termingeld-Anlagen
TD	TD	A	☐	01	Festgelder
TK	TK	A	☐	01	Termingeld-Aufnahmen
WP	WP	A	☐	01	Wertpapier-Erträge
ZB	ZB	A	☐	01	Alle Bankfelder
ZP	ZP	A	☐	01	Alle Personenfelder

Abbildung 3.37: Dispositionsarten definieren

Darüber hinaus legen Sie fest, welche Felder für die Erfassung von manuellen Einzelsätzen eingeblendet werden sollen. Markieren Sie dazu die zu ändernde Dispositionsart und drücken Sie anschließend den Button Feldstatusleiste, um die Felder der Dispositionsart anzupassen. Wie in Abbildung 3.38 zu sehen, stehen Ihnen hier die beiden folgenden Gruppen zur Verfügung:

- Allgemeine Daten,
- Zusatzangaben.

Wählen Sie zur jeweiligen Gruppe aus, ob Sie einzelne Felder ganz ausblenden oder als Musseingabe bzw. als Kanneingabe definieren wollen. Möchten Sie bei der Anlage eines Einzelsatzes einen Kontenübertrag initiieren, hinterlegen Sie in der Gruppe Zusatzangaben eine Gegenkontobezeichnung bzw. Gegengruppe, das Valutadatum der Gegenkontierung und einen Gegenbuchungskreis als optionale Eingaben.

Auf Basis dieser Einstellungen ist ein Kontenübertrag wie in Abbildung 3.10 mithilfe eines dispositiven Einzelsatzes nun möglich.

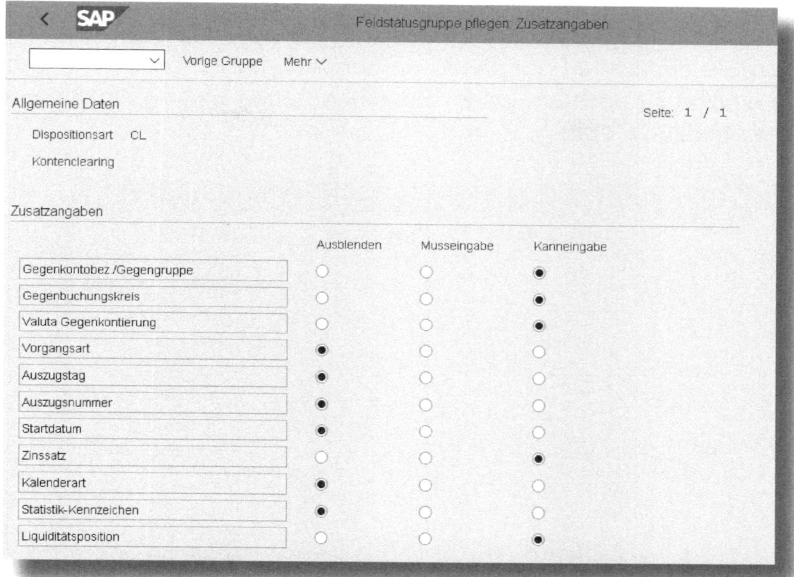

Abbildung 3.38: Zusatzangaben einer Feldstatusgruppe

Verweildauer Archiv

Die Verweildauer im Archiv legt fest, wie lange ein archivierter Einzelsatz im System verbleibt, bevor er durch einen Reorganisationslauf endgültig gelöscht wird. Sie rufen diesen Customizing-Punkt über den Pfad Financial Supply Chain Management • Cash- und Liquiditätsmanagement • Cash Management • Einstellungen für FF7AN und FF7BN • Verweildauer Archiv pflegen auf und hinterlegen pro Archivklasse die gewünschte Verweildauer.

3.7.7 Kontenclearing

Im nachfolgenden Abschnitt definieren Sie die Einstellungen, die Sie für ein automatisches Kontenclearing benötigen. Navigieren Sie dazu über das Menü Financial Supply Chain Management • Cash- und Liquiditätsmanagement • Cash Management • Kontenclearing zum Kontenclearing.

Zahlwegkonto, Verrechnungskonten und Beträge festlegen

Legen Sie die Konten an, die Sie in den automatischen Clearingprozess einbinden möchten, indem Sie einen neuen Eintrag hinzufügen (siehe Abbildung 3.39).

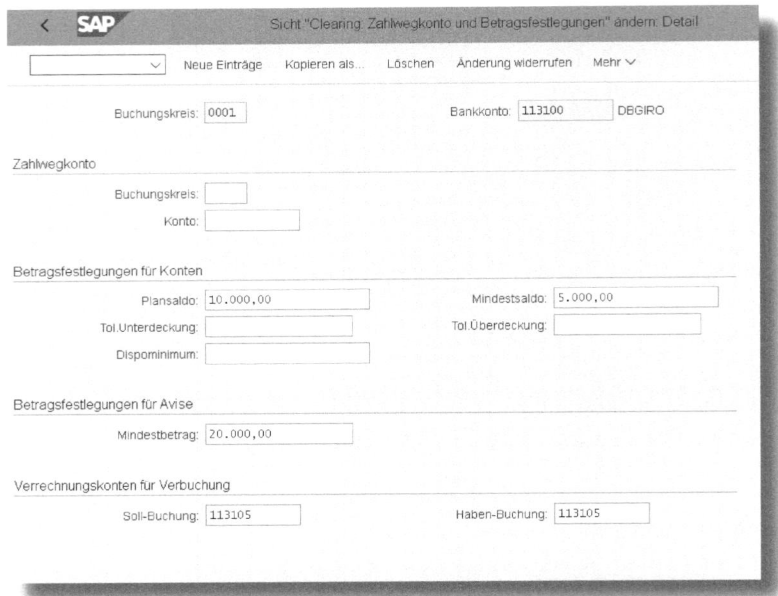

Abbildung 3.39: Einstellungen zum Kontenclearing

Möchten Sie das Kontenclearing über ein *Zahlwegkonto* durchführen, hinterlegen Sie im gleichnamigen Bereich ein Konto, über das die späteren Transfers laufen. Definieren Sie an der Stelle kein Konto, erfolgt das Clearing über das im Einstieg hinterlegte Konto. Der Vorteil eines Zahlwegkontos ist, dass Sie darüber ein mehrstufiges Kontenclearing aufsetzen können, das über verschiedene Konten durchgeführt wird.

In der Rubrik Betragsfestlegungen für Konten bestimmen Sie eine Reihe an Planwerten. Definieren Sie dazu einen Plansaldo, den das Konto bei der Erstellung eines Clearingvorschlags ausweisen soll. Tragen Sie im Feld Mindestsaldo einen Betrag ein, der beim Kontenclearing nicht unterschritten werden darf – und somit ein Kreditlimit für ein Hausbankkonto widerspiegeln kann. Lassen Sie das Feld leer, wird es im Rahmen des Clearingvorschlags nicht ausgewertet.

Anhand des Dispositionsminimums werden immer nur dann Kontenüberträge erzeugt, wenn der Kontosaldo kleiner null ist (zu Beginn des Kontenclearings) oder dem Dispositionsminimum entspricht.

Mit der Betragsfestlegung für Avise setzen Sie einen Mindestbetrag, ab dem beim Kontenclearing Avise in der Finanzdisposition erzeugt werden sollen. Diese Einstellungen können Sie zum einem bereits hier im Customizing hinterlegen oder zur Laufzeit des Kontenclearings in den Transaktionen *FF73* bzw. *FF74*.

Legen Sie in einem letzten Schritt die Verrechnungskonten für die Verbuchung der aus dem Bankkontenclearing resultierenden Zahlungsaufträge fest. Nehmen Sie an dieser Stelle keine Einstellungen vor, erfolgt die Buchung auf das Bankbestandskonto. Werden die Zahlungsavise im weiteren Verlauf in eine Zahlungsanordnung umgewandelt, so werden die Verrechnungskonten für diese Zahlungen aus den Einstellungen zum Zahlprogramm gezogen.

Zahlwege für Zahlungsanordnungen

Abschließend bestimmen Sie noch die Zahlwege für die Zahlungsanordnungen, die Sie über das Kontenclearing durchführen möchten. Legen Sie dazu in den Einstellungen neue Einträge an, die alle für die Überträge benötigten Konstellationen enthalten (siehe Abbildung 3.40).

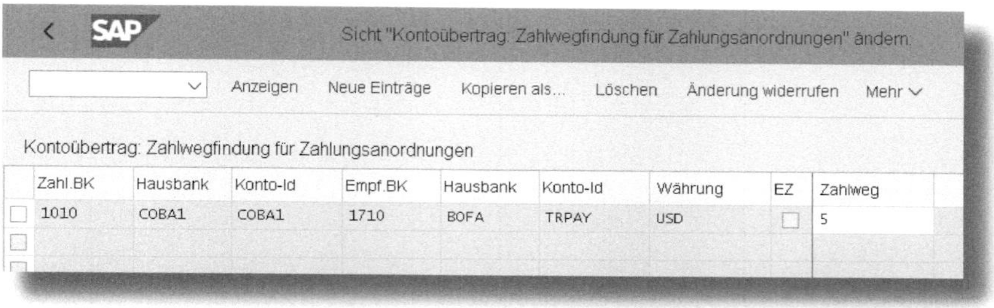

Sicht "Kontoübertrag: Zahlwegfindung für Zahlungsanordnungen" ändern

Anzeigen | Neue Einträge | Kopieren als... | Löschen | Änderung widerrufen | Mehr

Kontoübertrag: Zahlwegfindung für Zahlungsanordnungen

Zahl.BK	Hausbank	Konto-Id	Empf.BK	Hausbank	Konto-Id	Währung	EZ	Zahlweg
1010	COBA1	COBA1	1710	BOFA	TRPAY	USD	☐	5

Abbildung 3.40: Zahlwegfindung für Zahlungsanordnungen aus Kontenüberträgen

Definieren Sie dazu immer einen zahlenden (Zahl.BK) und empfangenden Buchungskreis (EmpfBK) sowie die dazugehörige Konto-Id und ordnen Sie optional zum Währungskennzeichen noch einen Zahlweg zu.

3.8 Fazit

Mit dem Grundfunktionsumfang des Cash Managements in S/4HANA Finance stehen Ihnen die soliden bekannten Funktionen für die tägliche Disposition bzw. die bereits aus dem klassischen SAP ERP vertrauten Auswertungsmöglichkeiten zur Verfügung. Für den Tagesfinanzstatus und die Liquiditätsvorschau wurden zudem zwei neue Transaktionen bzw. Apps entwickelt, die auf dem Konzept von »One Exposure from Operations Hub« aufbauen, um die Vorteile von S/4HANA voll ausschöpfen zu können. Auf dieses Konzept werde ich ausführlich in Kapitel 7 zu sprechen kommen.

Durch die Weiterführung der bestehenden Funktionalitäten aus dem SAP ERP reduziert sich der Migrationsaufwand in S/4HANA Finance auf die Grundfunktionen, sodass Sie im Idealfall innerhalb einer kurzen Projektlaufzeit wieder an Ihre bestehenden Prozesse anknüpfen können.

Der Grundfunktionsumfang des Cash Managements umfasst allerdings nicht die technischen Innovationen des Cash Operations (siehe Kapitel 3), die im erweiterten Cash Management vorzufinden sind. Wenn Sie von diesen dauerhaft profitieren möchten, ist ein Umstieg in das erweiterte Cash Management nicht zu umgehen.

4 Cash Operations

Unter der Bezeichnung »Cash Operations« werden im erweiterten Cash Management von S/4HANA Finance alle Aktivitäten für die täglichen Abläufe im Cash Management gebündelt. Sie unterstützen Sie bei der Planung bzw. kurzfristigen Sicherung Ihrer Liquidität im Unternehmen und ermöglichen durch die Bereitstellung von Fiori-Apps oder Transaktionen eine durchgängige und einfache Navigation in der gesamten Prozesskette. Umfangreiche Analyse- und Auswertungsmöglichkeiten runden den Funktionsumfang der Cash Operations ab.

Schauen wir uns zunächst die täglichen Aufgaben im Cash Management etwas genauer an. Eine der ersten Aufgaben dürfte die Kontrolle der Kontoauszüge sein. Der Cash Manager prüft in dem Zusammenhang, ob alle Kontoauszüge erfolgreich importiert worden sind, denn diese stellen die Basis für den Tagesfinanzstatus dar.

Mit dem Prüfen des Tagesfinanzstatus wird untersucht, ob alle am Vortag erstellten Planposten und prognostizierten Cashflows auf den Bankkonten realisiert worden sind. Auf Basis dieser Informationen erfolgt die Planung für den aktuellen Tag. So werden nun beispielsweise mithilfe eines Cash-Poolings (siehe Abschnitt 3.5) oder durch Bankkontenüberträge die Konten bei Unter- oder Überdeckung mit ausreichend Liquidität versorgt und dabei mögliche Bankrisiken berücksichtigt. Abschließend werden die Transfers über das SAP BCM genehmigt und deren Verarbeitungsstatus überwacht.

Apps für Cash Operations

Die Entwicklung von Apps im Cash Operations ist sehr dynamisch. Ältere Apps stehen in den neuen Releases nicht mehr zur Verfügung – neue Apps und Funktionen kommen laufend hinzu. Eine Übersicht aller verfüg-

> baren Apps erhalten Sie am einfachsten in der Fiori Apps Library: *https://fioriappslibrary.hana.ondemand.com/*.
>
> Schränken Sie die Suche über die Rolle des Cash Managers SAP_BR_CASH_MANAGER ein. Diese Rolle beinhaltet derzeit mehr als 90 Apps für das Cash Management.

Ich zeige Ihnen in den nachfolgenden Abschnitten einige ausgewählte Apps aus dem Bereich Cash Operations, die Sie bei der täglichen Arbeit im Cash Management unterstützen.

4.1 Kontoauszugsmonitor

Wie bereits in der Einleitung erwähnt, gehört die tägliche Kontrolle der Kontoauszüge zu einer der ersten Aufgaben im Cash Management. Dafür steht uns die App des Kontoauszugsmonitors zur Verfügung, die uns einen Überblick über den Import- bzw. Verarbeitungsstatus unserer Kontoauszüge gibt.

Beim Kontoauszugsmonitor handelt es sich um eine Funktionalität, die bereits mit der ersten Auslieferung von SAP BCM (Enhancement Package 2) als klassische GUI-Version (Transaktion *FTE_BSM*) zur Verfügung gestellt wurde. Im Cash Operations wurde analog dazu die entsprechende Fiori-App entwickelt.

Die Auswertungen, die Sie über die Transaktion FTE_BSM vornehmen können, unterscheiden sich derzeit allerdings an einigen Stellen von der App. Sie bietet noch zusätzliche Informationen wie beispielsweise den

- Prozessstatus,
- Differenzstatus,
- Serienstatus und
- Abgleichstatus.

Diese Informationen stehen in der App derzeit nur bedingt zur Verfügung.

Die Ermittlung des Verarbeitungsstatus eines Kontoauszugs erfolgt über die Stammdaten aus der Bankkontenverwaltung. Sie hinterlegen dort beispielsweise den Zeitpunkt für den Import des Kontoauszugs oder unterschiedliche Statusinformationen zum Konto.

Für die Auswertung der Kontoauszüge starten Sie die analytische App *Kontoauszugsmonitor* durch einen Klick auf die Kachel.

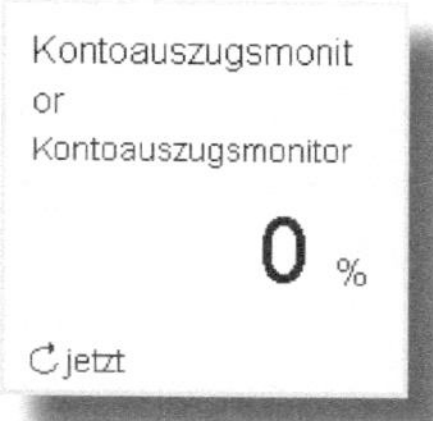

Sie erhalten direkt eine grafische Übersicht aller Bankkonten, die Ihnen Aufschluss über den aktuellen Importverlauf Ihrer Kontoauszüge gibt (siehe Abbildung 4.1).

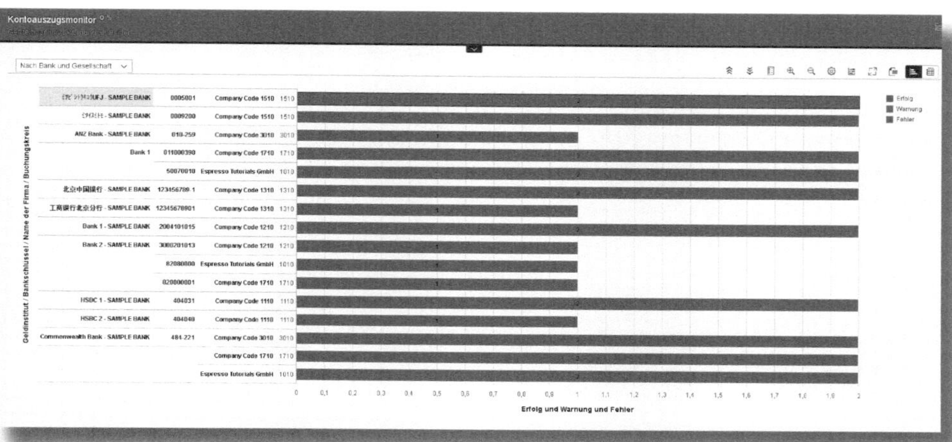

Abbildung 4.1: Übersicht zum Status der Bankkonten im Kontoauszugsmonitor

Über die Filteroptionen lässt sich die Darstellung weiter verfeinern. Beispielsweise können Sie das Ergebnis über den Button oben links nach *Land*, *Gesellschaft* oder *Bank und Gesellschaft* aufschlüsseln.

Wie bei fast allen Fiori-Apps im Cash Operations können Sie über ein Kontextmenü in weitere Apps navigieren. Markieren Sie dazu einfach eine Zeile oder ein grafisches Element in der App, und Sie erhalten eine Übersicht aller hierzu verfügbaren Absprungmöglichkeiten.

4.2 Tagesfinanzstatus – Heute

Nachdem wir uns einen Überblick über den Importstatus unserer Kontoauszüge verschafft haben, werfen wir einen ersten Blick auf unseren aktuellen Tagesfinanzstatus. Dazu öffnen wir die analytische App *Tagesfinanzstatus – Heute*.

Sie erhalten, wie in der App zuvor, eine grafische Darstellung, die nach dem Kurstyp und der Anzeigewährung gefiltert ist (siehe Abbildung 4.2).

Auch hier haben Sie die Möglichkeit, die Darstellung weiter zu verfeinern bzw. zu klassifizieren. So können Sie beispielsweise *nach Bankland*, *Bankengruppen*, *Gesellschaften*, *Währungen* oder *Banken* sortieren.

Für Details zu den einzelnen Positionen können Sie über das Kontextmenü in weitere Apps verzweigen (vgl. Kasten „Kontextmenü“ in Abschnitt 1.1.3).

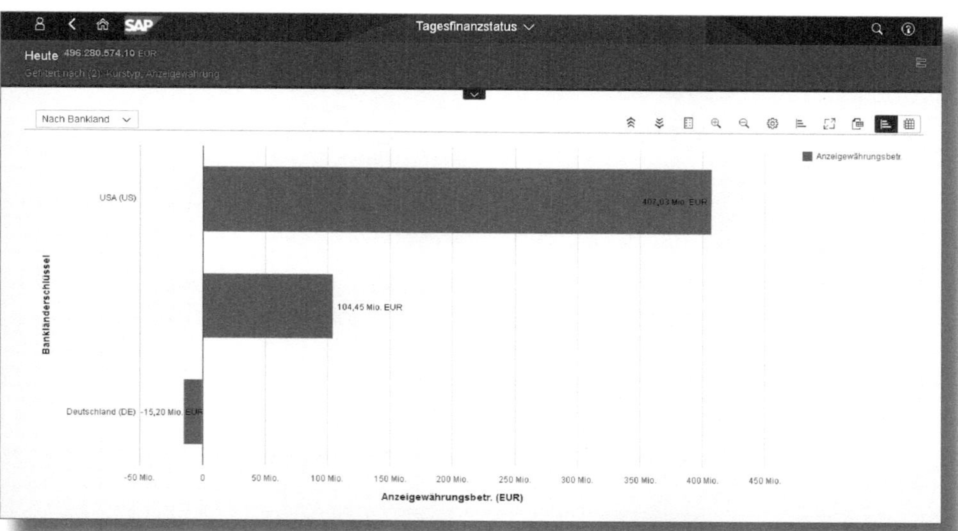

Abbildung 4.2: Übersicht Tagesfinanzstatus – Heute

Da die Kennzahlen bzw. Informationen in den analytischen Apps regelmäßig aktualisiert werden, erhalten Sie über diese App immer die aktuellsten Zahlen zu Ihrem Tagesfinanzstatus. Dies ist insbesondere dann hilfreich, wenn Sie beispielsweise untertägige Kontoauszüge in den Formaten SWIFT MT942 oder camt.052 verarbeiten und die Informationen daraus im Tagesfinanzstatus darstellen möchten.

4.3 Cashflow-Analyse

Noch haben wir nur einen ersten Überblick über den Tagesfinanzstatus im Unternehmen; jetzt wollen wir uns in einem nächsten Schritt detaillierte Informationen zu den Belegen anschauen. Dazu steht uns ab dem Release OP 1709 die App *Cashflow-Analyse* mit umfangreichen Auswertungsmöglichkeiten im Rahmen des Cash Managements zur Verfügung.

Starten wir die App, um mit unseren Auswertungen zu beginnen. Zunächst erstellen wir uns einen individuellen Bericht zu unserem Cashflow. Dafür stehen uns in der Kopfzeile zahlreiche Filter für die unterschiedlichsten Analysen zur Auswahl (siehe Abbildung 4.3).

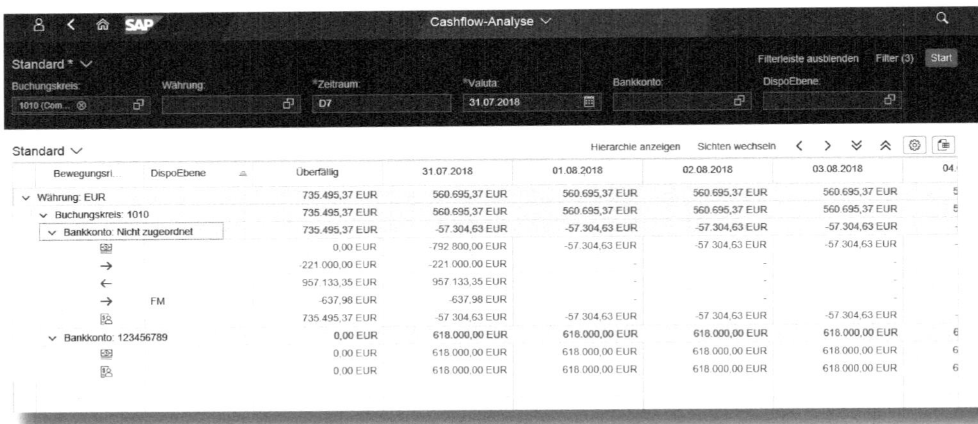

Abbildung 4.3: Übersicht der Cashflow-Analyse

So können wir z. B. Informationen aus dem klassischen Cash Management einfließen lassen, wie beispielsweise die Dispositionsgruppen oder -ebenen, indem wir diese über die Filteroptionen einblenden. Oder wir lassen uns Bewegungen auf bestimmten Liquiditätspositionen einblenden. Zudem können wir für unsere Auswertungen die sogenannten *Wahrscheinlichkeitsstufen* verwenden. Dabei werden aus dem »One Exposure from Operations Hub« (siehe Kapitel 7) Prognosen abgeleitet, die aus Forderungen, Verbindlichkeiten oder Geldbewegungen entstehen. Die Wahrscheinlichkeitsstufe beschreibt somit die Zuverlässigkeit und damit auch die Wahrscheinlichkeit einer Bewegung. Derzeit stehen die in Tabelle 4.1 gezeigten Stufen zur Verfügung:

Wahrscheinlichkeitsstufe	Beschreibung
ACTUAL	Ist
SI_CIT	Eigeninitiierter Banktransfer
REC_N	Regelmäßige Forderungen
PAY_N	Regelmäßige Verbindlichkeiten
TRM_O	Optionales Finanzinstrument
TRM_D	Finanzinstrument
MEMO	Einzelsatz
MMPO	Bestellung
CMIDOC	Cash Management IDoc
FICA	FI-Vertragskonto
SDSO	Kundenauftrag
SDSA	Vertriebslieferplan
MMPR	Bestellanforderung
MMPO	Bestellung oder Lieferplan

Tabelle 4.1: Übersicht Wahrscheinlichkeitsstufen

Auch die Darstellung des Betrachtungszeitraums lässt sich in den Filtereinstellungen flexibel gestalten. So bietet die Standardeinstellung die Sicht auf einen Zeitraum von sieben Tagen (Zeitraum *D7*). Dies kann beliebig um Wochen (W), Monate (M) oder Jahre (Y) erweitert werden.

Dynamische Zeitraumbetrachtung

Möchten Sie eine dynamische Zeitraumbetrachtung für Ihren Cashflow, so können Sie den Betrachtungszeitraum in der App beispielsweise über die Auswahl *D7+W5* auf einen Zeitraum von sieben Tagen und fünf Wochen erweitern.

Sie können die Filter in einer Fiori-App sehr flexibel einsetzen. Dazu navigieren Sie an den rechten oberen Rand einer App und drücken den Button Filter (2) . Anhand des Wertes in der Klammer können Sie erkennen, wie viele Filtermöglichkeiten bereits gesetzt werden. Aktivieren Sie nun wie in Abbildung 4.4 dargestellt einzelne Filter, die dadurch auf der Filterleiste angezeigt werden bzw. rufen Sie zusätzliche Filter über die Weiteren Optionen auf. Alle so selektierten Eigenschaften können Sie als Varianten in den Fiori-Apps speichern.

Abbildung 4.4: Filtermöglichkeiten in einer App

Mithilfe der Benutzereinstellungen können Sie die Darstellung in der App ebenfalls beeinflussen (siehe Abbildung 4.5). Navigieren Sie dazu im Fiori Launchpad über den Button in den Bereich der Personalisierung. Dort finden Sie den Button , über den Sie die Benutzereinstellungen für diese App vornehmen können.

Des Weiteren können Sie beispielsweise im Standard zwischen SALDENANZEIGE oder DELTA-ANZEIGE wählen oder die Verschiebung der Inhalte von Ist- und Planwerten bei Sonn- und Feiertagen festlegen.

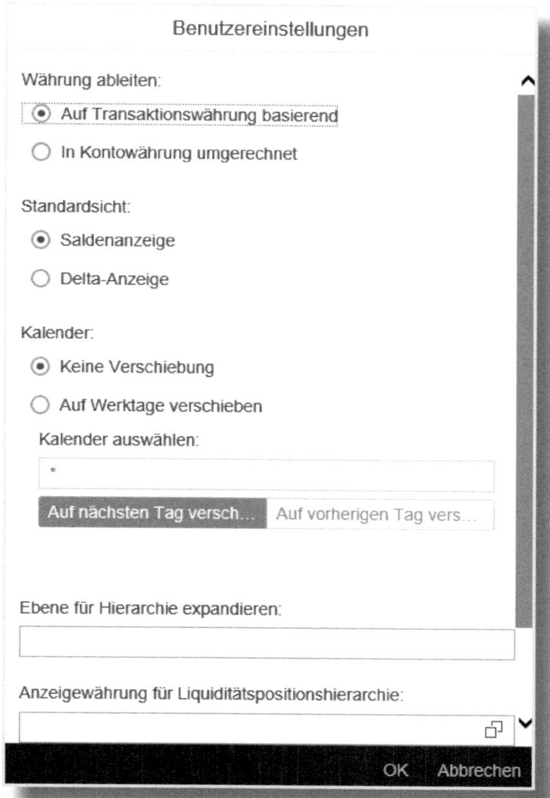

Abbildung 4.5: Benutzereinstellungen für die Cashflow-Analyse

Möchten Sie die Sicht der Cashflows über bestimmte Hierarchien abbilden, so scrollen Sie in den Benutzereinstellungen weiter nach unten (siehe Abbildung 4.6) und wählen dort zwischen einer BANKKONTOGRUPPE oder einer LIQUIDITÄTSPOSTENHIERARCHIE, die Sie in der Bankkontenverwaltung bzw. im Customizing des Cash Managements zuvor festgelegt haben.

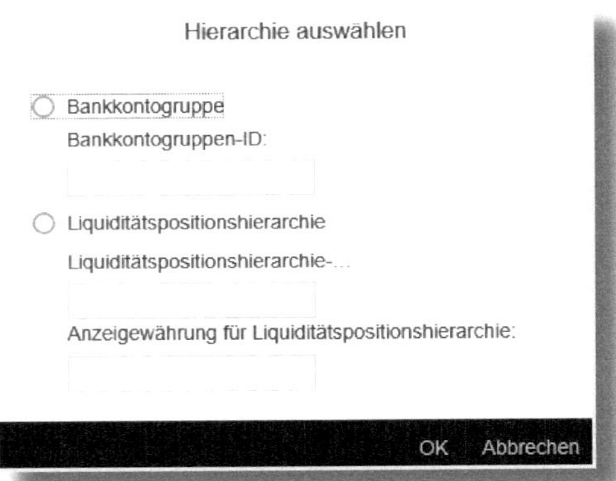

Abbildung 4.6: Darstellung über Hierarchien

Die Bewegungen der einzelnen Cashflows selbst sind über Piktogramme einfach und übersichtlich als Zu- bzw. Abgänge gestaltet (siehe Abbildung 4.7).

Standard * ∨

	Bewegungsri...	DispoEbene	Überfällig	31.07.2018
∨ Währung: EUR			735.495,37 EUR	560.695,37 EUR
∨ Buchungskreis: 1010			735.495,37 EUR	560.695,37 EUR
∨ Bankkonto: Nicht zugeordnet			735.495,37 EUR	-57.304,63 EUR
			0,00 EUR	-792.800,00 EUR
	→		-221.000,00 EUR	-221.000,00 EUR
	←		957.133,35 EUR	957.133,35 EUR
	→	FM	-637,98 EUR	-637,98 EUR
			735.495,37 EUR	-57.304,63 EUR
∨ Bankkonto: 123456789			0,00 EUR	618.000,00 EUR
			0,00 EUR	618.000,00 EUR
			0,00 EUR	618.000,00 EUR

Abbildung 4.7: Bewegungen in der Cashflow-Analyse

Alle Bewegungen der Bankkonten werden mit einem Anfangs- und einem Schlusssaldo gekennzeichnet. Zugänge und Abgänge werden ebenfalls farblich differenziert und über die zuvor in den Filtern eingestellten Kriterien dargestellt.

Sind Sie an weiteren Details zu den einzelnen Positionen interessiert, können Sie auch hier wie gewohnt über das Kontextmenü in eine Ebene darunter verzweigen, um sich beispielsweise die Finanzströme für den ausgewählten Valutatag anzeigen zu lassen.

4.4 Finanzstromposition prüfen

Über die App *Finanzstromposition prüfen* erhalten Sie umfassende Detailinformationen zu den einzelnen Cashflows bzw. zu deren Quellen und Verwendungen.

Starten Sie die App und wählen Sie über die Filterleiste die Informationen aus, die Sie in Ihrer Auswertung darstellen möchten (siehe Abbildung 4.8).

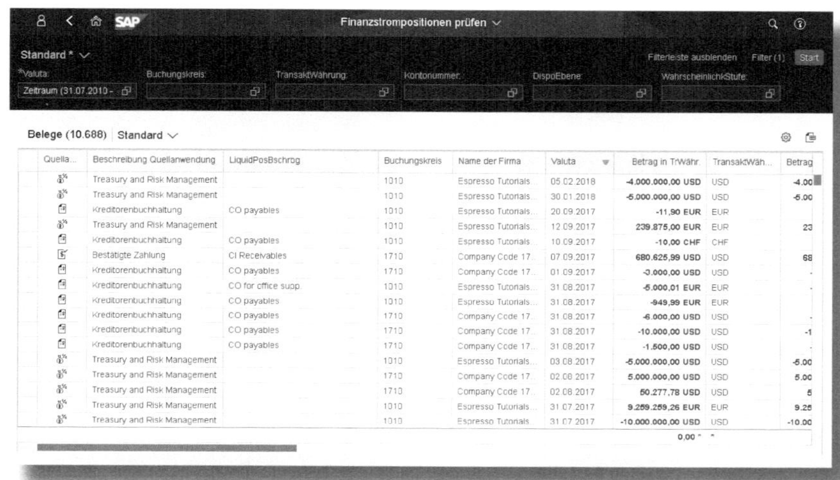

Abbildung 4.8: Übersicht Finanzstrompositionen prüfen

Um weitere Informationen zu einer Belegposition zu erhalten, klicken Sie auf den Betrag in der Spalte BETRAG IN TRWÄHR. Sie verzweigen, wie in Abbildung 4.9 dargestellt, in die darunterliegende Ebene mit den Detailinformationen zum Beleg.

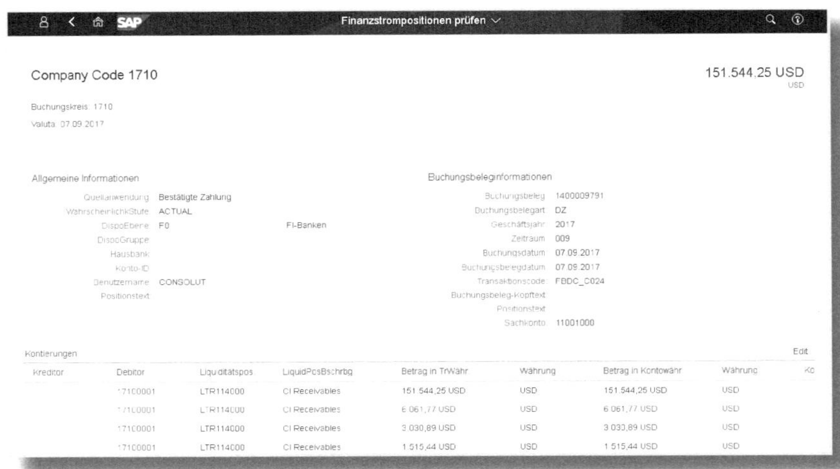

Abbildung 4.9: Detailinformationen einer Finanzstromposition

Klicken Sie im Bereich BUCHUNGSBELEGINFORMATIONEN auf die Nummer des Buchungsbelegs, um weitere Details zum Beleg selbst zu entnehmen.

4.5 Bankrisiko – Heute

Zum Abschluss unserer Auswertungen prüfen wir noch ein von uns definiertes Bankrisiko, das wir unseren Banken individuell in den Geschäftspartnerrollen zugeordnet haben. Wir rufen dazu die App *Bankrisiko – Heute* auf, die uns eine Übersicht zu unserem Bankrisiko anzeigt.

In dieser grafischen Darstellung sehen wir, wie sich unsere Salden auf die einzelnen Ratingstufen aufteilen (siehe Abbildung 4.10). Auch hier haben Sie die Möglichkeit, die Auswertungen – beispielsweise über die Sichten »Bank« bzw. »Bank und Gesellschaft« – weiter zu verfeinern.

Falls sehr viel Liquidität bei einer Bank gebunden ist, die wir mit einem eher schlechten Rating klassifiziert haben, so können wir direkt aus der App einen Bankkontenübertrag initiieren.

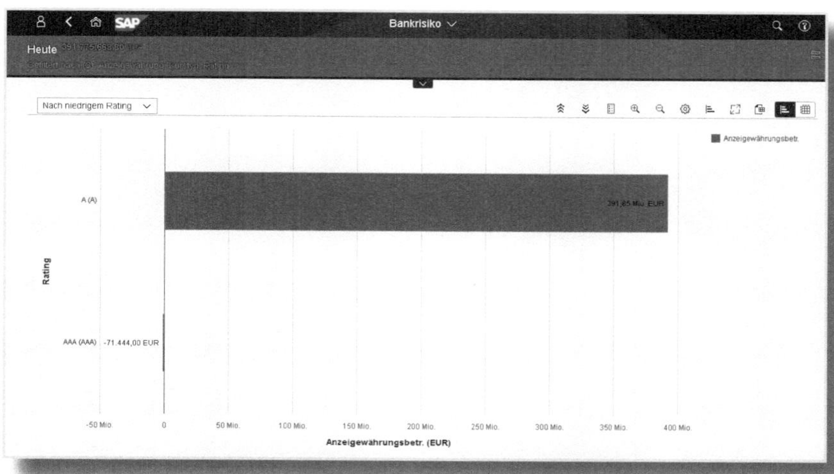

Abbildung 4.10: Übersicht des Bankrisikos

Klassifizierung des Ratings

Bitte beachten Sie, dass es sich bei diesem Rating bzw. der Zuordnung der Banken nicht zwangsläufig um die Klassifizierung einer Ratingagentur handeln muss. Sie legen an dieser Stelle die Klassifizierungen und Zuordnungen nach Ihren eigenen Vorstellungen fest.

Klassifizierungen definieren Sie über SAP Customizing Einführungsleitfaden • Financial Supply Chain Management • Cash- und Liquiditätsmanagement • Allgemeine Einstellungen • Marktdaten • Rating definieren. Idealerweise orientieren Sie sich dabei an den Vorgaben der Ratingagenturen.

Hinterlegen Sie, wie in Abbildung 4.11 dargestellt, das Rating für Ihre Hausbanken, die Sie anschließend dem Geschäftspartner zuordnen.

SAP Sicht "Rating definieren"

Neue Einträge Kopieren als... Löschen Änderun

Rating definieren

Ra...	Bezeichng.
A	A
AA	AA
AA...	AAA
B	B
BB	BB
BB...	BBB
C	C
CC	CC
C...	CCC
D	D

Abbildung 4.11: Rating definieren

Der Hausbank bzw. dem Geschäftspartner ordnen Sie in der Pflege des Geschäftspartners (Transaktion BP) die Geschäftspartnerrolle »Kreditinstitut TR0703« zu und hinterlegen im Register BONITÄTSDATEN das zuvor definierte Rating. Alternativ können Sie das Rating auch in der App »Banken verwalten« im Register ALLGEMEINE DATEN hinterlegen (siehe dazu auch Abschnitt 2.2).

4.6 Überweisungen tätigen

Nachdem wir unsere Analysen abgeschlossen haben, führen wir in einem nächsten Schritt die Bankkontenüberträge aus, um beispielsweise mögliche Unterdeckungen auf den Kontokorrentkonten auszugleichen. Dazu stehen uns im klassischen Cash Management mehrere Funktionen zur Verfügung, die ich Ihnen bereits im Kapitel 3 vorgestellt habe.

Im erweiterten Cash Management steht uns dazu die App *Überweisungen tätigen* zur Verfügung.

Nach dem Start der App sehen Sie einen zweigeteilten Bildschirm, der auf der linken Seite die sendenden und auf der rechten die empfangenden Hausbanken darstellt (siehe Abbildung 4.12).

Abbildung 4.12: Startbildschirm der App »Überweisungen tätigen«

Wählen Sie zunächst die Banken aus, für die Sie die Transaktion durchführen möchten, indem Sie diese in den Spalten Von und Nach anklicken – diese sind nun farblich markiert. Hinterlegen Sie im Kopfteil den Betrag, das Ausführungsdatum, den Zahlweg und einen Verwendungszweck und drücken Sie anschließend den Button Überweisung tätigen. Sie erhalten das in Abbildung 4.13 dargestellte Pop-up zur Bestätigung Ihrer Eingaben. Prüfen Sie an der Stelle nochmals Ihre Eingaben und schließen Sie den Überweisungsvorgang mit Senden ab.

Es öffnet sich im Anschluss ein weiteres Pop-up (siehe Abbildung 4.14), das Ihnen Aufschluss darüber gibt, ob der Transfer bzw. die Erstellung der Zahlungsanordnung erfolgreich war oder nicht.

Abbildung 4.13: Pop-up zur Bestätigung der Transaktion

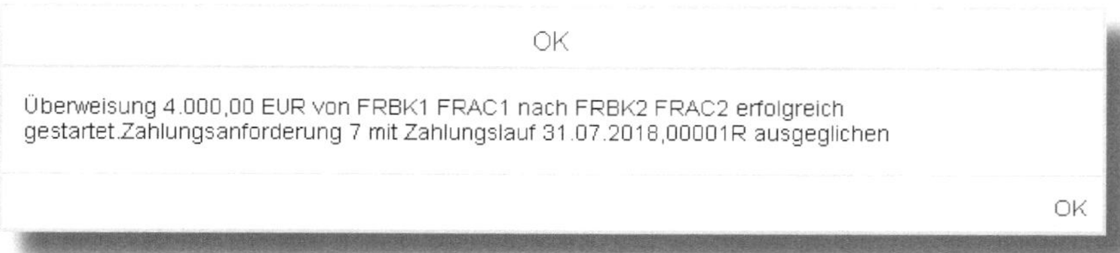

Abbildung 4.14: Information zur Zahlungsanforderung

Zahlungsanordnungen

Über die Fiori-App »Überweisungen tätigen« wird eine Zahlungsanordnung erzeugt. Beachten Sie bitte, dass Sie das entsprechende Customizing der Zahlungsanordnungen in der Bankbuchhaltung ausgeprägt haben.

4.7 Bankzahlungen genehmigen

Nachdem wir unsere Kontenüberträge durchgeführt haben und der Zusammenführungslauf unserer Batches mithilfe des Reports SAPF-PAYM_MERGE erfolgt ist, starten wir nun den Genehmigungsprozess über die App *Bankzahlungen genehmigen*.

Da auch dies eine analytische App ist, können Sie bereits beim Start des Fiori-Launchpads erkennen, ob und wie viele Unterschriften Sie für einen Batch leisten müssen (hier 22).

Alternativer Genehmigungsweg für Bankzahlungen

Alternativ zur Fiori-App »Bankzahlungen genehmigen« können Sie den Genehmigungsprozess auch über die SAP GUI-Transaktion *BNK_APP* starten.

Sie erhalten immer nur dann einen Batch, wenn dieser über die Customizing-Einstellungen des SAP BCM und/oder über das Genehmigungsverfahren aus der Bankkontenverwaltung zugewiesen wurde. Die App zur Zahlungsgenehmigung ist dabei zweigeteilt (siehe Abbildung 4.15). Sie finden auf der linken Bildschirmseite eine Übersicht der Batches, die entweder ZU ÜBERPRÜFEN sind, d. h., für diesen Batch müssen noch Unterschriften geleistet werden, oder die den Status BEARBEITET haben und somit schon Unterschriften enthalten.

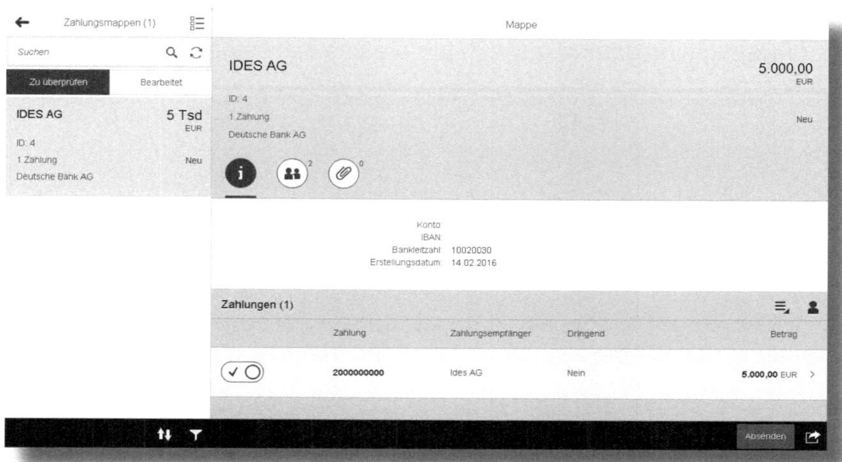

Abbildung 4.15: Details zu einem Zahlungsbatch

Auf der rechten Bildschirmseite befinden sich im Kopfteil drei Icons, über die Sie Informationen sowohl zum Batch als auch zum Genehmigungsprozess und zu möglichen Anlagen zur Zahlung erhalten.

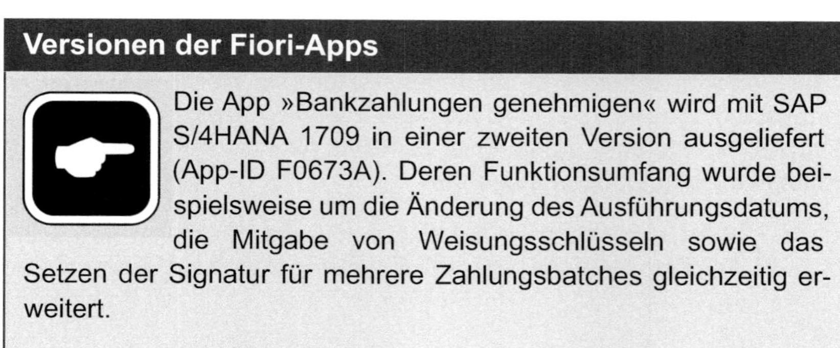

Versionen der Fiori-Apps

Die App »Bankzahlungen genehmigen« wird mit SAP S/4HANA 1709 in einer zweiten Version ausgeliefert (App-ID F0673A). Deren Funktionsumfang wurde beispielsweise um die Änderung des Ausführungsdatums, die Mitgabe von Weisungsschlüsseln sowie das Setzen der Signatur für mehrere Zahlungsbatches gleichzeitig erweitert.

Im unteren Teil finden Sie die Detailinformationen bzw. die Einzelpositionen des Batches. Sie können hier einzelne Belegzeilen wie auch den gesamten Batch ablehnen. Wird der Batch von Ihnen genehmigt, durchläuft dieser die im Customizing hinterlegten Workflowprozesse mit den dazugehörigen Freigabeschritten.

Dabei wird geprüft, ob weitere Benutzer für die Freigabe der Zahlung notwendig sind oder ob es sich um die finale Freigabe handelt und mit der letzten Unterschrift die Datei erstellt wird.

4.8 Überweisungen nachverfolgen

Nachdem Sie die finale Unterschrift auf dem Zahlungsbatch geleistet haben und der Datenträger erstellt worden ist, wird die Zahlung automatisch zur Bank gesendet. Sie können den kompletten Prozess Ihrer Zahlung mithilfe der App *Überweisungen nachverfolgen* überwachen.

Nachdem Sie die App gestartet haben, erhalten Sie eine Übersicht aller Bankkontoüberträge, die in den letzten drei Monaten im System erfasst worden sind (siehe Abbildung 4.16). Die Anzeige der einzelnen Prozessschritte einer Zahlung ist von links nach rechts chronologisch in folgenden Kategorien aufgebaut:

- Ausnahmen – enthält Zahlungen, für die beispielsweise keine Batching-Regel aus dem Customizing abgeleitet werden konnte,
- Neu – Zahlungen, die zwar zusammengeführt, aber für die noch keine Unterschriften geleistet worden sind,
- In Genehmigung – Batches, die bereits im Genehmigungsverfahren sind,

- Genehmigt – Batches, die vollständig genehmigt worden sind, der Transfer zur Bank steht aber noch aus,
- An Bank gesendet – der Transfer zur Bank wurde durchgeführt,
- Abgeschlossen – die Bank hat den Transfer der Zahlung beispielsweise durch eine pain.002-Nachricht bestätigt.

Abbildung 4.16: Übersicht der Bankkontenüberträge

Wenn Sie auf die Zeile zu einer Zahlung klicken, werden Ihnen unterhalb Grundlegende Informationen zur Zahlung angezeit bzw. können Sie über die Zahlungsdetails direkt in die Finanzstromprüfung verzweigen.

4.9 Zahlungsstatistik

Die letzte App, die ich Ihnen im Rahmen von Cash Operations vorstellen möchte, ist die *Zahlungsstatistik – In den letzten 90 Tagen*.

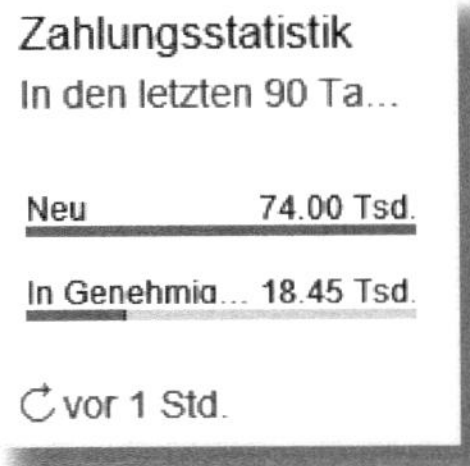

Mithilfe dieser analytischen App können Sie zahlreiche Auswertungen durchführen und die Zahlungsströme der vergangenen 90 Tage analysieren.

Rufen Sie dazu die App auf und filtern Sie die Informationen nach den von Ihnen gewünschten Informationen, wie beispielsweise nach der Bank, einem Status oder der Gesellschaft.

Voraussetzung für die App »Zahlungsstatistik«

Grundlegende Voraussetzung für die Nutzung der App »Zahlungsstatistik – In den letzten 90 Tagen« ist ein installiertes und konfiguriertes SAP BCM.

Für die Ergebnisausgabe können Sie zwischen einer grafischen Darstellung oder einer komprimierten Tabellensicht wählen (siehe Abbildung 4.17). In beiden Fällen erhalten Sie jeweils eine Gesamtübersicht über die Anzahl der in den Batches enthaltenen Zahlungen sowie deren Gesamtsumme.

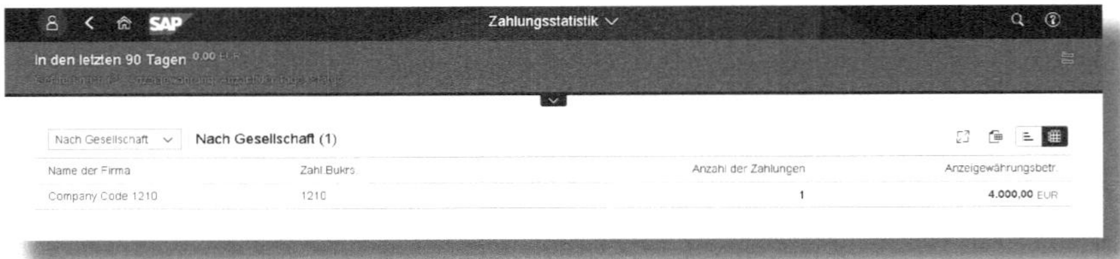

Abbildung 4.17: Details zu Zahlungsstatistik

Diese Auswertungen sind insbesondere dann sinnvoll, wenn Sie das Volumen der Zahlungsströme Ihrer jeweiligen Hausbanken auswerten möchten, um diese ggf. auf andere Banken bzw. Konten umzuleiten.

4.10 Customizing

Nachdem Sie einen Einblick über den Funktionsumfang des Cash Operations erhalten haben, zeige ich Ihnen die dazu erforderlichen Customizing-Einstellungen. Einen Teil der vorzunehmenden Einstellungen ordnen wir diesem Kapitel zu, den anderen Teil benötigen wir für den Datenaufbau der Bewegungsdaten, den wir über den »One Exposure from Operations Hub« verwirklichen und die daher im entsprechenden Kapitel 7 näher beschrieben sind.

Die Integration bzw. der Aufbau von Cash Operations selbst orientiert sich an den in Abbildung 4.19 dargestellten Implementierungspunkten, die gegenüber dem klassischen Cash Management um einige Informationsquellen erweitert worden sind.

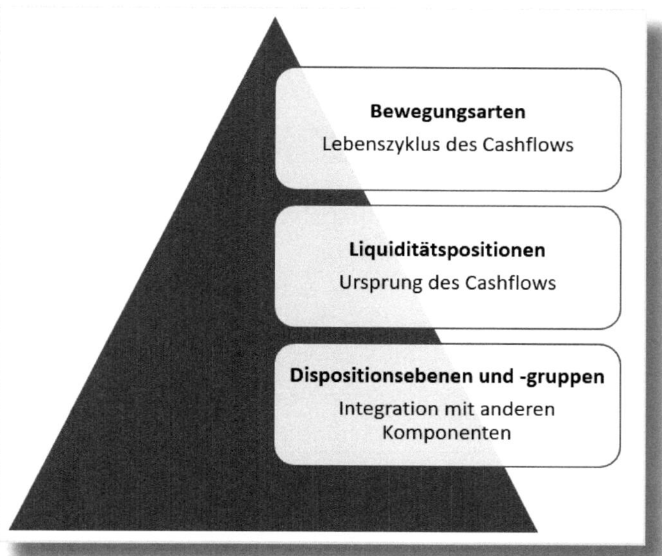

Abbildung 4.18: Implementierungspunkte für das Cash Operations

Diese Erweiterungen stellen uns die notwendigen Informationen bereit, die wir für mehrdimensionale Auswertungen wie beispielsweise in den Apps »Cashflow-Analyzer« oder »Finanzstromposition prüfen« benötigen.

4.11 Bewegungsarten

Auf Basis der *Bewegungsarten* stellen wir im erweiterten Cash Management den Lebenszyklus eines Cashflows dar. Dazu werden Informationen aus verschiedenen Quellkomponenten verwendet, die Daten aus prognostizieren und bestätigten Cashflows enthalten.

Im SAP-Standard wird bereits eine Reihe an vordefinierten Bewegungsarten ausgeliefert, die wir im Regelfall für die Auswertungen so übernehmen können.

Tabelle 4.2 gibt Ihnen einen Überblick, wie die Bewegungsarten verschiedenen Bewegungsstufen zugeordnet sind. Während die Stufen klassifizieren, zu welchem Zeitpunkt ein Cashflow im System ausgewertet werden soll, gliedert die Bewegungsart die Belege noch detaillierter. So kann bspw. einem Zugang auf ein Bankkonto der Bewegungsart 900000 der Abgang 900001 zugeordnet werden.

Bewegungsstufen	Beschreibung
00	Undefiniert
10	Interner Auftrag
20	Externer Auftrag
30	Kosten, Erlöse, Material
40	Wareneingang/Rechnungseingang
50	Abstimmkonten (sonstige)
60	Abstimmkonten (Kreditoren/Debitoren)
70	Bankverrechnung (intern)
80	Bankverrechnung (der Bank mitgeteilt)
90	Echte Barmittel (bei der Bank)

Tabelle 4.2: Kategorien der Bewegungsstufen

Die Bewegungsstufen 20 bis 80 spiegeln im Cash Management prognostizierte Cashflows wider – die Stufe 90 entspricht den Ist-Cashflows, welche über die Kontoauszüge der Bank verbucht werden.

Übersicht Bewegungsstufen und Bewegungsarten

Eine detaillierte Übersicht über die Zuordnung von Bewegungsarten zu den aufgeführten Bewegungsstufen erhalten Sie über die Tabelle FQMI_FLOW_CAT.

Die Ableitungslogik der Bewegungsarten selbst ist durch die Software bereits größtenteils vordefiniert und umfasst im Regelfall Informationen aus dem »One Exposure from Operations Hub« zu:

- Rechnungen (Forderungen oder Verbindlichkeiten),
- Zahlungen (Bankverrechnungskonten),
- Kontoauszügen (Barmittel).

Während des gesamten Lebenszyklus eines Beleges werden Bewegungsarten abgeleitet und im weiteren Prozess verschoben. So wird beispielsweise die Buchung einer Kreditorenrechnung zunächst der Bewegungsart 600010 zugeordnet. Mit der folgenden Kreditorenzahlung wird diese gegen die Bewegungsart 600001 entlastet und bekommt eine weitere Bewegungsart 800003 auf dem Bankverrechnungskonto. Im letzten Schritt erfolgt die Belastung auf dem Bankkonto (über den Kontoauszug), welche das Bankverrechnungskonto mit der Bewegungsart 800004 entlastet und das Bankbestandskonto mit der Bewegungsart 900001 belastet – was letztlich einen Ist-Cashflow darstellt (siehe Abbildung 4.19).

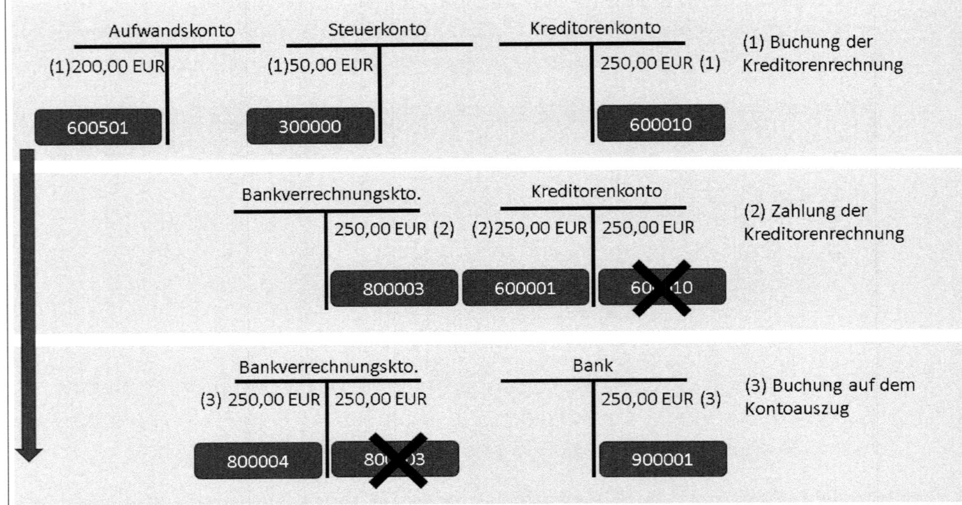

Abbildung 4.19: Prozessfluss und Lebenszyklus von Bewegungsarten

Möchten Sie die vordefinierte Logik erweitern bzw. überschreiben, so können Sie diese über die nachfolgenden Einstellungsmöglichkeiten ändern.

4.11.1 Bewegungsarten definieren

Möchten Sie zu den bereits vordefinierten Bewegungsarten auch eigene festlegen, so können Sie diese über den Pfad SAP CUSTOMIZING EINFÜHRUNGSLEITFADEN • FINANCIAL SUPPLY CHAIN MANAGEMENT • CASH- UND LIQUIDITÄTSMANAGEMENT • CASH MANAGEMENT • BEWEGUNGSARTEN • BEWEGUNGSARTEN DEFINIEREN pflegen.

Legen Sie eine eigene Bewegungsart an, indem Sie auf NEUE EINTRÄGE klicken (Abbildung 4.20).

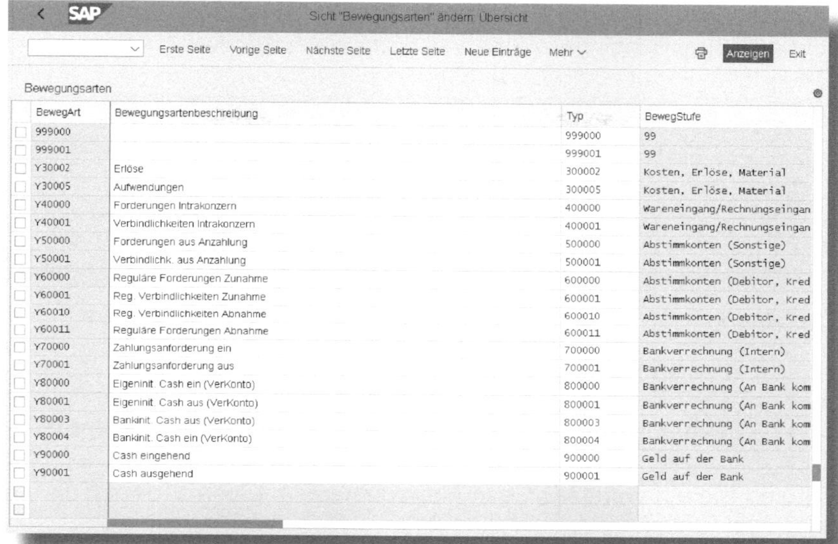

BewegArt	Bewegungsartenbeschreibung	Typ	BewegStufe
999000		999000	99
999001		999001	99
Y30002	Erlöse	300002	Kosten, Erlöse, Material
Y30005	Aufwendungen	300005	Kosten, Erlöse, Material
Y40000	Forderungen Intrakonzern	400000	Wareneingang/Rechnungseingan
Y40001	Verbindlichkeiten Intrakonzern	400001	Wareneingang/Rechnungseingan
Y50000	Forderungen aus Anzahlung	500000	Abstimmkonten (Sonstige)
Y50001	Verbindlichk. aus Anzahlung	500001	Abstimmkonten (Sonstige)
Y60000	Reguläre Forderungen Zunahme	600000	Abstimmkonten (Debitor, Kred
Y60001	Reg. Verbindlichkeiten Zunahme	600001	Abstimmkonten (Debitor, Kred
Y60010	Reg. Verbindlichkeiten Abnahme	600010	Abstimmkonten (Debitor, Kred
Y60011	Reguläre Forderungen Abnahme	600011	Abstimmkonten (Debitor, Kred
Y70000	Zahlungsanforderung ein	700000	Bankverrechnung (Intern)
Y70001	Zahlungsanforderung aus	700001	Bankverrechnung (Intern)
Y80000	Eigeninit. Cash ein (VerKonto)	800000	Bankverrechnung (An Bank kom
Y80001	Eigeninit. Cash aus (VerKonto)	800001	Bankverrechnung (An Bank kom
Y80003	Bankinit. Cash aus (VerKonto)	800003	Bankverrechnung (An Bank kom
Y80004	Bankinit. Cash ein (VerKonto)	800004	Bankverrechnung (An Bank kom
Y90000	Cash eingehend	900000	Geld auf der Bank
Y90001	Cash ausgehend	900001	Geld auf der Bank

Abbildung 4.20: Bewegungsarten ändern

Wählen Sie für Ihre Bewegungsart ein Kürzel aus dem Y- oder Z-Namensraum, ordnen Sie sie einem Bewegungstyp zu und wählen Sie die dazugehörige Bewegungsstufe.

4.11.2 Dispositionsebenen zu Bewegungsarten zuordnen

Importieren Sie Bankbestände über die Transaktion *FQM21* in den »One Exposure from Operations Hub«, werden diese den Bewegungsarten

- 900102 – Zunahme Kassenbestand und
- 900103 – Abnahme Kassenbestand

zugeordnet. Möchten Sie Bewegungsarten noch einer Dispositionsebene zuweisen, folgen Sie dem Menüpfad SAP Customizing Einführungsleitfaden • Financial Supply Chain Management • Cash- und

LIQUIDITÄTSMANAGEMENT • CASH MANAGEMENT • BEWEGUNGSARTEN • DISPOSITIONSEBENEN ZU BEWEGUNGSARTEN ZUORDNEN (siehe Abbildung 4.21).

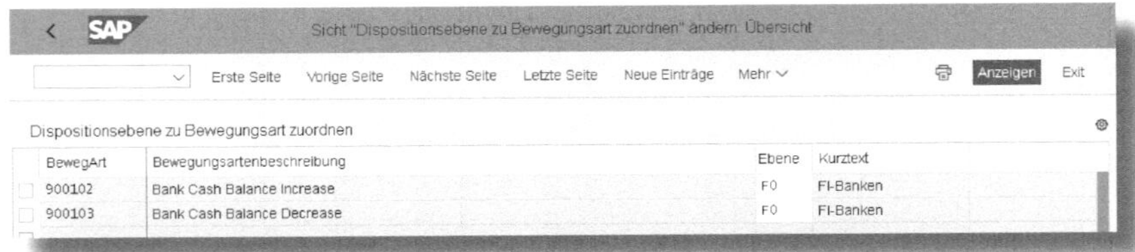

Abbildung 4.21: Dispositionsebene zu Bewegungsart zuordnen

4.11.3 Bewegungsarten zu Dispositionsebenen zuordnen

Haben Sie ein verteiltes Cash Management im Einsatz, erfolgt die Zuordnung der generierten Geschäfte im zentralen System zu den Bewegungsarten

- 900110 Cash eingehend (IDoc) und
- 900111 Cash ausgehend (IDoc).

Möchten Sie die Beträge in den Auswertungen, beispielsweise in der Cashflow-Analyse, differenzieren, müssen Sie sie einer gesonderten Bewegungsart zuordnen. Im SAP-Standard stehen Ihnen dazu die Bewegungsarten

- 900108 Saldoerhöhung (IDoc) und
- 900109 Saldoverminderung (IDoc)

zur Verfügung, die Sie der Dispositionsebene F0 zuordnen. Nehmen Sie diese Umschlüsselung über SAP CUSTOMIZING EINFÜHRUNGSLEITFADEN • FINANCIAL SUPPLY CHAIN MANAGEMENT • CASH- UND LIQUIDITÄTSMANAGEMENT • CASH MANAGEMENT • BEWEGUNGSARTEN • BEWEGUNGSARTEN ZU DISPOSITIONSEBENEN ZUORDNEN vor (siehe Abbildung 4.22).

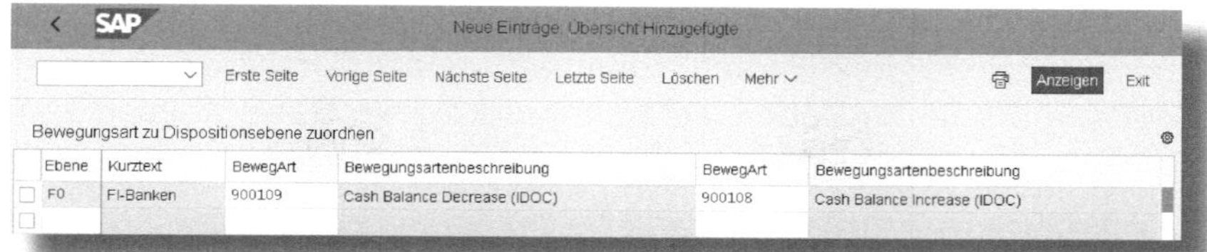

Ebene	Kurztext	BewegArt	Bewegungsartenbeschreibung	BewegArt	Bewegungsartenbeschreibung
F0	FI-Banken	900109	Cash Balance Decrease (IDOC)	900108	Cash Balance Increase (IDOC)

Abbildung 4.22: Bewegungsarten zu Dispositionsebenen zuordnen

4.11.4 Bewegungsarten zu Sachkonten zuordnen

Um zusätzliche oder andere Konten für die Ableitung von Bewegungsarten hinzuzufügen oder zu ändern, folgen Sie dem Menüpfad SAP Customizing Einführungsleitfaden • Financial Supply Chain Management • Cash- und Liquiditätsmanagement • Cash Management • Bewegungsarten • Bewegungsarten zu Sachkonten zuordnen (siehe Abbildung 4.23).

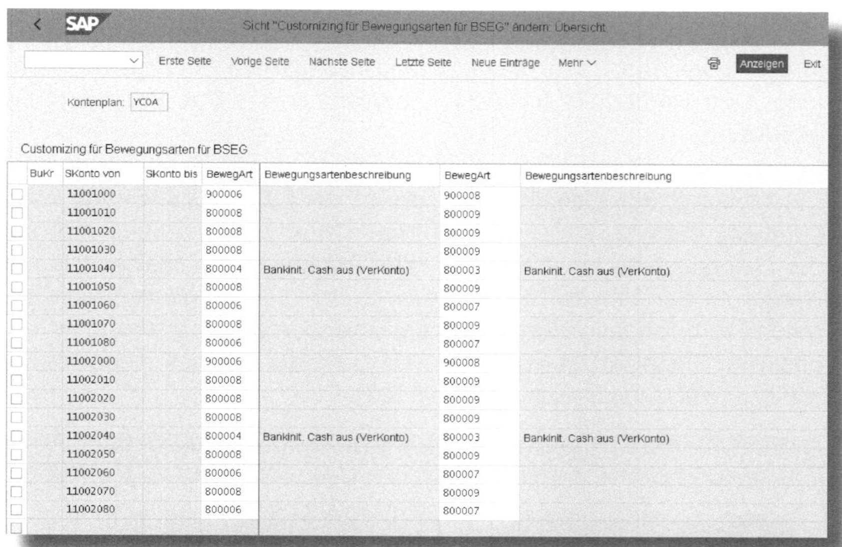

BuKr	SKonto von	SKonto bis	BewegArt	Bewegungsartenbeschreibung	BewegArt	Bewegungsartenbeschreibung
	11001000		900006		900008	
	11001010		800008		800009	
	11001020		800008		800009	
	11001030		800008		800009	
	11001040		800004	Bankinit. Cash aus (VerKonto)	800003	Bankinit. Cash aus (VerKonto)
	11001050		800008		800009	
	11001060		800006		800007	
	11001070		800008		800009	
	11001080		800006		800007	
	11002000		900006		900008	
	11002010		800008		800009	
	11002020		800008		800009	
	11002030		800008		800009	
	11002040		800004	Bankinit. Cash aus (VerKonto)	800003	Bankinit. Cash aus (VerKonto)
	11002050		800008		800009	
	11002060		800006		800007	
	11002070		800008		800009	
	11002080		800006		800007	

Abbildung 4.23: Bewegungsarten zu Sachkonten zuordnen

Wird die Position eines von Ihnen zugeordneten Kontos im Soll verbucht, wird die erste Bewegungsart verwendet. Erfolgt die Buchung auf dem Konto im Haben, so kommt die zweite Bewegungsart zum Einsatz.

Zuordnung von Sachkonten zu Bewegungsarten

Ordnen Sie Bewegungsarten keinem Sachkonto zu, das als Abstimmkonto gekennzeichnet ist.

4.12 Liquiditätspositionen

Die Liquiditätspositionen in einem Beleg bilden die Herkunft und die Verwendung des Cashflows ab. Im klassischen Cash Management sind sie ein Bestandteil des Liquidity Planners, wurden nun aber auch in das erweiterte Cash Management in S/4HANA Finance übernommen. Dort werden sie für die Finanzplanung und das Reporting eingesetzt.

Ein Merkmal der Liquiditätsposition ist die Cashflow-Richtung, was bedeutet, dass Sie sich zunächst fragen müssen: Handelt es sich bei der Belegposition um einen Zu- oder Abgang? Liquiditätspositionen werden in der Tabelle BSEG wie auch im One Exposure from Operations Hub fortgeschrieben. Für die Anlage von Planposten bzw. dispositiven Einzelsätzen kann das Feld Liquiditätsposition eingeblendet werden (siehe dazu auch Abschnitt 3.3).

Liquiditätspositionen für die Saldenberechnung

Der Hinweis »2145500 – Liquiditätspläne entwickeln: Customizing für Liquiditätsposition bei Liquiditätsplanverwaltung« enthält Informationen, die u. a. für die App »Liquiditätspläne entwickeln« notwendig sind (etwa Beispiele für Saldenwerte).

Liquiditätspositionen können so definiert werden, dass sie einen tatsächlichen Cashflow oder aber einen Saldenwert darstellen. Bei der späteren Liquiditätsplanung werden dann nur die Positionen berücksichtigt, die einen Cashflow darstellen.

4.12.1 Liquiditätspositionen bearbeiten

Im Customizing definieren Sie nun in einem ersten Schritt die Liquiditätspositionen – rufen Sie dazu den Pfad SAP Customizing Einführungsleitfaden • Financial Supply Chain Management • Cash- und Liquiditätsmanagement • Cash Management • Liquiditätspositionen • Liquiditätspositionen bearbeiten auf (siehe Abbildung 4.24).

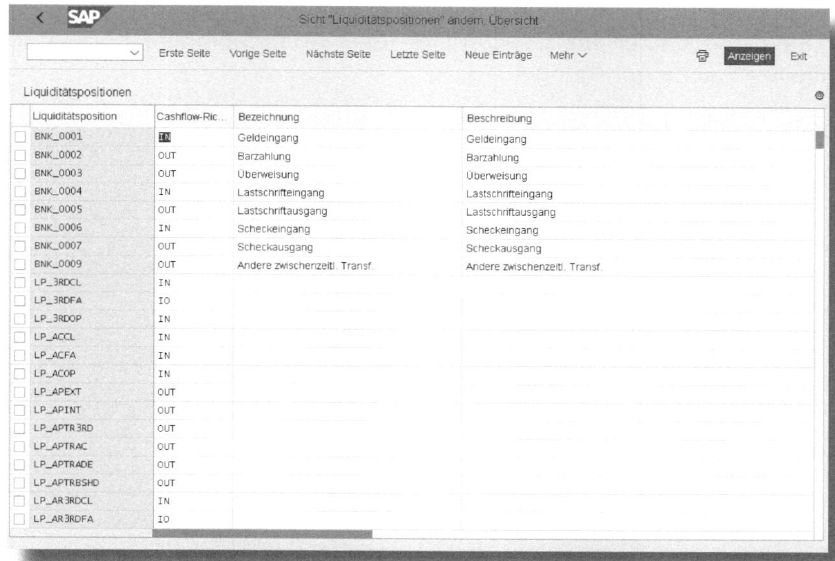

Liquiditätsposition	Cashflow-Ric...	Bezeichnung	Beschreibung
BNK_0001	IN	Geldeingang	Geldeingang
BNK_0002	OUT	Barzahlung	Barzahlung
BNK_0003	OUT	Überweisung	Überweisung
BNK_0004	IN	Lastschrifteingang	Lastschrifteingang
BNK_0005	OUT	Lastschriftausgang	Lastschriftausgang
BNK_0006	IN	Scheckeingang	Scheckeingang
BNK_0007	OUT	Scheckausgang	Scheckausgang
BNK_0009	OUT	Andere zwischenzeitl. Transf.	Andere zwischenzeitl. Transf.
LP_3RDCL	IN		
LP_3RDFA	IO		
LP_3RDOP	IN		
LP_ACCL	IN		
LP_ACFA	IN		
LP_ACOP	IN		
LP_APEXT	OUT		
LP_APINT	OUT		
LP_APTR3RD	OUT		
LP_APTRAC	OUT		
LP_APTRADE	OUT		
LP_APTRBSHD	OUT		
LP_AR3RDCL	IN		
LP_AR3RDFA	IO		

Abbildung 4.24: Liquiditätspositionen bearbeiten

Legen Sie hier Ihre gewünschten Liquiditätspositionen fest, die Cashflows oder Saldenwerte darstellen, und definieren Sie dazu die Cashflow-Richtung jedes Eintrags.

4.12.2 Liquiditätspostenhierarchien bearbeiten

Liquiditätspostenhierarchien tauchen im erweiterten Cash Management an zwei Stellen auf: Zum einen lässt sich optional die Sicht auf die Liquiditätspositionen in der Cashflow-Analyse erweitern, zum anderen benötigen wir die Liquiditätspostenhierarchien in der Liquiditätsplanung. Der Aufbau einer Hierarchie orientiert sich an den unterschiedlichen Geschäftsanforderungen und kann im Wesentlichen frei definiert werden.

Sie erstellen eine neue Hierarchie über SAP Customizing Einführungsleitfaden • Financial Supply Chain Management • Cash- und Liquiditätsmanagement • Cash Management • Liquiditätspositionen • Liquiditätspostenhierarchien definieren. Legen Sie dort eine neue Hierarchie bzw. Struktur auf Basis Ihrer zuvor definierten Liquiditätspositionen an, indem Sie Knoten als Geschwister- oder untergeordnete Knoten definieren (siehe Abbildung 4.25).

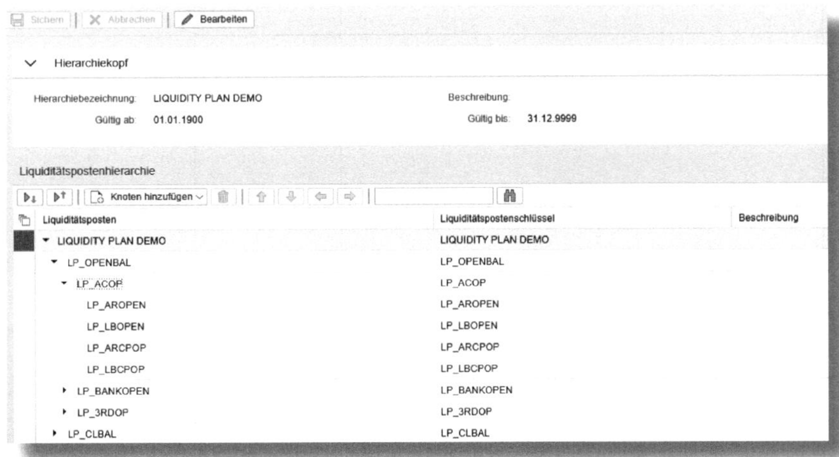

Abbildung 4.25: Konfiguration der Liquiditätspostenhierarchie

Speichern Sie im Anschluss Ihre Eingaben. Liquiditätspostenhierarchien, die Sie über diesen Weg angelegt haben, können Sie bei Bedarf deaktivieren oder mehrere in unterschiedliche Gültigkeitszeiträume aufteilen.

4.12.3 Ableitungsregeln für Liquiditätspositionen

Damit die Belegpositionen für die prognostizierten bzw. Ist-Cashflows einer Liquiditätsposition zugeordnet werden können, müssen wir zunächst Ableitungsregeln definieren, die sich in den nachfolgenden Gesamtprozess eingliedern:

Schritt 1: Abfragen für Liquiditätspostenableitung definieren (Transaktion *FLQQA1*),

Schritt 2: Abfragefolgen definieren (Transaktion *FLQC15*),

Schritt 3: Abfragen zu Abfragefolgen zuordnen (Transaktion *FLQQA5*),

Schritt 4: Einstellungen für Liquiditätspostenableitung für Buchungskreise definieren (Transaktion *FLQC0*).

Schritt 5: Standardliquiditätspositionen für Sachkonten definieren,

Schritt 6: Bedingungsstrings neu generieren.

Die Implementierung für die Ableitung selbst kann über drei verschiedene Wege erfolgen:

1. **Ableitung über das Hauptbuch**
   Diese Ableitung dürfte die einfachste Möglichkeit in dem Prozess sein. In diesem Zusammenhang ist das Sachkonto bekannt, auf das sich die Liquiditätsposition bezieht, und kann direkt zugeordnet werden.

2. **Ableitung über Abfragen und Abfragefolgen**
   Die Ableitung der Liquiditätspositionen erfolgt über vordefinierte Abfragen und Abfragefolgen und leitet die Position über unterschiedliche Felder aus dem Buchhaltungsbeleg ab. Wenn in diesem Schritt keine Liquiditätsposition abgeleitet werden kann, wird die für die Sachkonten definierte Standardliquiditätsposition verwendet.

3. **Kundenspezifische Ableitungslogik**
   Die kundenspezifische Ableitung für komplexere Szenarien erfolgt über einen Funktionsbaustein (Beispielbausteine FCLM_LQF_DERIVE_LQITEM_SAMPLE für die Herkunft aus Verrechnungsinformationen oder FCLM_LQF_DERIVE_LQITEM_DEFAULT für den One Exposure from Operations Hub).

Besonderheiten bei Abfragen und Abfragefolgen

Daten, die von Quellanwendungen wie beispielsweise TRM, CML oder FI-CA bzw. aus Remote-Systemen in den One Exposure from Operations Hub integriert werden, besitzen keine Standardableitungsregeln. Die Liquiditätspositionen müssen daher über Abfragen bzw. Abfragefolgen ermittelt werden.

Abfragen für Liquiditätspostenableitung definieren

Beginnen wir also mit dem oben angegebenen Schritt 1 – dem Definieren von Abfragen für die Liquiditätspostenableitung. Dazu legen Sie eine Abfrage-ID an und wählen eine Herkunft aus. Verwenden Sie als Herkunft von Buchhaltungsbelegen immer das Herkunftskennzeichen C oder D – diese stehen für:

- **Herkunft C:** für Kontoart D (Debitoren) oder K (Kreditoren),
- **Herkunft D:** für alle anderen Positionen, die nicht von den Kontoarten D (Debitoren) oder K (Kreditoren) abgeleitet werden.

Für Daten, die beispielsweise aus den Quellanwendungen TRM, CML oder FI-CA in den One Exposure from Operations Hub abgeleitet worden sind, verwenden Sie immer das Herkunftskennzeichen X (Abfragen und Abfragefolgen).

Rufen Sie die Pflege über den Pfad SAP CUSTOMIZING EINFÜHRUNGSLEITFADEN • FINANCIAL SUPPLY CHAIN MANAGEMENT • CASH- UND LIQUIDITÄTSMANAGEment • Cash Management • Liquiditätspositionen • Ableitungsregeln für Liquiditätspositionen • Abfragen für Liquiditätspostenableitung definieren auf. Alternativ pflegen Sie die Einstellungen im SAP Easy Access über Rechnungswesen • Financial Supply Chain Management • Cash- und Liquiditätsmanagement • Einstellungen • Abfragen für Liquiditätspostenableitung definieren.

Hinterlegen Sie eine Bezeichnung bzw. Beschreibung für die Abfrage und legen Sie die Liquiditätsposition fest, auf welche die Belege abgeleitet werden sollen. Definieren Sie abschließend eine Bedingung, die erfüllt sein muss, damit die Belegposition der Liquiditätsposition zugeordnet wird (siehe Abbildung 4.26), und sichern Sie Ihre Eingaben.

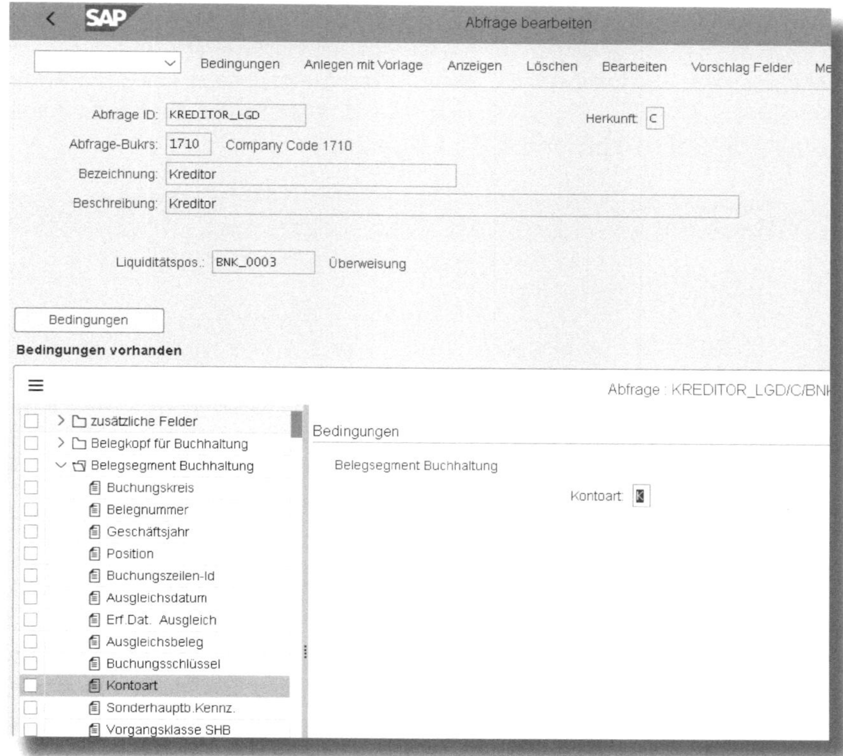

Abbildung 4.26: Abfragen für Liquiditätspostenableitung definieren

Konfiguration von Abfragen

Die Konfiguration der Abfragen kann im Regelfall nicht transportiert werden und muss daher im jeweiligen System (bspw. Konsolidierungs- oder Produktivsystem) angelegt werden.

Abfragefolgen definieren

Im zweiten Schritt definieren Sie eine Abfragefolge, der Sie im weiteren Verlauf die zuvor definierten Abfragen zuordnen. Rufen Sie dazu das Customizing über SAP Customizing Einführungsleitfaden • Financial Supply Chain Management • Cash- und Liquiditätsmanagement • Cash Management • Liquiditätspositionen • Ableitungsregeln für Liquiditätspositionen • Abfragefolgen definieren oder alternativ die Transaktion *FLQC15* (siehe Abbildung 4.27) auf.

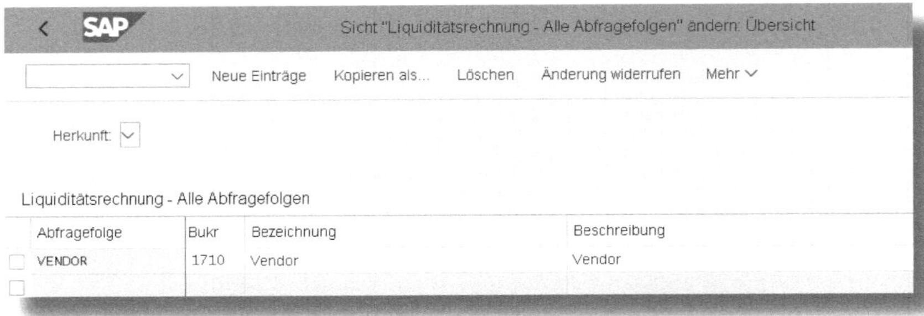

Abbildung 4.27: Abfragefolgen definieren

Abfragen zu Abfragefolgen zuordnen

Nachdem Sie die Abfragen und die Abfragefolgen festgelegt haben, verknüpfen Sie diese im dritten Schritt. Rufen Sie dazu im Customizing das Menü SAP Customizing Einführungsleitfaden • Financial Supply Chain Management • Cash- und Liquiditätsmanagement • Cash Management • Liquiditätspositionen • Ableitungsregeln für Liquiditäts-

POSITIONEN • ABFRAGEN ZU ABFRAGEFOLGEN ZUORDNEN auf oder gehen Sie alternativ im SAP Easy Access über RECHNUNGSWESEN • FINANCIAL SUPPLY CHAIN MANAGEMENT • CASH- UND LIQUIDITÄTSMANAGEMENT • EINSTELLUNGEN • ABFRAGEN ZU ABFRAGEFOLGEN ZUORDNEN. Sie erhalten nun, wie in Abbildung 4.28 dargestellt ist, Ihre zuvor definierten Abfragefolgen, denen Sie in der linken Dialogstruktur nun eine Abfrage zuordnen.

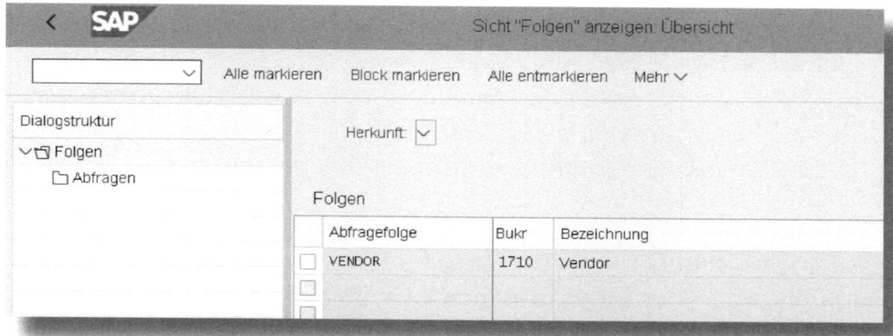

Abbildung 4.28: Abfragen zu Abfragefolgen zuordnen

Dazu markieren Sie die Abfragefolge und verzweigen mittels Doppelklick in das Untermenü der Abfragen, wo Sie der Folge die hinterlegten Abfragen zuordnen (siehe Abbildung 4.29).

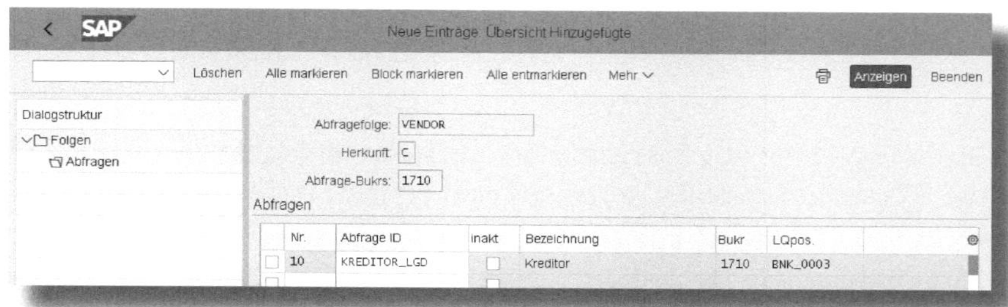

Abbildung 4.29: Zuordnung einer Abfrage-ID in der Abfragefolge

Bei der Ableitung wird eine Abfrage nach der anderen abgearbeitet. Mit der ersten Abfrage-ID, die die Bedingung erfüllt und somit die Liquiditätsposition bestimmt, werden alle nachfolgenden Abfragen nicht mehr berücksichtigt.

Gültigkeit der Ableitungsregeln

Die im Customizing definierten Ableitungsregeln umfassen nach dem Produktivstart nur alle neuen Buchungen.

Historische Daten müssen neu aufgebaut werden. Einen definierten zeitlichen Rahmen, wie lange diese gültig sind, gibt es an der Stelle nicht. Möchten Sie also Liquiditätspositionen auf Basis von bestehenden Buchungen ableiten, müssen Sie den Report FCLM_UPDATE_LQITEM zum Neuaufbau von Liquiditätspositionen aus den Buchhaltungsbelegen verwenden.

Einstellungen der Liquiditätspostenableitung für Buchungskreis definieren

Über diese Funktion definieren Sie im vierten Schritt eine Standardableitungslogik für die Liquiditätspositionen in einem Buchungskreis. Ordnen Sie dazu eine Herkunft einer Abfragefolge über SAP Customizing Einführungsleitfaden • Financial Supply Chain Management • Cash- und Liquiditätsmanagement • Cash Management • Liquiditätspositionen • Ableitungsregeln für Liquiditätspositionen • Einstellungen für Liquiditätspostenableitung für Buchungskreise definieren zu (siehe Abbildung 4.30).

Sie haben zuvor Abfragen definiert und einer Abfragefolge zugeordnet, die Sie an dieser Stelle nun einer Herkunftsart in den Ableitungsparametern zuordnen.

Sie können eine Herkunftsart mit der Abfragefolge auch einem leeren Buchungskreis zuordnen, die dann als Standardableitungsregel für alle Buchungskreise gilt.

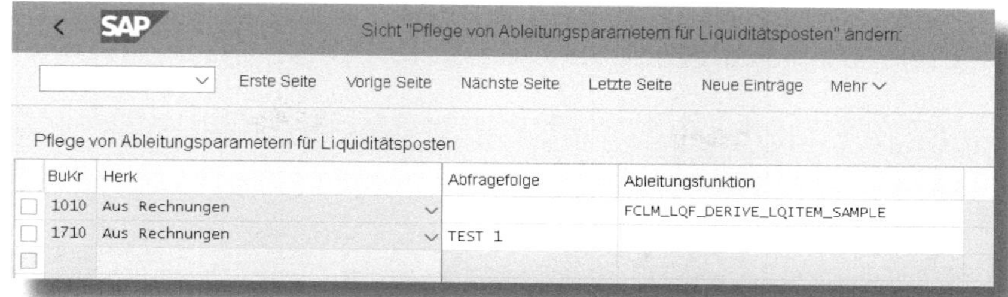

Abbildung 4.30: Ableitungsparameter für Liquiditätspositionen

Alternativ können Sie für die Ableitung der Liquiditätspositionen anstelle einer Abfragefolge auch eine Ableitungsfunktion über einen Funktionsbaustein ausprägen. Dazu stehen Ihnen die Musterbausteine FCLM_LQF_DERIVE_LQITEM_SAMPLE für die Herkunftsarten aus den Verrechnungsinformationen C oder D sowie der Baustein FCLM_LQF_DERIVE_LQITEM_DEFAULT für Ableitungen aus dem One Exposure from Operations Hub mit der Herkunft »X« zur Verfügung.

Standardliquiditätspositionen für Sachkonten definieren

Mit den Einstellungen in dieser Funktion können Sie Sachkonten einer Liquiditätsposition direkt zuordnen bzw. ableiten. Starten Sie die Zuordnung, indem Sie im Customizing SAP Customizing Einführungsleitfaden • Financial Supply Chain Management • Cash- und Liquiditätsmanagement • Cash Management • Liquiditätspositionen • Ableitungsregeln für Liquiditätspositionen • Standardliquiditätspositionen für Sachkonten definieren aufrufen. Alternativ ordnen Sie die Konten direkt im Easy Access über Rechnungswesen • Financial Supply Chain Management • Cash- und Liquiditätsmanagement • Einstellungen • Standardliquiditätspositionen für Sachkonten definieren zu (siehe Abbildung 4.31).

Die Ermittlung bzw. Ableitung von Liquiditätspositionen erfolgt über Abfragefolgen, die zuvor definiert worden sind. Kann über die Abfragefolge keine Liquiditätsposition eindeutig ermittelt werden, so wird die in diesem Customizing-Element hinterlegte Standardliquiditätsposition für den Buchhaltungsbeleg verwendet.

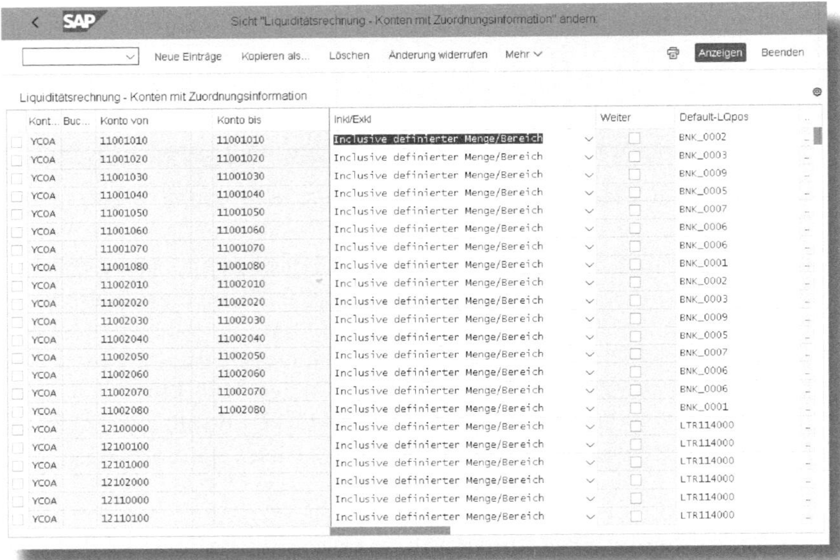

Kont...	Buc...	Konto von	Konto bis	Inkl/Exkl	Weiter	Default-LQpos
YCOA		11001010	11001010	Inclusive definierter Menge/Bereich		BNK_0002
YCOA		11001020	11001020	Inclusive definierter Menge/Bereich		BNK_0003
YCOA		11001030	11001030	Inclusive definierter Menge/Bereich		BNK_0009
YCOA		11001040	11001040	Inclusive definierter Menge/Bereich		BNK_0005
YCOA		11001050	11001050	Inclusive definierter Menge/Bereich		BNK_0007
YCOA		11001060	11001060	Inclusive definierter Menge/Bereich		BNK_0006
YCOA		11001070	11001070	Inclusive definierter Menge/Bereich		BNK_0006
YCOA		11001080	11001080	Inclusive definierter Menge/Bereich		BNK_0001
YCOA		11002010	11002010	Inclusive definierter Menge/Bereich		BNK_0002
YCOA		11002020	11002020	Inclusive definierter Menge/Bereich		BNK_0003
YCOA		11002030	11002030	Inclusive definierter Menge/Bereich		BNK_0009
YCOA		11002040	11002040	Inclusive definierter Menge/Bereich		BNK_0005
YCOA		11002050	11002050	Inclusive definierter Menge/Bereich		BNK_0007
YCOA		11002060	11002060	Inclusive definierter Menge/Bereich		BNK_0006
YCOA		11002070	11002070	Inclusive definierter Menge/Bereich		BNK_0006
YCOA		11002080	11002080	Inclusive definierter Menge/Bereich		BNK_0001
YCOA		12100000		Inclusive definierter Menge/Bereich		LTR114000
YCOA		12100100		Inclusive definierter Menge/Bereich		LTR114000
YCOA		12101000		Inclusive definierter Menge/Bereich		LTR114000
YCOA		12102000		Inclusive definierter Menge/Bereich		LTR114000
YCOA		12110000		Inclusive definierter Menge/Bereich		LTR114000
YCOA		12110100		Inclusive definierter Menge/Bereich		LTR114000

Abbildung 4.31: Standardliquiditätspositionen für Sachkonten zuordnen

Bedingungsstrings neu generieren

Bei der Anlage von Abfragen für die Liquiditätspostenableitung definieren Sie Bedingungen, die als Rohdaten in der Tabelle FLQQRRG abgelegt werden. Daraus werden im weiteren Verlauf Bedingungsstrings für die Abfragen neu generiert. Starten Sie dazu die Migration über SAP CUSTOMIZING EINFÜHRUNGSLEITFADEN • FINANCIAL SUPPLY CHAIN MANAGEMENT • CASH- UND LIQUIDITÄTSMANAGEMENT • CASH MANAGEMENT • LIQUIDITÄTSPOSITIONEN • ABLEITUNGSREGELN FÜR LIQUIDITÄTSPOSITIONEN • BEDINGUNGSSTRINGS NEU GENERIEREN oder gehen Sie alternativ über die Transaktion *FLQQRCOND*.

Sie nutzen diese Funktionalität beispielsweise, um

- die Performance von Abfragestrings zu verbessern (nach der Migration zu S/4HANA Finance),
- inkonsistente Abfragebedingungen zu korrigieren.

Sie erhalten nach der Ausführung der Funktion eine Übersicht aller geänderten Bedingungsstrings, die Sie zunächst optional in einem Testlauf ablaufen lassen können.

4.12.4 Liquiditätspositionen importieren und exportieren

Möchten Sie Liquiditätspositionen beispielsweise aus einer bestehenden Konfiguration exportieren bzw. in ein Zielsystem importieren, gehen Sie über die Customizing-Einstellung SAP Customizing Einführungsleitfaden • Financial Supply Chain Management • Cash- und Liquiditätsmanagement • Cash Management • Werkzeuge • Liquiditätspositionen importieren und exportieren. Wählen Sie dort eine der Optionen für den Import bzw. Export der Daten aus.

4.13 Dispositionsebenen und Dispositionsgruppen – Grundfunktionen

Der dritte Implementierungspunkt des Cash Operations (vgl. Abbildung 4.18) beschreibt die Funktionen der Dispositionsebenen und Dispositionsgruppen. Dieser Bereich ermöglicht die Integration von Komponenten, die wir aus dem klassischen Cash Management kennen und die auch weiterhin im erweiterten Cash Management – beispielsweise in der App *Cashflow-Analyse* – als Filteroption verwendet werden können.

4.13.1 Definition von Dispositionsebenen und Dispositionsgruppen

Das Customizing für die Dispositionsebenen und Dispositionsgruppen wurde bereits im Kapitel 3 näher beschrieben, da diese Elemente auch weiterhin Bestandteile des Grundfunktionsumfangs sind. Auch im vollen Funktionsumfang des Cash Managements in S/4HANA Finance nutzen wir diese Einstellungsmöglichkeiten, um unsere Debitoren oder Kreditoren zu klassifizieren.

Schauen wir uns zunächst die notwendigen Einstellungen der Dispositionsgruppen bei den Geschäftspartnern an. Dafür ordnen Sie in den Geschäftspartnerrollen Ihren Debitoren und Kreditoren eine Dispositionsgruppe unter KONTOFÜHRUNG der Buchungskreisdaten zu. Verwenden Sie dazu, wie in Abbildung 4.32 zu sehen, die Rollen *Debitor (FI)* oder *Kreditor (FI)*.

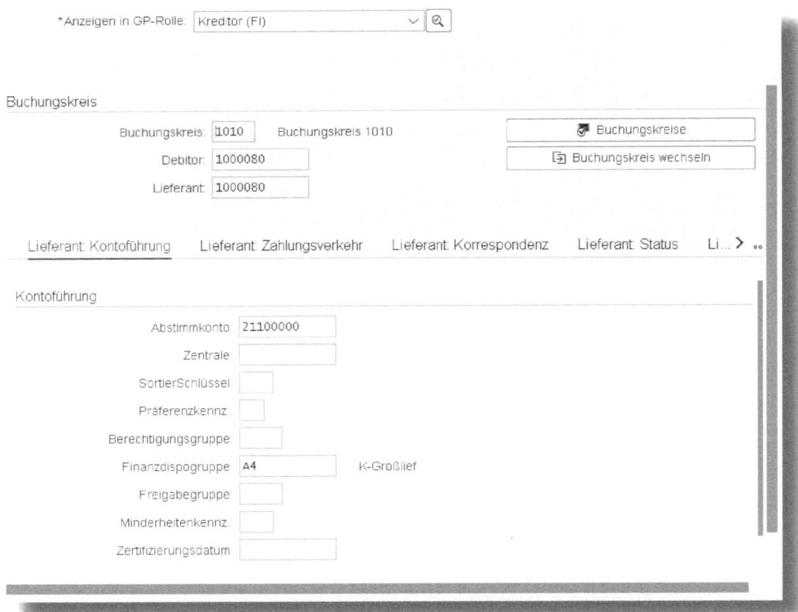

Abbildung 4.32: Zuordnung der Finanzdispositionsgruppe zur Geschäftspartnerrolle

In dem Zusammenhang empfiehlt es sich, Namenskonventionen bei der Anlage von Dispositionsebenen sowie Dispositionsarten festzulegen (vgl. Kapitel 3), um Einnahmen (E*) und Ausgaben (A*) bei der Pflege der Stammdaten bzw. für die Aufbereitung von Auswertungen besser unterscheiden zu können.

Forderungen und Verbindlichkeiten werden immer nur dann in den Auswertungen berücksichtigt, wenn das Feld DISPOSITIONSGRUPPE in den Stammdaten gefüllt ist. Sind hier keine Werte enthalten, werden diese Daten nicht in die Berichte einbezogen und verfälschen das Ergebnis. Daher ist es empfehlenswert, die Finanzdispositionsgruppe in den Stammdaten der Geschäftspartner als Pflichtfeld zu hinterlegen.

Die Empfehlung der SAP die Dispositionsebenen betreffend sieht vor, dass die Ebenen für den Tagesfinanzstatus bzw. die Liquiditätsvorschau einer bestimmten Namenskonvention unterliegen und reserviert werden. Angedacht sind dabei die *F-Ebenen,* die Informationen aus Bankkonten, Debitoren und Kreditoren enthalten, sowie *B-Ebenen* mit den Informationen zu Bankverrechnungskonten.

Für die reinen Bankbestandskonten ist die Ebene *F0* vorgesehen, welche in den Auswertungen die gebuchten Beträge der Bankkonten darstellt.

4.13.2 Dispositionsebene im Sachkonto

Für die Zuordnung eines Bankkontos zu einer Dispositionsebene ordnen Sie es in der Sachkontenpflege (Transaktion FS00) unter BANK/ FINANZANGABEN IM BUCHUNGSKREIS im Reiter ERFASSUNG/BANK/ZINS einem Sachkonto zu (siehe Abbildung 4.33).

Legen Sie im Feld DISPOSITIONS-EBENE fest, ob das Sachkonto der F0- oder B*-Ebene zugeordnet werden soll. Verknüpfen Sie abschließend noch mit der HAUSBANK bzw. KONTO-ID.

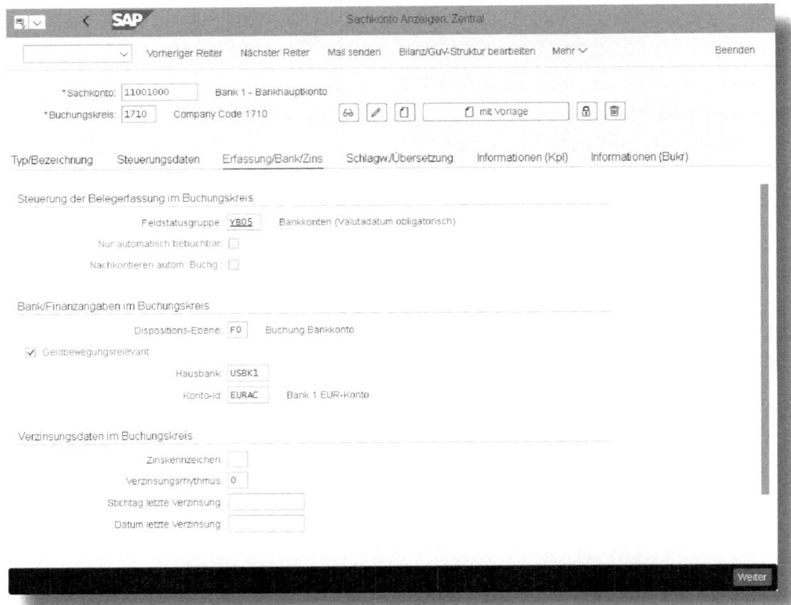

Abbildung 4.33: Bank- und Finanzangabe im Buchungskreis für ein Sachkonto

4.14 Kontoauszugsmonitor

Für die Konfiguration des Kontoauszugsmonitors haben Sie zwei Möglichkeiten: Sie können die notwendigen Einstellungen über den SAP-Customizing-Einführungsleitfaden (IMG) vornehmen oder auch direkt über die App »Bankkonten verwalten«.

Vorrang im Customizing

Bitte beachten Sie beim Customizing des Kontoauszugsmonitors, dass Einstellungen, die über die App »Bankkonten verwalten« getätigt werden, Vorrang vor den Customizing-Einstellungen aus dem IMG haben.

4.14.1 Customizing im IMG

Schauen wir uns zunächst die Konfiguration des Kontoauszugsmonitors über das IMG an. Rufen Sie die Einstellungen dazu über SAP CUSTOMIZING EINFÜHRUNGSLEITFADEN • FINANCIAL SUPPLY CHAIN MANAGEMENT • BANK COMMUNICATION MANAGEMENT • KONTOAUSZUGSMONITOR • EINSTELLUNGEN FÜR DEN KONTOAUSZUGSMONITOR auf.

Fügen Sie anschließend neue Einträge für die Bankkonten hinzu, die Sie über die Kontoauszugsmonitor-App oder analog über die bereits in Abschnitt 4.1 erwähnte Transaktion *FTE_BSM* analysieren möchten (siehe Abbildung 4.34).

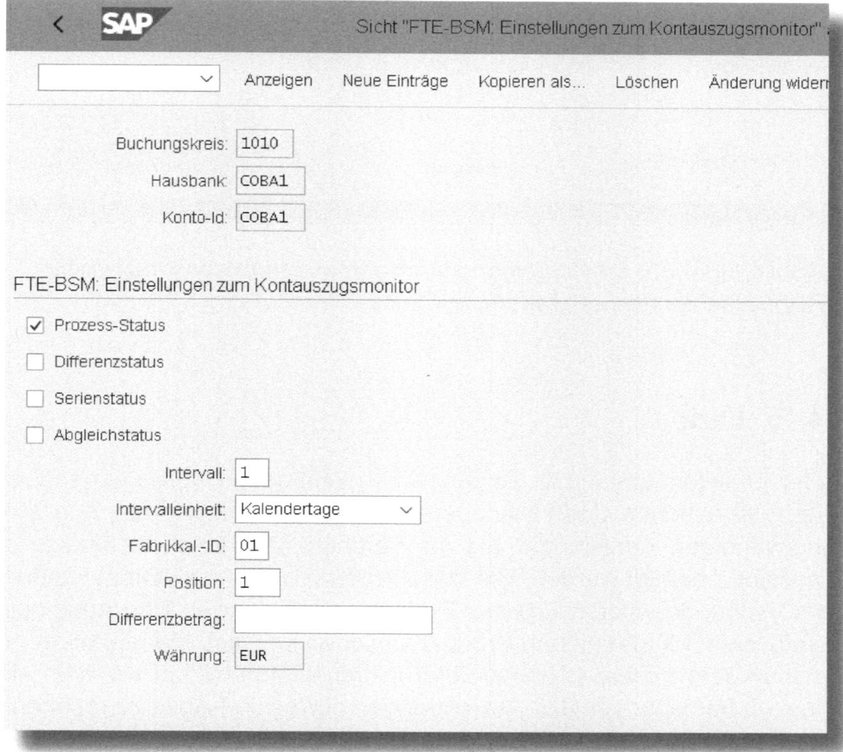

Abbildung 4.34: Einstellungen zum Kontoauszugsmonitor

4.14.2 Customizing in der App

Starten Sie die App »Bankkonten verwalten« und wechseln Sie in den Änderungsmodus – navigieren Sie dann auf das Register BANKBEZIEHUNG und nehmen Sie dort die gewünschten Einträge gemäß Abbildung 4.35 vor.

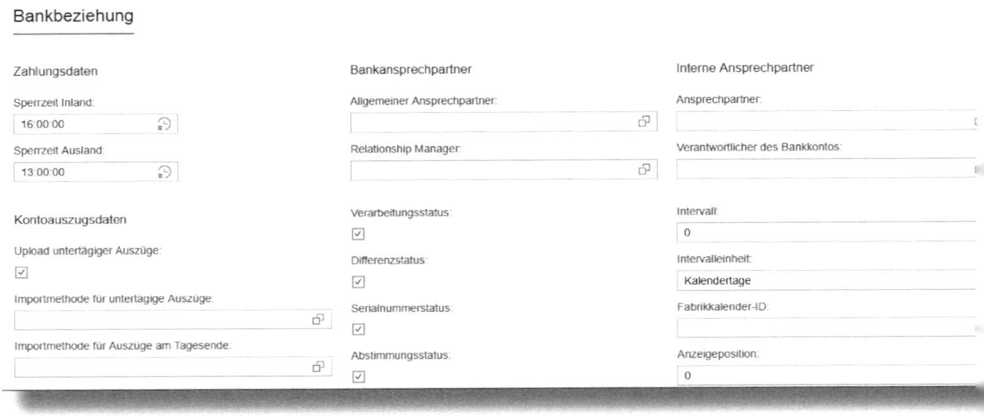

Abbildung 4.35: Einstellungen zum Kontoauszugsmonitor über die App »Bankkonten verwalten«

4.15 Fazit

Der Funktionsumfang im Bereich Cash Operations wurde gegenüber dem klassischen Cash Management erweitert und umfasst nun alle notwendigen Funktionen, die im Rahmen der täglichen Finanzdisposition benötigt werden. Die klassischen GUI-Transaktionen wurden im Verlauf der letzten Release-Zyklen vermehrt gegen Fiori-Apps ausgetauscht. Mit den neuen Produktversionen im Cash Management ist neben dem weiteren Ausbau der Funktionalitäten mit der weiteren Ablösung bestehender GUI-Anwendungen durch Fiori-Apps zu rechnen.

Die Bereitstellung und Aufbereitung bzw. das Berichtswesen der Daten ist gegenüber dem klassischen Cash Management deutlich flexibler geworden. Informationen aus dem Tagesfinanzstatus können nun einfacher und detaillierter mit Informationen aus der Liquiditätsvorschau integriert werden. Allerdings sind der Datenaufbau und die Ableitung der Daten deutlich komplexer, was in manchen Fällen den Prozess als *Black Box* erscheinen lässt.

5 Der elektronische Kontoauszug in S/4HANA Finance

Sie finden in S/4HANA Finance eine Reihe an interessanten Erweiterungen für Ihre elektronische Kontoauszugsverarbeitung. Neu hinzugekommene Apps unterstützen Sie in der kompletten Verarbeitungskette Ihrer Kontoauszüge. Der erweiterte Funktionsumfang begleitet Sie beim Monitoring des Kontoauszugsimports über die Kontoauszugsverwaltung bis hin zu umfangreichen Auswertungsmöglichkeiten. Neben den neuen Funktionen möchte ich Ihnen in diesem Kapitel noch einen Ausblick auf »SAP Leonardo Cash Application« geben.

Die elektronische Kontoauszugsverarbeitung in SAP ist die Grundlage für zahlreiche Prozesse im Finanz- und Rechnungswesen. Die Informationen aus den Kontoauszügen werden fach- und funktionsübergreifend verarbeitet und ausgewertet. So benötigt beispielsweise das Cash Management die Informationen für die tägliche Disposition der Bankkonten oder für eine rollierende Liquiditätsplanung im Unternehmen. Die Debitorenbuchhaltung steuert auf Basis der verbuchten Zahlungseingänge Mahn- oder Inkassoprozesse. Der Vertrieb erhält zeitnahe Informationen über SWIFT MT942 bzw. camt.052 Nachrichten, ob beispielsweise eine Auftragsfreigabe bei Kunden mit Zahlungsverzug erfolgen kann oder nicht.

Neben den betriebswirtschaftlichen Anforderungen sind zukünftig zahlreiche regulatorische und technische Neuerungen in die Unternehmensabläufe zu integrieren. Daten und Informationen aus Kontoauszügen bzw. Zahlungsvorgängen müssen immer schneller mit der geforderten Qualität verfügbar sein, um interne Folgeprozesse daraus ableiten zu können.

Im Umfang der in SAP S/4HANA Finance ausgelieferten Werkzeuge finden Sie bereits eine Reihe an Apps, die Sie in dieser Prozesskette unterstützen.

5.1 Kontoauszüge verwalten

Neben dem Kontoauszugsmonitor, den ich Ihnen im Kapitel 4 näher vorgestellt habe, haben Sie Zugriff auf eine weitere App, mit deren Hilfe Sie eine Übersicht über den Verarbeitungsstatus der elektronischen Kontoauszüge in SAP erhalten. Wie auch beim Kontoauszugsmonitor handelt es sich bei *Kontoauszüge verwalten* um eine analytische App.

Auf der Kachel wird Ihnen die Gesamtzahl aller noch nicht komplett verbuchten Kontoauszüge dargestellt.

Nach dem Start der App können Sie über die zahlreichen Filteroptionen die noch zu bearbeitenden Kontoauszüge selektieren.

So lässt sich im Kopfteil der App beispielsweise nach dem Buchungskreis, der Hausbank und dem Hausbankkonto oder dem Bearbeitungs- bzw. Auszugsstatus der Kontoauszüge filtern. Möchten Sie nach einem bestimmten Bearbeitungsstatus selektieren, können Sie wählen zwischen:

- *Alles,*
- *Von anderem Benutzer gesperrt,*
- *Ungesicherte Änderungen eines anderen Benutzers,*
- *Unverändert.*

Zusätzlich lässt sich auf folgende Auszugsstatus einschränken:

- *Empfangen,*
- *In Erfassung,*

- *Gesichert,*
- *Nicht abgeschlossen,*
- *Abgeschlossen.*

Nachdem Sie Ihre Selektionskriterien vorgenommen haben, erhalten Sie die in Abbildung 5.1 gezeigte Übersicht.

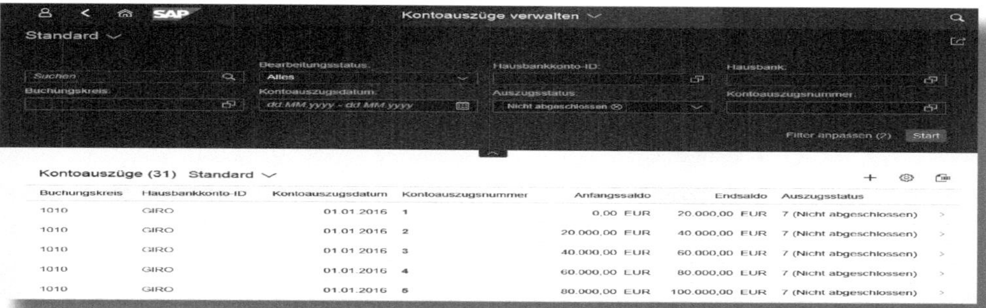

Abbildung 5.1: Übersicht noch nicht verarbeiteter Kontoauszüge in SAP

Aus dieser Liste können Sie sowohl in die Anzeige als auch in die direkte Nachbearbeitung eines Kontoauszugs abspringen (siehe Abbildung 5.2).

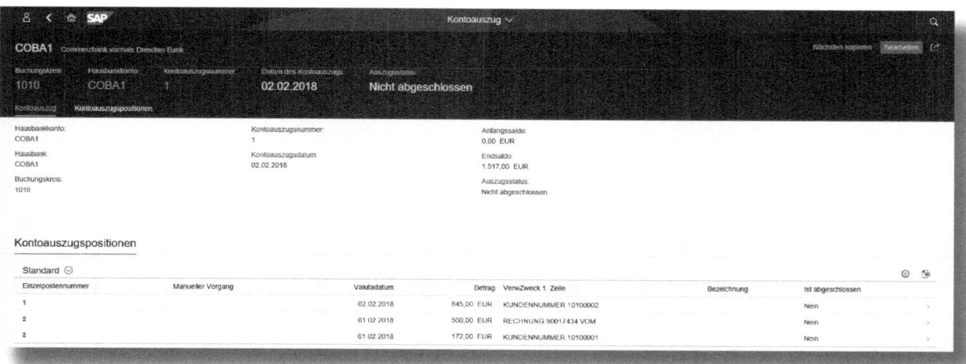

Abbildung 5.2: Details zum Kontoauszug

5.2 Eingangszahlungsdateien verwalten

Für eine Reihe von Unternehmen steht der automatisierte Einlesevorgang ihrer elektronischen Kontoauszüge im Fokus. Dadurch sollen Prozesse optimiert, Schnittstellen reduziert und potenzielle Fehlerquellen beseitigt werden. Bereits seit dem Enhancement Package 6 (EhP6) stehen diese Funktionalitäten im SAP-Standard zur Verfügung.

Mithilfe der Transaktion FEB_FILE_HANDLING und den dahinterliegenden Customizing-Einstellungen werden die Verarbeitungsschritte der Kontoauszüge deutlich vereinfacht.

Unter S/4HANA Finance steht nun mit *Einzahlungsdateien verwalten* eine App zur Verfügung, mit der sich Kontoauszüge auch ad hoc schnell und einfach einlesen lassen, ohne die dahinterliegenden Reports wie beispielsweise den RFEKBA00 starten zu müssen. Dies ist insbesondere dann hilfreich, wenn ein Kontoauszug beim automatisierten Einlesevorgang als fehlerhaft gekennzeichnet worden ist.

Starten Sie den Einlesevorgang der Kontoauszüge, indem Sie die App aufrufen.

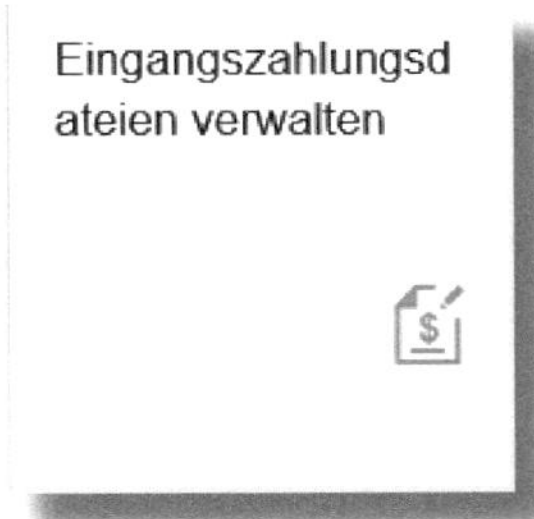

Um den Kontoauszug zu importieren, starten Sie den Assistenten über den Button Importieren. Sie erhalten nun ein Auswahlfenster, in dem Sie den Dateityp und das Format des zu verarbeitenden Kontoauszugs auswählen (siehe Abbildung 5.3).

Abbildung 5.3: Auswahlmöglichkeiten für den Dateiimport

Laden Sie die Datei in das System – dazu können Sie wahlweise die Datei in das dazu vorgesehene Feld ziehen oder über »+« in der Dateiauswahl selektieren.

Drücken Sie den Button Bearbeiten, um den Kontoauszug zu importieren. Der Kontoauszug wird nun in SAP hochgeladen und wird beim Durchlaufen der Standardroutinen der elektronischen Kontoauszugsverarbeitung automatisch verarbeitet.

Nach dem Import erhalten Sie in der App eine Übersicht der bereits hochgeladenen und verarbeiteten Kontoauszüge. Der Status vermittelt Ihnen, ob der Import bzw. die Verarbeitung *erfolgreich* oder fehlerhaft war (siehe Abbildung 5.4).

Abbildung 5.4: Übersicht der direkt verarbeiteten Kontoauszüge

Für zusätzliche Details zum Import des Kontoauszugs können Sie noch weiter verzweigen. Klicken Sie dazu einfach auf die Zahl in der Spalte Importierte Datensätze.

Wie in Abbildung 5.5 dargestellt ist, wechseln Sie in die Detailansicht des importieren Kontoauszugs. Neben dem Protokoll ist auch der Original-Kontoauszug angehängt. Optional können Sie zum Importvorgang noch Notizen hinterlegen.

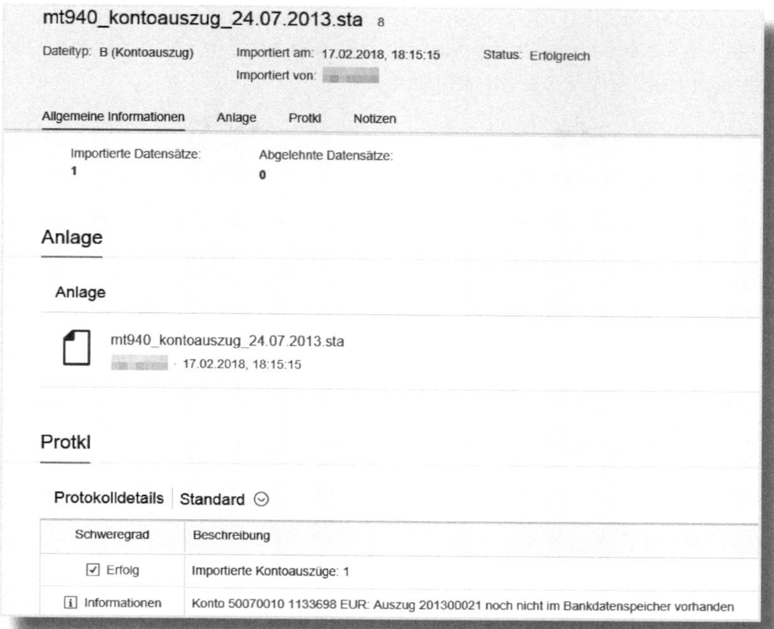

Abbildung 5.5: Details zum Import von Kontoauszügen

5.3 Kontoauszugspositionen nachbearbeiten

Für die Kontoauszugsnachbearbeitung von fehlerhaften Belegpositionen stehen Ihnen in S/4HANA Finance zwei Apps zur Verfügung. Mit dem Aufruf der App *Kontoauszugsposition nachbearbeiten* starten Sie die dahinterliegende Transaktion FEB_BSPROC.

Die Nachbearbeitung der fehlerhaften Kontoauszüge erfolgt damit über die Transaktion bzw. verwendet dieselben Funktionalitäten, die bereits seit dem EhP6 verfügbar sind.

Ich gehe daher auf den Funktionsumfang der besagten App im Rahmen dieses Buches nicht weiter ein.

Möchten Sie bei der Nachbearbeitung Ihrer fehlerhaften Kontoauszüge auf weitere bzw. neue Funktionalitäten zugreifen, dann verwenden Sie die App *Kontoauszugspositionen nachbearbeiten – Zu bearbeiten*.

Wie Sie der Kachel entnehmen können, handelt es sich dabei um eine analytische App, die Ihnen zusätzlich die fehlerhaften Belegpositionen Ihrer Kontoauszüge anzeigt.

Starten Sie die App, um in die Übersicht der Kontoauszugspositionen zu gelangen (siehe Abbildung 5.6). Filtern Sie in einem nächsten Schritt die Belegpositionen, die Sie nachbearbeiten möchten. Sie können dazu neben der Hausbank und dem Hausbankkonto auf vordefinierte bzw. flexibel definierbare Zeiträume sowie über verschiedene Buchungsstatus einschränken.

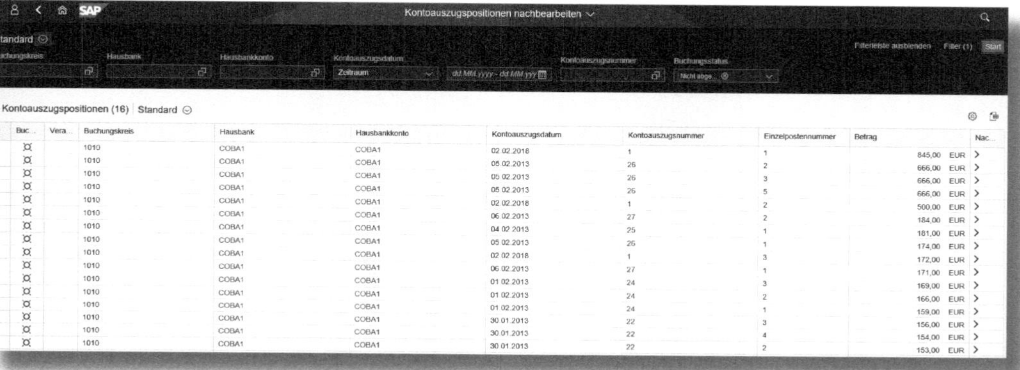

Buc...	Vera...	Buchungskreis	Hausbank	Hausbankkonto	Kontoauszugsdatum	Kontoauszugsnummer	Einzelpostennummer	Betrag	Nac...
		1010	COBA1	COBA1	02.02.2018	1	1	845,00 EUR	>
		1010	COBA1	COBA1	05.02.2013	26	2	666,00 EUR	>
		1010	COBA1	COBA1	05.02.2013	26	3	666,00 EUR	>
		1010	COBA1	COBA1	05.02.2013	26	5	666,00 EUR	>
		1010	COBA1	COBA1	02.02.2018	1	2	500,00 EUR	>
		1010	COBA1	COBA1	06.02.2013	27	2	184,00 EUR	>
		1010	COBA1	COBA1	04.02.2013	25	1	181,00 EUR	>
		1010	COBA1	COBA1	05.02.2013	26	1	174,00 EUR	>
		1010	COBA1	COBA1	02.02.2018	1	3	172,00 EUR	>
		1010	COBA1	COBA1	06.02.2013	27	1	171,00 EUR	>
		1010	COBA1	COBA1	01.02.2013	24	3	169,00 EUR	>
		1010	COBA1	COBA1	01.02.2013	24	2	166,00 EUR	>
		1010	COBA1	COBA1	01.02.2013	24	1	159,00 EUR	>
		1010	COBA1	COBA1	30.01.2013	22	3	156,00 EUR	>
		1010	COBA1	COBA1	30.01.2013	22	4	154,00 EUR	>
		1010	COBA1	COBA1	30.01.2013	22	2	153,00 EUR	>

Abbildung 5.6: Kontoauszugspositionen nachbearbeiten

Als Status können Sie wählen zwischen:

- *Abgeschlossen,*
- *Auf erledigt setzen,*
- *Nicht abgeschlossen,*
- *Akonto automatisch gebucht.*

Nachdem Sie die Belege selektiert haben, wechseln Sie in die Nachbearbeitung. Wenn Sie bereits mit der Transaktion FEB_BSPROC im SAP ERP gearbeitet haben, dürften Ihnen die einzelnen Elemente in der Kontoauszugsnachbearbeitung vertraut vorkommen.

Kontoauszug

Im oberen Drittel (siehe Abbildung 5.7) finden wir allgemeine Informationen zum Kontoauszug, wie beispielsweise den Buchungskreis, die Hausbank und das Hausbankkonto sowie das Valutadatum des Belegs und den externen Geschäftsvorfallcode (GVC).

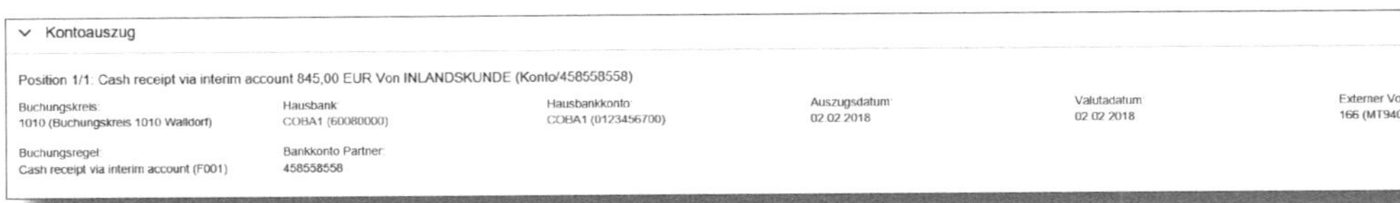

Abbildung 5.7: Informationen zum Kontoauszug

Details

Im mittleren Abschnitt sehen wir die Details zum Kontoauszug, wie wir Sie bereits aus der Transaktion FEB_BSPROC kennen (siehe Abbildung 5.8). In unserem Beispiel sind alle Felder als »änderbar« gekennzeichnet (weiß hinterlegt), können also im Bearbeitungsmodus noch modifiziert werden, wie beispielsweise die Buchungsbelegart oder die Referenz des Belegs.

Abbildung 5.8: Details zum Kontoauszug

Der vorgegebene Verwendungszweck kann hier nachträglich geändert und auf neue Beleg- bzw. Ausgleichsinformationen hin untersucht werden. Das Umschalten zwischen Änderungs- und Orginalmodus des Verwendungszwecks ist, wie schon in der Transaktion FEB_BSPROC, auch in dieser App über das Feld Version Verwendungszweck möglich.

Neu hinzugekommen ist mit dieser App der Nachbearbeitungsgrund (siehe Abbildung 5.9). Fehlerhafte Belegpositionen werden an dieser Stelle mit einem im Customizing frei definierbaren Nachbearbeitungsgrund hinterlegt bzw. klassifiziert.

Mithilfe der App »Nachbearbeitungsquote von Eingangszahlungen« können Sie diese Belege später auswerten und somit Rückschlüsse auf die fehlerhaften Beleg- bzw. Verbuchungsquoten ziehen.

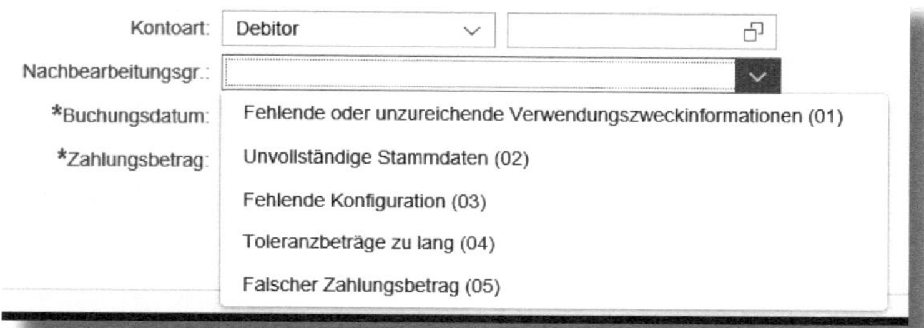

Abbildung 5.9: Nachbearbeitungsgrund einer Belegposition

Verbuchungsdetails

Im unteren Drittel der App sind die Verbuchungsdetails der zuvor selektierten Belegposition enthalten (siehe Abbildung 5.10). Auch hier finden wir die aus der Transaktion FEB_BSPROC bekannten Register wie beispielsweise:

- Akonto buchen,
- Anlagen,
- Notizen,
- Belege,
- Protokoll.

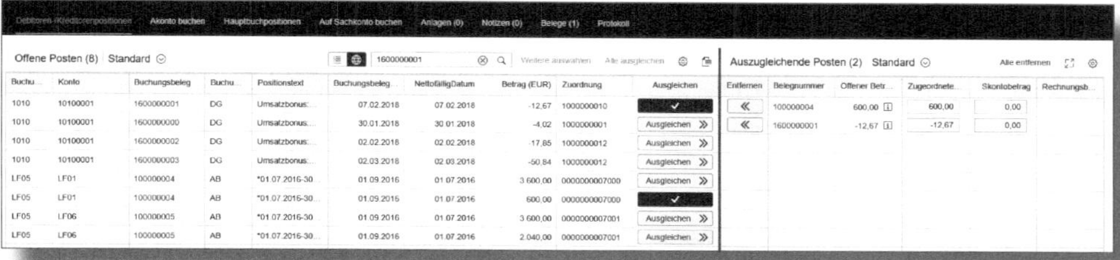

Abbildung 5.10: Offene Belegpositionen und Zuordnung von Belegen

Neu hinzugekommen ist die Möglichkeit zur Änderung der Aufteilung in der Belegselektion für:

- Debitoren-/Kreditorenpositionen,
- Hauptbuchpositionen,
- Auf Sachkonto buchen.

Möchten Sie die Anzeigeeinstellungen ändern, drücken Sie den Button ⚙, über den Sie die Spalten, deren Sortierung und verschiedene Filter einstellen können.

Die Zuordnung von Belegpositionen wurde in dieser App neu gestaltet. Während wir in der Transaktion FEB_BSPROC über das Register Zuordnung Posten mit unterschiedlichen Suchparametern zuordnen können, ist die Belegsuche nun ganz auf die Stärke der HANA-Datenbank ausgelegt.

Für die Suche nach Debitoren- bzw. Kreditorenpositionen – wie auch für die Suche nach Hauptbuchbelegen – benötigen Sie nur noch ein Feld (siehe Abbildung 5.11).

Abbildung 5.11: Suche nach offenen Posten

Die Belegsuche ist an dieser Stelle sehr flexibel gestaltet. Sie können auswählen zwischen:

- *Nach offenen Posten ausgewählter Debitoren/Kreditoren suchen,*
- *Nach offenen Posten aller Debitoren/Kreditoren suchen.*

Dem gleichen Prinzip folgend suchen Sie auch nach Sachkonten im Register Hauptbuchpositionen.

Sie können mit diesen Suchmöglichkeiten schnell und effektiv nach Belegen im Haupt- wie auch in den Nebenbüchern suchen, um die nicht automatisch verbuchten Belegpositionen auszugleichen.

Nachdem Sie die offenen Posten identifiziert haben, können Sie diese für den Belegausgleich zuordnen. Klicken Sie hinter dem auszugleichenden Beleg auf den Button Ausgleichen. Er wird daraufhin in der Liste der offenen Belege durch einen Haken als zugeordnet gekennzeichnet und in die rechte Spalte unter auszugleichende Posten übernommen (siehe Abbildung 5.12). Eine mit Schloss markierte Belegposition wäre dagegen für die Selektion gesperrt.

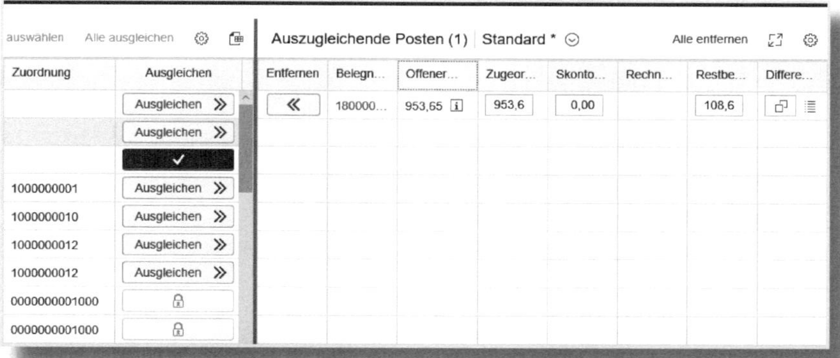

Abbildung 5.12: Belegausgleich von offenen Posten

Um die Buchung abzuschließen, drücken Sie den Button .

5.4 Nachbearbeitungsquote von Eingangszahlungen

Im Zusammenhang mit der Nachbearbeitung von elektronischen Kontoauszügen dürften Sie sich schon oft gefragt haben: Wie hoch ist meine Fehlerquote bei den Kontoauszugspositionen nach der Beleginterpretation durch den elektronischen Kontoauszug und was sind die Gründe dafür, dass ein Beleg nicht automatisch gebucht worden ist?

Für die Beantwortung dieser Fragen steht Ihnen nun die analytische App *Nachbearbeitungsquote von Eingangszahlungen* im Rahmen der elektronischen Kontoauszugsverarbeitung zur Verfügung.

Nachbearbetiungsq
uote
von Eingangszahlun...
25 %

Die App liefert umfangreiche Auswertungstools, die Ihnen Aufschluss darüber geben, warum Belege bei der Beleginterpretation der elektronischen Kontoauszugsverarbeitung nicht automatisch verbucht worden sind.

Wie bereits im Abschnitt 5.3 dargestellt wurde, hinterlegen Sie bei der Nachbearbeitung einer fehlerhaften Belegposition einen Nachbearbeitungsgrund, der Ihnen eine weitere Klassifizierung der Differenzen ermöglicht.

Auf Basis der Auswertungen können Sie geeignete Maßnahmen zur Verbesserung der automatischen Verbuchung ableiten, wie beispielsweise fehlerhafte oder veraltete Suchmuster korrigieren bzw. weitere Verbesserungen über einen User-Exit initiieren. Langfristig erhöhen Sie dadurch die automatische Verbuchungsquote und senken die Kosten für die manuelle Nachbearbeitung.

Für eine erste Übersicht starten Sie zunächst die Anwendung. Sie erhalten eine Zusammenfassung der nachbearbeiteten Positionen für die letzten zwölf Monate, gestapelt nach der Ursache (siehe Abbildung 5.13).

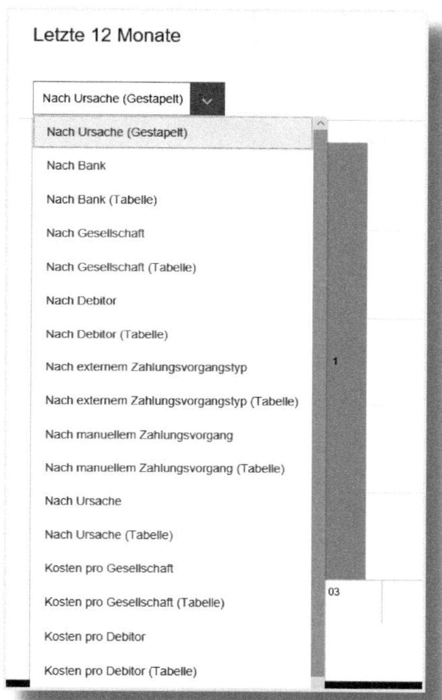

Abbildung 5.13: Auswahl vorkonfigurierter Berichte

Möchten Sie weitere Auswertungen mit detaillierten Informationen aufrufen, können Sie aus einer Reihe bereits vorkonfigurierter Berichte wählen, wie beispielsweise:

- Nach Bank (Hausbank),
- Nach Gesellschaft,
- Nach Debitor,
- Nach Ursache,
- Kosten pro,
- etc.

Bei der Auswahl der Berichte können Sie zwischen zwei Darstellungsmöglichkeiten wählen: der klassischen Diagrammsicht oder der in Abbildung 5.14 gezeigten tabellarischen Übersicht.

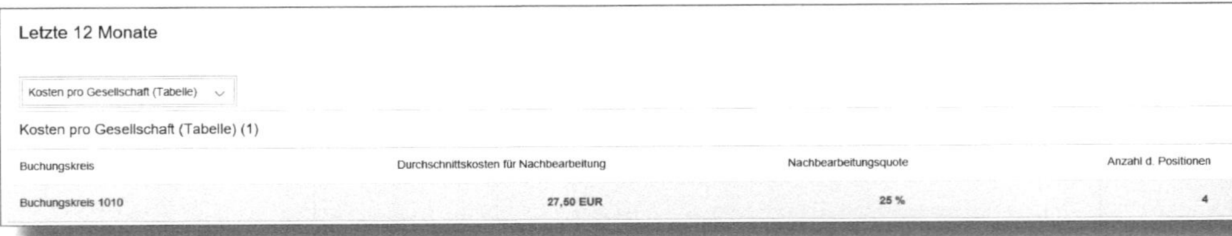

Letzte 12 Monate

Kosten pro Gesellschaft (Tabelle)

Kosten pro Gesellschaft (Tabelle) (1)

Buchungskreis	Durchschnittskosten für Nachbearbeitung	Nachbearbeitungsquote	Anzahl d. Positionen
Buchungskreis 1010	27,50 EUR	25 %	4

Abbildung 5.14: Tabellarische Darstellung einer Auswertung

5.5 SAP Leonardo Cash Application

Wenn wir uns mit der sogenannten *digitalen Transformation* vertraut machen, werden wir feststellen, dass dies ein Veränderungsprozess ist, der unsere gesamte Gesellschaft betrifft und dessen Auswirkungen in vielen Bereichen heute noch nicht abzuschätzen sind.

SAP Leonardo verfolgt das Ziel, Unternehmen bei der digitalen Innovationsstrategie zu unterstützen bzw. zu begleiten. Es handelt sich dabei nicht um ein einzelnes Produkt, sondern um einen ganzheitlichen Ansatz: SAP Leonardo verbindet Plattformen unterschiedlichster Technologien wie beispielsweise:

- *Internet der Dinge (IoT)* – verbindet Geräte mit Menschen und Prozessen,
- *Machine Learning* – vereint menschliches Wissen mit computergesteuerten Erkenntnissen,
- *Analytics* – beschleunigt die digitale Transformation,
- *Big Data* – verknüpft und verarbeitet umfangreiche Datenmengen in strukturierter und unstrukturierter Form,
- *Design Thinking* – umfasst Ideensammlungen zur Entwicklung neuer Lösungen,

- *Blockchain* – ermöglicht lücken- und reibungslose Kommunikation von Menschen, Maschinen und Unternehmen.

Informationen zu SAP Leonardo

Weitere Informationen zum Funktionsumfang von SAP Leonardo finden Sie auf *https://www.sap.com/germany/products/leonardo.html*.

Bezogen auf die Prozesse, die uns beim Forderungsabgleich in unseren Nebenbüchern unterstützen, finden wir in SAP Leonardo derzeit zwei Komponenten, die im Rahmen des maschinellen Lernens der Komponente *SAP Cash Application* zugeordnet sind:

- *Automatische Kontoauszugsnachbearbeitung,*
- *Zahlungsavise verwalten.*

Verfügbarkeit SAP Cash Application

Die beiden in diesem Abschnitt vorgestellten Lösungen für die elektronische Kontoauszugs- bzw. Zahlungsavisverarbeitung stehen derzeit (November 2018) nur unter der *SAP Cloud Platform* zur Verfügung, auf die Sie über Ihre S/4HANA-On-Premise- wie auch SAP-ECC-6.0-Systemlandschaften zugreifen können. Ob eine direkte Verfügbarkeit der Funktionalitäten für diese Systeme kommt, ist derzeit noch offen.

Automatische Kontoauszugsnachbearbeitung

Eine Vereinfachung bei der Ableitung von fehlerhaften Belegen ermöglicht SAP Cash Application, indem es die Buchungsprozesse aus der Nachbearbeitung »erlernt« und in automatische Prozesse zur Belegfindung bzw. Belegverbuchung umsetzt.

Dazu werden nach dem initialen Einlesevorgang bzw. der Interpretation der Kontoauszüge zunächst Buchungsvorschläge ermittelt und in einem zweiten Schritt die offenen Belege automatisch ausgeglichen. Werden keine Belege ermittelt, die einen automatischen Ausgleich ermöglichen, werden über SAP Cash Application Belege vorgeschlagen, die einem automatischen Kontenausgleich am nächsten kommen. Der Buchhalter kann in der Nachbearbeitung entscheiden, ob er diesen Vorschlag annimmt oder verwirft.

Zahlungsavise verwalten

Für die Verarbeitung von Zahlungsavisen steht in SAP Cash Application die App *Zahlungsavise verwalten* zur Verfügung. Mit ihr können Zahlungsavise, die als PDF vorliegen, automatisch verarbeitet werden. Dazu wird die PDF-Datei dem Empfängerbuchungskreis zugeordnet und anschließend importiert.

Das Avis steht nach dem Import als Entwurf oder finale Version zur Verfügung. Ist das Avis zunächst im Entwurfsmodus gespeichert, kann es bei Bedarf noch geändert und anschließend final freigegeben werden.

Für die spätere Verbuchung im Kontoauszug liegt das Zahlungsavis nun in elektronischer Form vor und kann bei der Beleginterpretation automatisch zugeordnet und ausgeglichen werden.

Beispiele zu SAP Cash Application

Eine Demo zu SAP Cash Application mit den Beispielen »Elektronische Kontoauszugsverarbeitung« sowie »Automatische Avisverarbeitung« finden Sie unter: *https://www.youtube.com/watch?v=SB-9bMzCQ1E* bzw. *https://www.youtube.com/watch?time_continue=2&v=9lqtrVz9ObA*.

5.6 Customizing

Sie haben nun einige Neuerungen bzw. Erweiterungen der elektronischen Kontoauszugsverarbeitung in S/4HANA Finance kennengelernt. In diesem Abschnitt möchte ich Ihnen anhand einiger Beispiele die Konfiguration Ihrer Apps zeigen.

5.6.1 Formate für Import konfigurieren

Für den Import der elektronischen Kontoauszüge über die Fiori-App Eingangszahlungsdateien verwalten legen Sie zunächst die Formate fest, die über diese App importiert werden sollen. Rufen Sie dazu den SAP-Customizing-Einführungsleitfaden auf und navigieren Sie über Finanzwesen • Bankbuchhaltung • Geschäftsvorfälle • Zahlungsverkehr • Elektronischer Kontoauszug • Formate für Import konfigurieren in die Customizing-Anwendung.

Erstellen Sie nun, wie in Abbildung 5.15 dargestellt, einen neuen Eintrag, indem Sie das Format des Kontoauszugs auswählen und eine Formatangabe für den Kontoauszug hinzufügen (bei XML-Kontoauszügen).

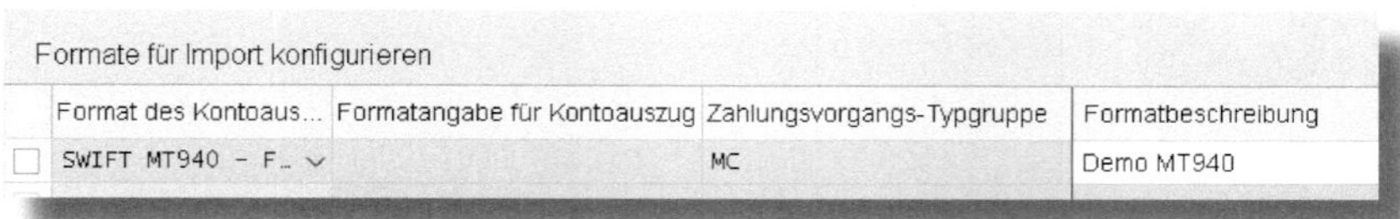

Formate für Import konfigurieren

	Format des Kontoaus...	Formatangabe für Kontoauszug	Zahlungsvorgangs-Typgruppe	Formatbeschreibung
☐	SWIFT MT940 - F...		MC	Demo MT940

Abbildung 5.15: Formate für Import konfigurieren

Ordnen Sie außerdem eine Zahlungsvorgangs-Typgruppe zu und hinterlegen Sie einen Text im Feld Formatbeschreibung. Zusätzlich zu den Standardeinstellungen wird ein BAdI (Beispielimplementierung FAR_IPF_FORMAT_RECOGNITION) bereitgestellt, über das Sie die Standardlogik erweitern können.

5.6.2 Erweiterungsimplementierung Freitextsuche

Mit SAP S/4HANA steht Ihnen in der elektronischen Kontoauszugsverarbeitung (z.B. Transaktion FEB_BSPROC) ein Freitextfeld zur Verfügung, das die Suche nach Belegen deutlich vereinfacht (siehe Abbildung 5.16).

Abbildung 5.16: Freitextsuche für offene Posten

Sie können beispielsweise mehrere Suchstrings hinterlegen und nach Belegen (BELNR oder XBLNR) suchen. Der Vorteil der Freitextsuche liegt darin, dass Sie – anders als über die Drucktaste *Posten hinzulesen* – nicht festlegen müssen, über welches Feld bzw. Kriterium der Beleg gesucht werden soll.

Suchoptionen zur Freitextsuche

Bitte beachten Sie bei der Freitextsuche, dass die Suche nicht »case-sensitive« erfolgt, d.h., Groß- und Kleinschreibung werden nicht berücksichtigt. Die Genauigkeit der Suche wird über den Benutzerparameter FEB_FUZZY festgelegt. Der Wert 1.0 liefert nur dann ein Ergebnis zurück, wenn ein genauer Trefferwert erzielt worden ist. Der Standardwert dazu ist 0.8, den Sie über die Pflege der Benutzervorgaben in der Transaktion *SU3* pflegen können. Je kleiner der hier gepflegte Wert ist, umso größer wird die potenzielle Treffermenge.

Sollte die Freitextsuche in Ihrem System ggf. noch nicht aktiv sein, prüfen Sie bitte, ob die Erweiterungsimplementierung FEB_FREESEARCH_DBSYS_OPT (siehe Abbildung 5.17) aktiviert ist.

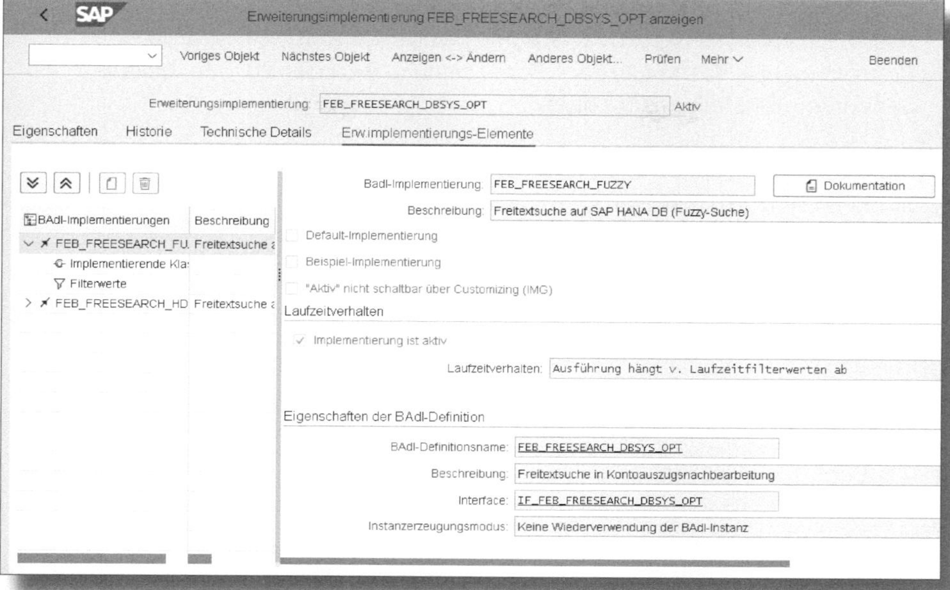

Abbildung 5.17: Erweiterungsimplementierung zur Freitextsuche

Falls nötig, aktivieren Sie die Implementierung über den *Object Navigator* (Transaktion *SE80*), und das Feld der Freitextsuche wird anschließend in der Kontoauszugsnachbearbeitung eingeblendet.

5.6.3 Reprocessing Analysis

Mithilfe der App »Kontoauszugspositionen nachbearbeiten« können Sie den einzelnen fehlerhaften Belegpositionen einen Grund für die Nachbearbeitung zuordnen. In dem Customizing-Punkt Reprocessing Analysis der Bankbuchhaltung definieren Sie dazu

- Differenzgründe und
- Durchschnittskosten für Nachbearbeitung.

Navigieren Sie im Customizing-Einführungsleitfaden über FINANZWESEN • BANKBUCHHALTUNG • GESCHÄFTSVORFÄLLE • ZAHLUNGSVERKEHR • ELEKTRONISCHER KONTOAUSZUG • REPROCESSING ANALYSIS zu den beiden genannten Einstellungsoptionen.

Legen Sie zunächst die Differenzgründe fest, indem Sie den Menüpunkt DIFFERENZGRÜNDE DEFINIEREN aufrufen (siehe Abbildung 5.18).

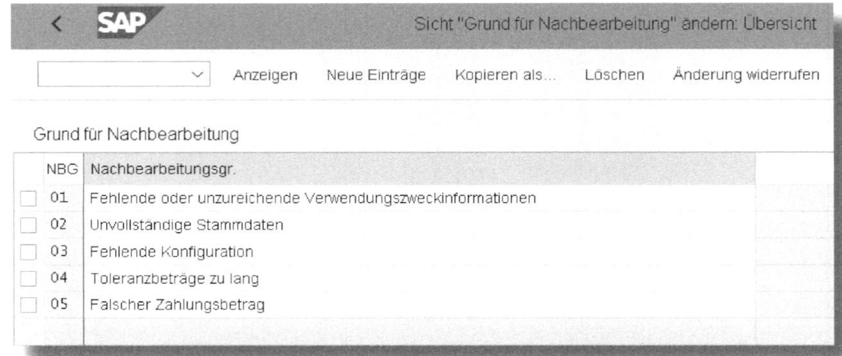

Abbildung 5.18: Grund der Nachbearbeitung definieren

Sie können an dieser Stelle eigene Gründe neu hinterlegen oder bereits von der SAP vordefinierte Nachbearbeitungsgründe übernehmen.

Zur Ermittlung der Durchschnittskosten für die Bearbeitung fehlerhafter Belegpositionen im elektronischen Kontoauszug rufen Sie abschließend noch die Einstellung DURCHSCHNITTSKOSTEN FÜR NACHBEARBEITUNG DEFINIEREN auf (siehe Abbildung 5.19).

Legen Sie einen neuen Eintrag an und ordnen Sie dem Buchungskreis einen von Ihnen ermittelten Durchschnittswert für die Nachbearbeitung der elektronischen Kontoauszüge zu. Sichern Sie abschließend Ihre Eingaben.

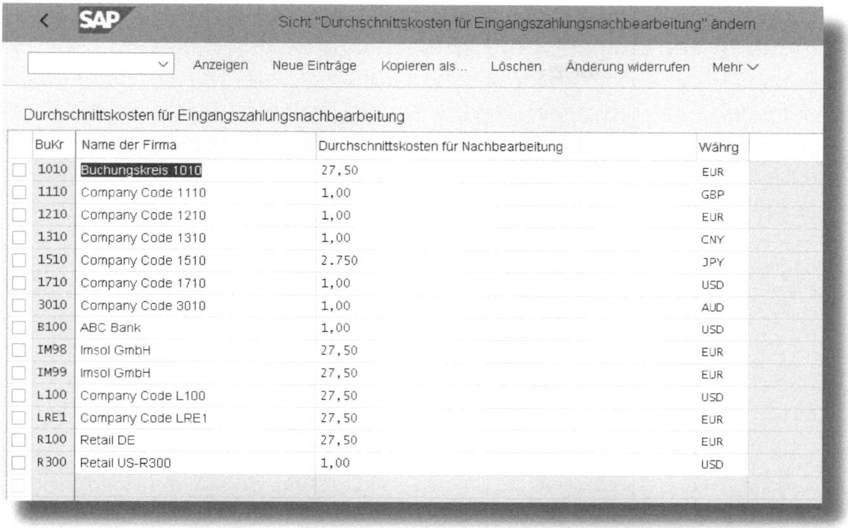

< SAP Sicht "Durchschnittskosten für Eingangszahlungsnachbearbeitung" ändern

Anzeigen Neue Einträge Kopieren als... Löschen Änderung widerrufen Mehr

Durchschnittskosten für Eingangszahlungsnachbearbeitung

BuKr	Name der Firma	Durchschnittskosten für Nachbearbeitung	Währg
1010	Buchungskreis 1010	27,50	EUR
1110	Company Code 1110	1,00	GBP
1210	Company Code 1210	1,00	EUR
1310	Company Code 1310	1,00	CNY
1510	Company Code 1510	2.750	JPY
1710	Company Code 1710	1,00	USD
3010	Company Code 3010	1,00	AUD
B100	ABC Bank	1,00	USD
IM98	Imsol GmbH	27,50	EUR
IM99	Imsol GmbH	27,50	EUR
L100	Company Code L100	27,50	USD
LRE1	Company Code LRE1	27,50	EUR
R100	Retail DE	27,50	EUR
R300	Retail US-R300	1,00	USD

Abbildung 5.19: Durchschnittskosten für Eingangszahlungsnachbearbeitung

5.7 Fazit

Auch zur elektronischen Kontoauszugsverarbeitung unter S/4HANA Finance werden die Funktionalitäten bzw. Apps punktuell weiterentwickelt. So wurde beispielsweise der Einlese- und Verarbeitungsprozess für Kontoauszüge mithilfe der App »Eingangszahlungsdateien verwalten« deutlich vereinfacht, indem die Kontoauszugsdaten nun schnell über *Drag and Drop* verarbeitet werden können.

Für die Nachbearbeitung fehlerhafter Kontoauszüge ist eine weitere App verfügbar, die den SAP-Fiori-Designgrundlagen entspricht. Sie erleichtert zum einen die Nachbearbeitung, zum anderen können weitere Informationen wie beispielsweise die Information einer fehlerhaften Belegposition verarbeitet werden.

Gespannt sein dürfen wir sicherlich, wie die Entwicklung der aktuellen Produkte im Rahmen von SAP Leonardo weitergehen wird. Das Potenzial, Prozesse im elektronischen Zahlungsverkehr zu optimieren, ist auf jeden Fall vorhanden. Die bisher ausgearbeiteten Lösungsansätze von SAP Leonardo sehen zum aktuellen Zeitpunkt schon sehr vielversprechend aus und dürften die Unternehmen langfristig auf dem Weg der Digitalisierung unterstützen.

6 Liquiditätsmanagement

Zu den wichtigsten Aufgaben im Liquiditätsmanagement dürfte die kurz- bzw. langfristige Planung der Zahlungsfähigkeit eines Unternehmens gehören. Um zu jedem Zeitpunkt liquide zu sein, werden alle zahlungsrelevanten Vorgänge im Unternehmen untersucht. Dazu wird analysiert, wann welche Zahlungen voraussichtlich erfolgen werden. Die tatsächliche Entwicklung wird anhand einer regelmäßigen Gegenübergestellung der Plan- und Istwerte kontinuierlich überwacht. In diesem Kapitel erhalten Sie einen kurzen Überblick über den Funktionsumfang der Liquiditätssteuerung im erweiterten Cash Management von S/4HANA Finance.

Die Prozesse und Funktionen für die Liquiditätssteuerung wurden im erweiterten Cash Management komplett neu überarbeitet. So wurde beispielsweise ein Großteil des Funktionsumfangs aus dem bisherigen SAP Liquidity Planner durch neue Fiori-Apps ersetzt, die nun auf Basis eines integrierten SAP BPC eine **Liquiditätsplanung** ermöglichen.

Neben den Planungsfunktionen steht Ihnen noch eine Reihe weiterer Apps zur Verfügung, mit deren Hilfe **Cashflow-Analysen** durchgeführt werden können, wie beispielsweise:

- Ist-Cashflow – Trend nach Datum (SAP Smart Business),
- Cashflow – Detailanalyse (Web Dynpro, Design Studio),
- Liquiditätsvorschau – Trend nach Datum (SAP Smart Business),
- Details zur Liquiditätsvorschau – Überblick (Web Dynpro, Design Studio),
- Details zur Liquiditätsvorschau – Details (Web Dynpro, Design Studio).

Diese fünf Apps sind überwiegend Anwendungen in SAP Smart Business und Web Dynpro, die bereits zu Beginn mit dem erweiterten Cash Management unter *SAP Cash Management powered by SAP HANA* ausgeliefert wurden und auch heute noch genutzt werden können.

Allerdings ist seit S/4HANA 1709 OP mit der *Cashflow-Analyse* eine zusätzliche Fiori-App nutzbar, mit deren Hilfe die erweiterte Prüfung der Ist- wie auch der prognostizierten Cashflows möglich ist (siehe auch Abschnitt 4.3). Der Funktionsumfang wie auch die Analysetools in dieser App sind umfangreicher als die der oben aufgeführten SAP-Smart Business- oder Web-Dynpro-Apps. Sie ermöglichen zahlreiche zusätzliche Auswertungen des Cashflows, womit im Prinzip die oben angesprochenen Apps überflüssig geworden sind.

Der Vollständigkeit halber wollen wir nachfolgend dennoch einen kurzen Blick auf die einzelnen Funktionen und Analysemöglichkeiten der Liquiditätsvorschau bzw. -planung werfen.

6.1 Liquditätsvorschau und Cashflow

Wie bereits erwähnt, wird für die Auswertung der Cashflows eine Reihe von SAP-Smart-Business- und Web-Dynpro-Apps ausgeliefert, die Ihnen von einer ersten Übersicht bis zu Detailanalysen umfangreiche Untersuchungen Ihrer Liquiditätspositionen gestatten. In den nachfolgenden Abschnitten möchte ich Ihnen eine kurze Übersicht über den jeweiligen Funktionsumfang dieser »klassischen« Apps geben.

6.1.1 Ist-Cashflow – Trend nach Datum

Eine erste Übersicht Ihres Ist-Cashflows ermöglicht Ihnen die App *Ist-Cashflow – Trend nach Datum*.

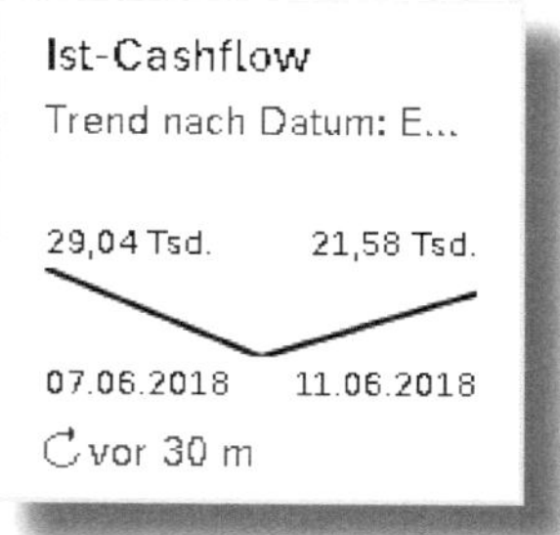

Mit Start der App erhalten Sie eine Übersicht über den Ist-Cashflow der vergangenen Tage (siehe Abbildung 6.1).

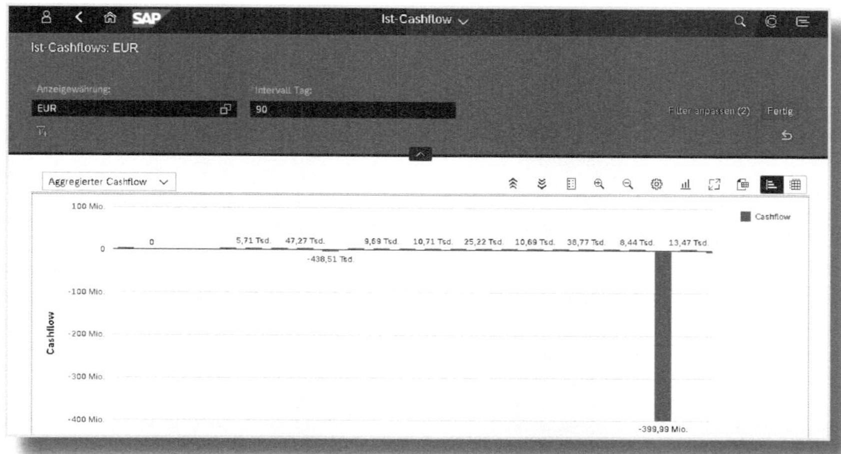

Abbildung 6.1: Details des Ist-Cashflows

Über die Filter können Sie nun zwischen unterschiedlichen Währungen wählen sowie das angezeigte Intervall (Tage) verlängern oder verkürzen. Neben der Darstellung der *aggregierten Cashflows* können Sie sich auch den Cashflow *nach Liquiditätspositionen* oder *nach Buchungskreis* anzeigen lassen.

Die Ist-Cashflows werden aus Cashflows aggregiert, die in der Vergangenheit im System verbucht wurden. Als Datenquellen dienen beispielsweise Informationen aus dem One Exposure from Operations Hub, importierte Bankbestände aus dem Cash Operations, Ist-Daten oder Informationen des Liquidity Planners aus Remote-Systemen. Der direkte Absprung in die jeweiligen Cashflow-Positionen ist an der Stelle ebenfalls möglich, indem Sie auf einen der Balken klicken und über das Kontext-Menü in die dahinterliegenden Apps wie beispielsweise in die App »Finanzstromposition prüfen« abspringen.

6.1.2 Cashflow – Detailanalyse

Nachdem Sie sich einen ersten Überblick über den Cashflow in Ihrem Unternehmen verschafft haben, wollen Sie weitere Details dazu anschauen. Rufen Sie dazu die App *Cashflow – Detailanalyse* auf.

Hinterlegen Sie in der Filterleiste die obligatorischen Selektionskriterien:

- Umrechnungsdatum,
- Anzeigewährung,
- Umrechnungsart.

Starten Sie anschließend die Selektion.

Sie erhalten nun, wie in Abbildung 6.2 zu sehen, eine Übersicht Ihrer täglichen Geldzu- und -abflüsse. An dieser Stelle bieten sich Ihnen verschiedene Optionen, Ihre Ist-Cashflows mit einer ausführlichen Granularität zu analysieren, indem Sie die Daten beispielsweise filtern, sortieren oder die Dimensionen neu gliedern.

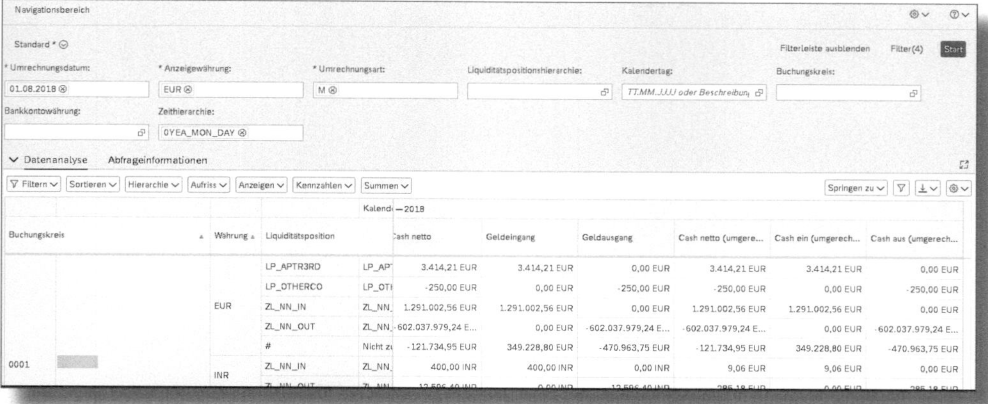

Abbildung 6.2: Detailanalyse des Cashflows

6.1.3 Liquiditätsvorschau – Trend nach Datum

Für eine erste Prognose der Liquiditätsentwicklung im Unternehmen starten Sie die App *Liquiditätsvorschau – Trend nach Datum*.

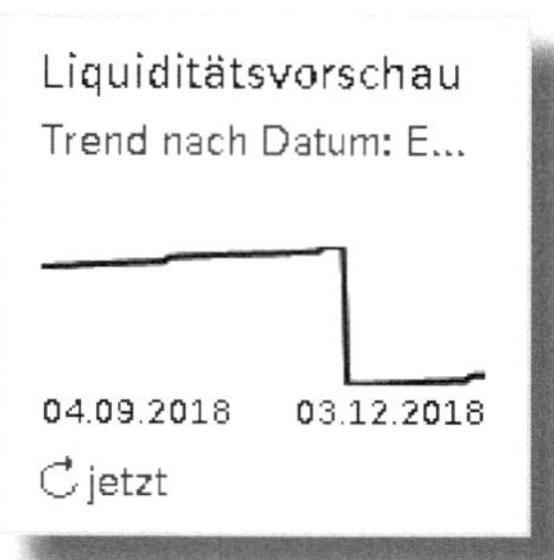

Hier erhalten Sie eine erste Übersicht, wie sich Ihre Liquidität in den kommenden 90 Tagen entwickeln wird (siehe Abbildung 6.3). Bei Bedarf bietet Ihnen auch diese App, die Anzeigewährung sowie die anzuzeigenden Intervalle für den Zeithorizont an Ihre Bedürfnisse anzupassen.

Abbildung 6.3: Liquiditätsvorschau

Außerdem haben Sie wieder die Möglichkeit, die Sicht nach unterschiedlichen Gruppierungskategorien zu variieren, beispielsweise nach

- *Cashflow- und Saldovorschau,*
- *Cashflow nach Liquiditätsposition,*
- *Cashflow nach Buchungskreis.*

Wie bei der Ermittlung der Ist-Cashflows werden auch in dieser App die prognostizierten Daten auf Basis aggregierter Informationen aus dem One Exposure from Operations Hub bestimmt. Der prognostizierte Endsaldo wird auf Basis des Eröffnungssaldos aus dem Tagesfinanzstatus und den prognostizierten Netto-Cashflows abgeleitet.

6.1.4 Details zur Liquiditätsvorschau – Überblick

Die App *Details zur Liquiditätsvorschau – Überblick* arbeitet analog zur App »Cashflow – Detailanalyse« (vgl. auch Abschnitt 6.1.2), sodass ich nur kurz auf ihren Funktionsumfang eingehen möchte.

Diese App zeigt Ihnen eine erste Übersicht bzw. Salden und Bewegungen der prognostizierten Liquidität. Geben Sie dazu in den Filtermöglichkeiten die obligatorischen Werte ein, und zwar für das

- Startdatum,
- Enddatum und den
- Kalendertag (Hierarchie).

Auch in dieser App haben Sie die Möglichkeit, das Layout nach Ihren Vorstellungen anzupassen. Des Weiteren können die Daten nach unterschiedlichen Dimensionen dargestellt und über verschiedene zeitliche Gliederungen (bspw. Monat, Quartal oder Jahr) aufgelöst werden (siehe Abbildung 6.4).

Wie bereits in den Apps zuvor ist die Datenbasis für die prognostizierten Cashflows der One Exposure from Operations Hub, der Informationen aus den Komponenten FI, Treasury, FICA, CML usw. zur Verfügung stellt.

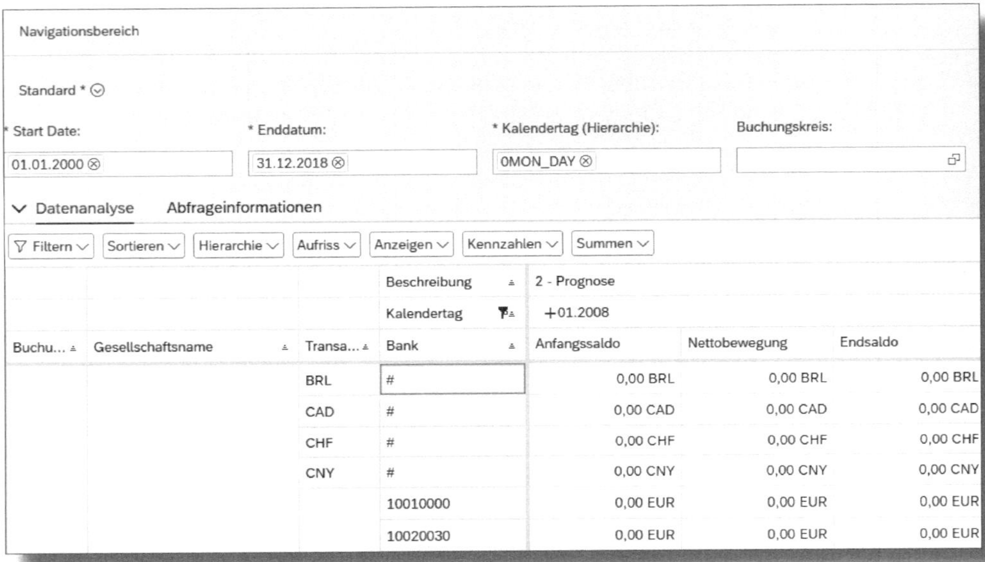

Abbildung 6.4: Übersicht zur Liquiditätsvorschau

6.1.5 Details zur Liquiditätsvorschau – Details

Die letzte App, die ich Ihnen im Rahmen der Liquiditätsanalysen vorstellen möchte, heißt *Details zur Liquiditätsvorschau – Details*. Sie arbeitet wiederum analog zur Cashflow – Detailanalyse, sodass wir sie uns ebenfalls nicht im Detail anschauen werden.

In dieser App erhalten Sie nun die Details der prognostizierten Beträge bzw. Liquiditätspositionen nach unterschiedlichen Dimensionen dargestellt, wie beispielsweise nach Datum, Anzeigewährung, Geschäftsbereichen usw. (siehe Abbildung 6.5). Für die Auswertung bzw. Selektion der Daten benötigen Sie folgende obligatorische Informationen in den Filtereinstellungen:

- Startdatum,
- Enddatum,
- Anzeigewährung,
- Kalendertag (Hierarchie),
- Liquiditätsposition (Hierarchie).

Abbildung 6.5: Details zur Liquiditätsvorschau

Der prognostizierte Saldo wird auf Basis des Eröffnungssaldos aus dem Tagesfinanzstatus sowie den prognostizierten Netto-Cashflows berechnet. Berechnungsgrundlage sind auch hier Daten bzw. Informationen aus dem One Exposure from Operations Hub.

6.2 Liquiditätsplanung

Mit dem erweiterten Cash Management sind die im SAP ERP verwendeten Planungsfunktionalitäten aus dem Liquidity Planner bzw. SAP Business Warehouse (BW) weitgehend durch das SAP BPC ersetzt und werden über eine Reihe von Fiori-Apps gesteuert. Sie können nun den gesamten Lebenszyklus einer laufenden Liquiditätsplanung zentral von einer Stelle aus verwalten.

Dazu startet der Cash Manager eines Konzerns einen neuen Planungszyklus und verteilt diesen via E-Mail an die angebundenen Tochtergesellschaften (siehe Abbildung 6.6). Die dortigen Verantwortlichen rufen den Liquiditätsplan über die in der E-Mail enthaltene URL auf, tragen ihre Plandaten in der übermittelten Vorlage ein und senden diese im Anschluss wieder an das zentrale Cash Management zurück. Dort werden die Pläne geprüft und genehmigt bzw. bei Unstimmigkeiten abgelehnt und an die Tochtergesellschaft zur Korrektur wieder zurückgesendet. Sind alle Pläne vollständig und korrekt, können sie zum Abschluss des Planungszyklus aggregiert werden.

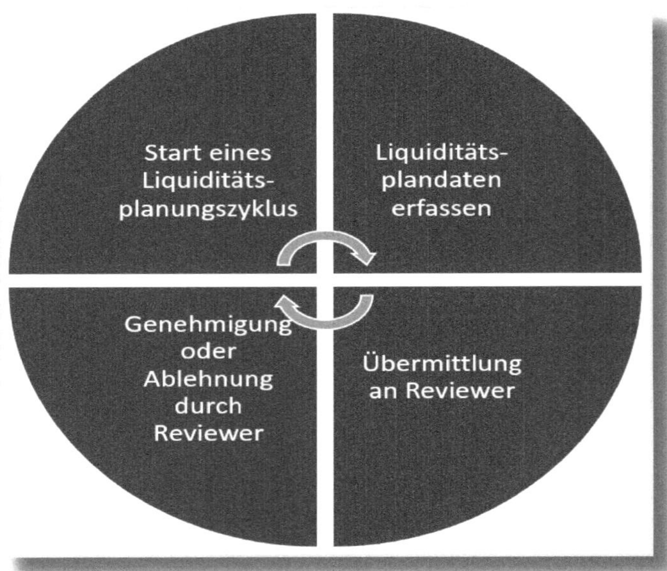

Abbildung 6.6: Liquiditätsplanungszyklus

Im Planungsprozess selbst werden entsprechende Werkzeuge und Funktionen bereitgestellt, wie beispielsweise im Rahmen der Planung verwendbare *Referenzdaten* oder die Möglichkeiten einer *Währungsumrechnung* bzw. *Kurssicherung*.

Analysis for Office von Microsoft Office

Mit dem Release 1610 FPS01 wurde das Design Studio für die Liquiditätsplanungsfunktion durch *Analysis for Office* im Rahmen von Microsoft Office ersetzt. Weitere Informationen dazu finden Sie auch im Hinweis 2459466 »Liquiditätsplanung in SAP S/4HANA On-Premise-Edition ermöglichen«.

Im Einzelnen stehen Ihnen für den Gesamtplanungsprozess die folgenden Apps zur Verfügung:

- Liquiditätspläne entwickeln – Liquiditätspläne erfassen,
- Liquiditätspläne entwickeln – Liquiditätspläne überprüfen,
- Liquiditätspläne entwickeln – Liquiditätspläne anzeigen,
- Liquiditätspläne entwickeln – Status überwachen,
- Liquiditätspläne – Alerts.

Ich werde mich im Weiteren auf die beiden erstgenannten Apps fokussieren, da wir die anderen Funktionalitäten auch direkt aus der SAP BPC Workstation aufrufen können, ohne in die Apps verzweigen zu müssen, und diese somit in unserem Planungsprozess obsolet sind.

6.2.1 Liquiditätspläne entwickeln – Liquiditätspläne erfassen

Beginnen Sie einen neuen Liquiditätsplanungszyklus, indem Sie die App *Liquiditätspläne entwickeln – Liquiditätspläne erfassen* starten.

Sie befinden sich daraufhin in der Startansicht der *SAP BPC Workstation* (siehe Abbildung 6.7) und können nun den Planungsprozess starten.

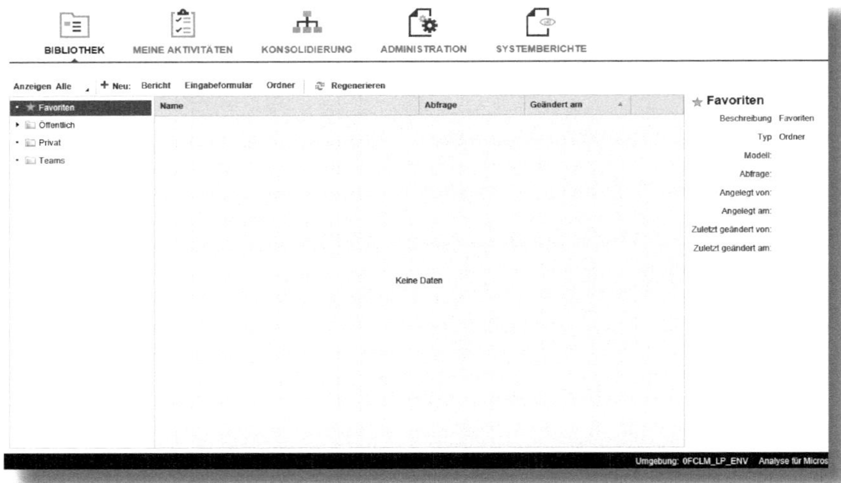

Abbildung 6.7: Startansicht der SAP BPC Workstation

Wechseln Sie dazu auf das Icon ADMINISTRATION und rufen Sie dort den Menüpunkt PROZESSINSTANZEN auf. Wählen Sie, wie in Abbildung 6.8 dargestellt, eine neue Vorlage aus und selektieren Sie, wie in unserem Beispiel gezeigt wird, im Schritt 1 PROZESS AUSWÄHLEN die Prozessvorlage FCLM_LP_PROCESS_AO für einen 12 Monate rollierenden Liquiditätsplan. Bestätigen Sie die Eingabe mit WEITER.

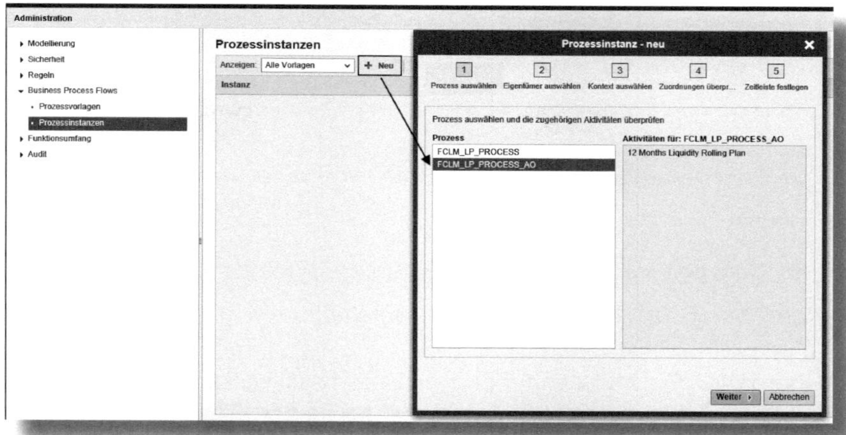

Abbildung 6.8: Eine neue Prozessinstanz starten

Selektieren Sie im Schritt 2 EIGENTÜMER AUSWÄHLEN einen Benutzer, der für die Fertigstellung der Instanz verantwortlich ist (siehe Abbildung 6.9), und bestätigen Sie diese Eingabe mit dem WEITER-Button.

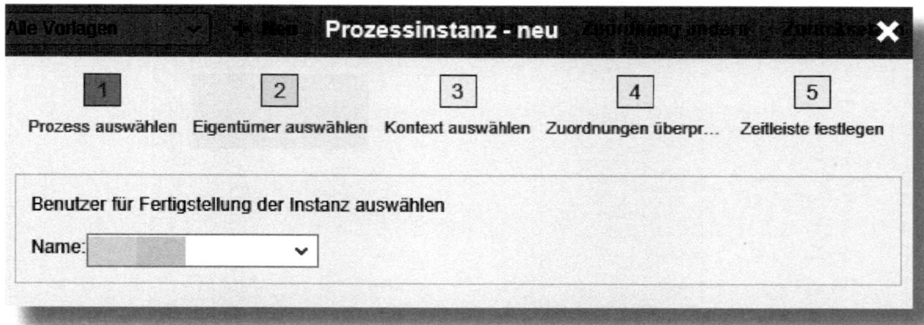

Abbildung 6.9: Benutzer für die Fertigstellung der Instanz auswählen

Anschließend wählen Sie im Schritt 3 KONTEXT AUSWÄHLEN eine Version für die Instanz des Prozesses FCLM_LP_PROCESS_AO aus und bestätigen die Eingabe mit WEITER (siehe Abbildung 6.10). In unserem Beispiel starten wir mit dem Planungsprozess im Januar 2014.

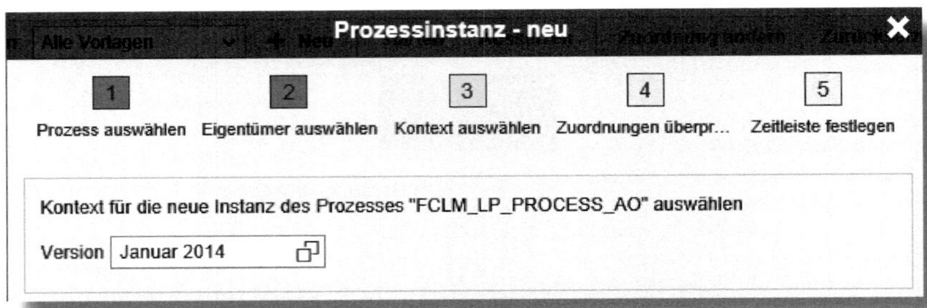

Abbildung 6.10: Version der Prozessinstanz

Überprüfen Sie im Schritt 4 ZUORDNUNGEN ÜBERPRÜFEN (siehe Abbildung 6.11) die Zuordnungen der Bearbeiter sowie der Prüfer und markieren Sie in den AKTIVITÄTSINSTANZEN die Einheit, für die Sie die Planung einleiten möchten. Bestätigen Sie diese anschließend mit dem Button WEITER. Möchten Sie in den Aktivitätsinstanzen einen BEARBEITER oder PRÜFER ändern, so können Sie dies über den entsprechenden Button vornehmen.

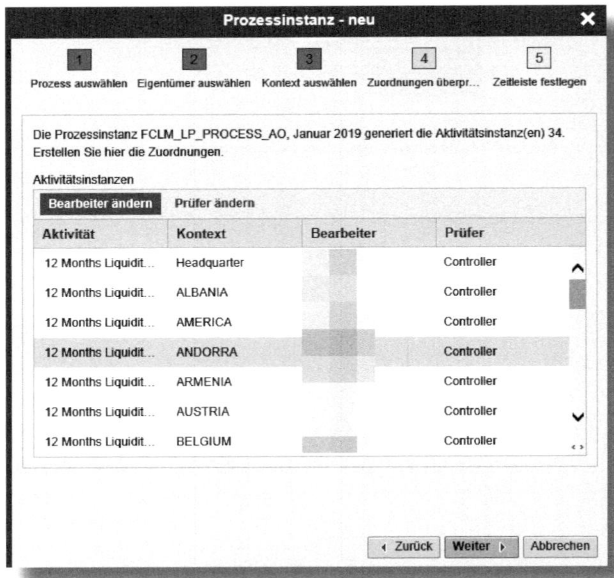

Abbildung 6.11: Aktivitätsinstanzen – Zuordnungen überprüfen

Im letzten bzw. 5. Schritt ZEITLEISTE FESTLEGEN bestimmen Sie die Startzeit für die Instanz (siehe Abbildung 6.12). Im Regelfall möchten Sie den Prozess sofort starten – markieren Sie dazu den Radiobutton PROZESSINSTANZ SOFORT STARTEN und drücken Sie den Button FERTIGSTELLEN.

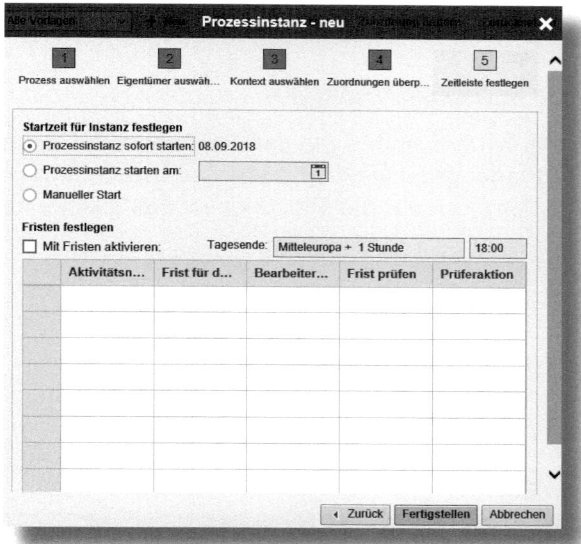

Abbildung 6.12: Startzeit für die Instanz festlegen

Schließen Sie das Fenster der neu angelegten Prozessinstanz.

Mit Abschluss eines neuen Planungszyklus wird eine E-Mail an die Cash Manager der jeweiligen Tochtergesellschaft gesendet. Diese können über den darin enthaltenen Link direkt in die App »Liquiditätspläne entwickeln – Liquiditätspläne erfassen« abspringen.

6.2.2 Liquiditätspläne entwickeln – Liquiditätspläne erfassen

Um nun einen Liquiditätsplan zu erfassen (z. B. durch die angebundenen Tochtergesellschaften), starten Sie die App *Liquiditätspläne entwickeln – Liquiditätspläne erfassen* und melden sich am SAP BPC an.

In dem Register MEINE AKTIVITÄTEN finden Sie den vom zentralen Cash Management initiierten Planungszyklus. Um diesen zu bearbeiten, klicken Sie in der Spalte AKTIVITÄT auf die Planungsvorlage (siehe Abbildung 6.13).

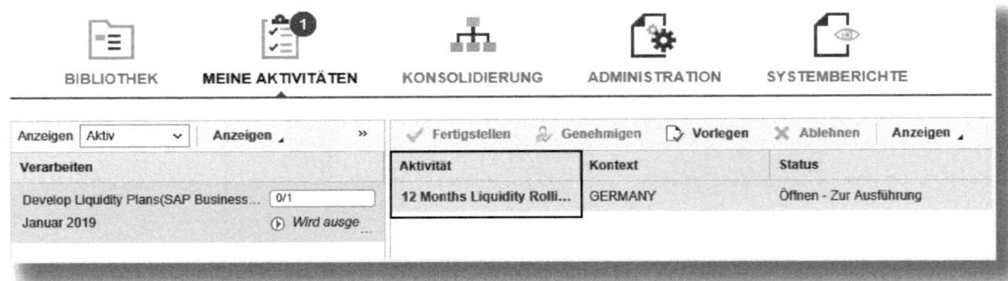

Abbildung 6.13: BPC Workstation – Meine Aktivitäten

Es öffnet sich eine Übersicht aller möglichen Aktivitäten, die Sie im Rahmen der Liquiditätsplanung durchführen können. Für die Dateneingabe wählen Sie den in Abbildung 6.14 markierten Eintrag aus.

Es erscheint ein Systemdialogfenster, das Sie zum Öffnen bzw. Sichern der verknüpften Microsoft-Excel-Datei auffordert. Wählen Sie eine der beiden Optionen aus und öffnen Sie im Anschluss die Datei.

In dem Arbeitsblatt ist das Add-in *Analysis for Office* aktiviert. Navigieren Sie für die Bearbeitung des Plans zum Register ANALYSIS und klicken Sie im Anschluss auf den Button REFRESH ALL (siehe Abbildung 6.15).

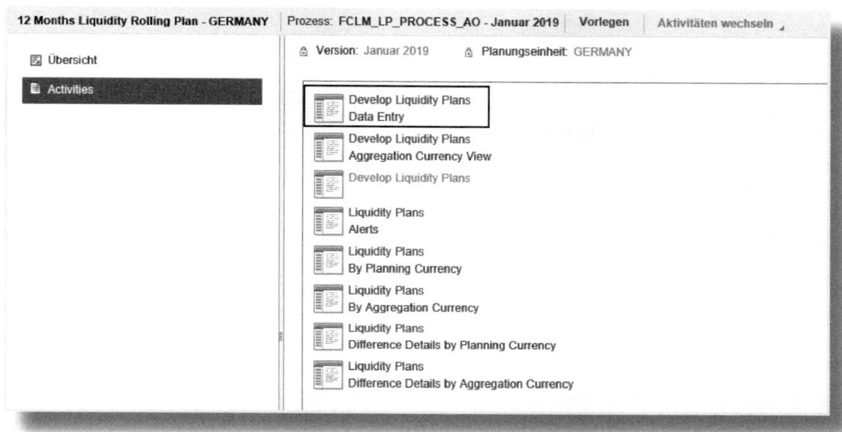

Abbildung 6.14: Eingabe von Liquiditätspositionen

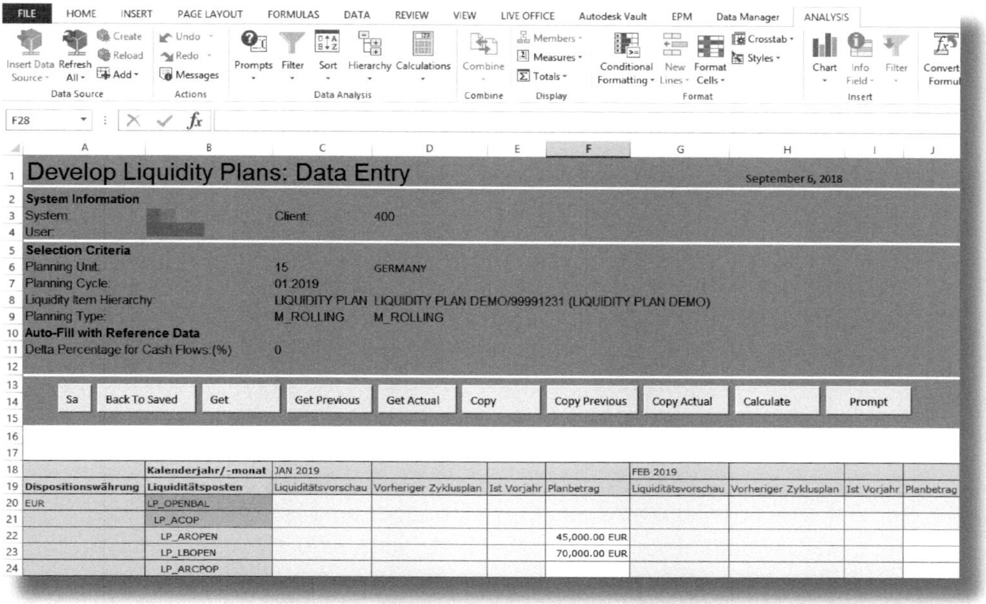

Develop Liquidity Plans: Data Entry — September 6, 2018

System Information
System: — Client: 400
User:

Selection Criteria
Planning Unit: 15 GERMANY
Planning Cycle: 01.2019
Liquidity Item Hierarchy: LIQUIDITY PLAN LIQUIDITY PLAN DEMO/99991231 (LIQUIDITY PLAN DEMO)
Planning Type: M_ROLLING M_ROLLING

Auto-Fill with Reference Data
Delta Percentage for Cash Flows (%) 0

Sa | Back To Saved | Get | Get Previous | Get Actual | Copy | Copy Previous | Copy Actual | Calculate | Prompt

	Kalenderjahr/-monat	JAN 2019				FEB 2019			
Dispositionswährung	Liquiditätsposten	Liquiditätsvorschau	Vorheriger Zyklusplan	Ist Vorjahr	Planbetrag	Liquiditätsvorschau	Vorheriger Zyklusplan	Ist Vorjahr	Planbetrag
EUR	LP_OPENBAL								
	LP_ACOP								
	LP_AROPEN				45,000.00 EUR				
	LP_LBOPEN				70,000.00 EUR				
	LP_ARCPOP								

Abbildung 6.15: Eingabe der Plandaten

Die Daten werden nun im Arbeitsblatt aktualisiert, und Sie können in der Spalte Planbetrag Ihre Planwerte eingeben.

Kontrolle der Selektionskriterien

Prüfen Sie vor der Eingabe Ihrer Plandaten, ob die aktualisierten Selektionskriterien (inkl. der Planungseinheit und des Planungszyklus) mit der vorhergehenden Selektion identisch sind.

Sichern und schließen Sie nach Eingabe Ihrer Daten das Excel-Arbeitsblatt.

Im Rahmen der Planung steht Ihnen eine Reihe optionaler Hilfsfunktionen zur Verfügung. So können Sie beispielweise

- Referenzdaten aus der Liquiditätsvorschau oder
- dem vorherigen Planungszyklus bzw.
- Ist-Daten aus dem Vorjahr

abrufen und in die Planungsvorlage einfügen. Wenn Sie mit diesen Daten arbeiten möchten, drücken Sie die entsprechenden Buttons aus der Planungsvorlage, um die Spalten mit den Referenzinformationen zu füllen. Nachdem Sie die Erfassung der Plandaten abgeschlossen haben, senden Sie sie zurück an den Prüfer bzw. Initiator des Planungszyklus. Sie wechseln dazu wieder in die Übersicht Ihrer Aktivitäten, drücken, wie in Abbildung 6.16 dargestellt ist, den Button Vorlegen und bestätigen die Eingabe mit dem ok-Button. Ihre Planungsdaten werden jetzt zur Prüfung übermittelt.

Parallel erhält der konzernweite Cash Manager eine Benachrichtigung via E-Mail, welche ihn darüber informiert, dass eine aktuelle Version zur Prüfung vorliegt. Die Informationen für das zentrale Cash Management sind an der Stelle ebenfalls über das Register Meine Aktivitäten ersichtlich.

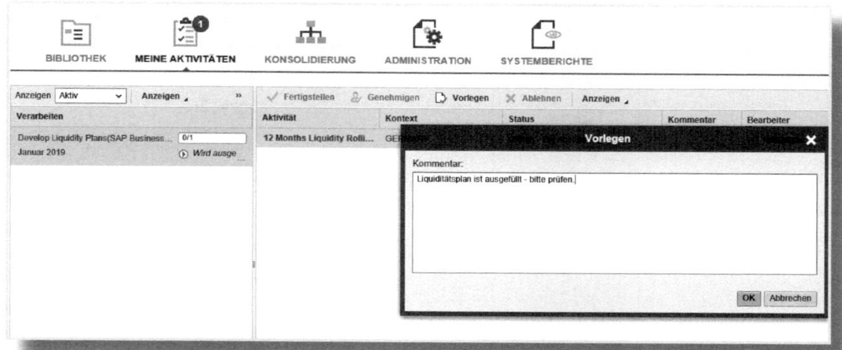

Abbildung 6.16: Vorlegen der Plandaten zur Kontrolle

Der zentrale Cash Manager kann nun zunächst die empfangenen Pläne einsehen und prüfen. Liegen Abweichungen bzw. Unstimmigkeiten vor, kann der Plan abgelehnt und zur Überarbeitung an den Sender zurückgeschickt werden. Sind alle Planwerte schlüssig und valide, wird der Plan gemäß Abbildung 6.17 durch das zentrale Cash Management genehmigt.

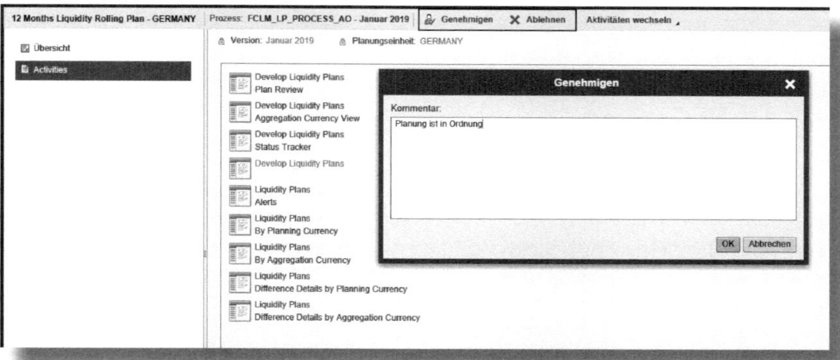

Abbildung 6.17: Prüfung mit Genehmigung oder Ablehnung eines Liquiditätsplans

Dem Cash Manager des Konzerns stehen an dieser Stelle noch weitere Funktionalitäten zur Analyse von Liquiditätsplänen zur Verfügung. So kann er beispielsweise in dieser Sicht den Planungsstatus nach der Planungseinheitenhierarchie nachverfolgen, oder er wird über signifikante Abweichungen zwischen dem aktuellen und dem vorherigen Plan informiert.

Darüber hinaus kann er seine Liquiditätspläne noch nach der Dispositionswährung oder der Aggregationswährung analysieren. Wie bereits eingangs erwähnt, können Sie in dem Bereich der Aktivitäten auch den Status eines Planungszyklus überwachen oder Alerts verwalten.

6.3 Customizing

In diesem Abschnitt möchte ich Ihnen einen Einblick in das Customizing des Liquiditätsmanagements geben. Aufgrund der Komplexität bzw. des Umfangs in Verbindung mit SAP BPC, SAP BW und dem SAP Smart Business Framework beschränke ich mich auf die wichtigsten Einstellungsmöglichkeiten in Verbindung mit der Liquiditätsplanung im erweiterten Cash Management. Darüber hinaus unterscheide ich nicht zwischen Einstellungen, die auf dem Frontend- bzw. Backend-Server erfolgen, sondern orientiere mich an den relevanten und funktionalen Set-up-Einstellungen.

6.3.1 BI Content

Aktivieren Sie zunächst den BI Content, der die BW-Querys, Operational Data Provider (ODP) und weitere BI-Objekte in einem Bundle enthält. Das Konzept sieht vor, dass über eine zentrale Instanz die Aktivierung aller notwendigen Objekte vereinfacht wird. Rufen Sie also in einem ersten Schritt die Transaktion *BSANLY_BI_ACTIVATION* auf. Wählen Sie die betriebswirtschaftliche Kategorie 03 über die F4-Hilfe aus und navigieren Sie zum (BI-)Content-Bündel *FIN_CLM_PLANNING* – hier markieren Sie die Zeile und aktivieren den BI Content.

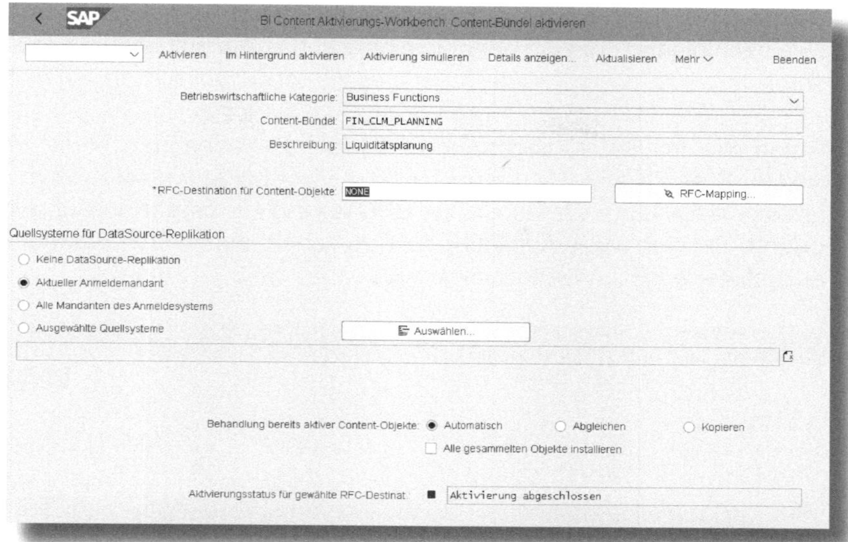

Abbildung 6.18: Aktivierungs-Workbench zum BI Content

Wählen Sie für die Aktivierung des BI Contents eine RFC-Verbindung aus (siehe Abbildung 6.18), sofern dieser sich auf einem anderen System befindet. Entspricht der Client dem Ihres Systems, können Sie *NONE* in der RFC-DESTINATION FÜR CONTENT-OBJEKTE hinterlegen. Aktivieren Sie nun den BI Content über den Aktivieren-Button in der Menüleiste und überprüfen Sie im Anschluss das Aktivierungsprotokoll, um mögliche Fehler auszuschließen.

6.3.2 Einstellungen für Planungseinheit und Hierarchie

Im nächsten Schritt nehmen wir die notwendigen Einstellungen zur Liquiditätsplanung, Hierarchie und den Planungseinheiten vor.

Geben Sie ein BPC-Konfigurationsset an

Über diesen Customizing-Schritt ordnen Sie ein BPC-Konfigurationsset zu, das Sie für Ihre Planung verwenden. Dies kann entweder das von der SAP zur Verfügung gestellte Standardkonfigurationsset sein (wie nachfolgend gezeigt) oder ein eigenes, das Sie erst anlegen müssen.

Rufen Sie im SAP-Customizing-Einführungsleitfaden das Menü Financial Supply Chain Management • Cash- und Liquiditätsmanagement • Liquiditätsplanung • Geben Sie ein BPC-Konfigurationsset an auf. Aktivieren Sie hier, wie in Abbildung 6.19 zu sehen, die im SAP-Standard ausgelieferte BPC Anwendungssatz-ID.

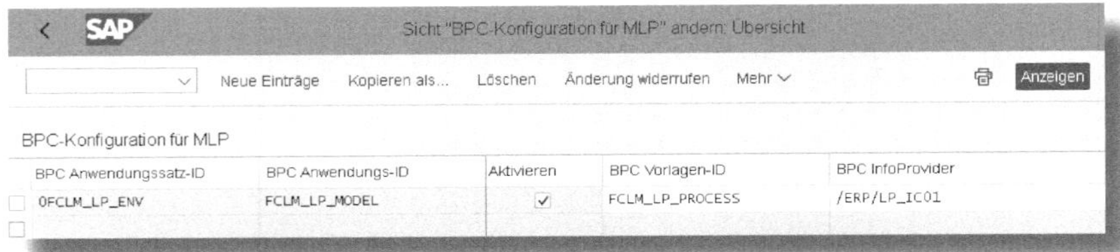

Abbildung 6.19: BPC-Konfigurationsset

Einstellungen für Planungseinheit erfassen

Legen wir nun die Einstellungen für die Planungseinheiten fest, die in der Liquiditätsplanung verwendet werden sollen. Diese Einstellungen nehmen wir zum einen im SAP-Customizing der Liquiditätsplanung vor, zum anderen in der BW-Modellierung.

Wir rufen zunächst die Customizing-Einstellungen unter Financial Supply Chain Management • Cash- und Liquiditätsmanagement • Liquiditätsplanung • Einstellungen für Planungseinheit erfassen auf und nehmen, wie in Abbildung 6.20 dargestellt, die Einstellungen für die Planungseinheit vor.

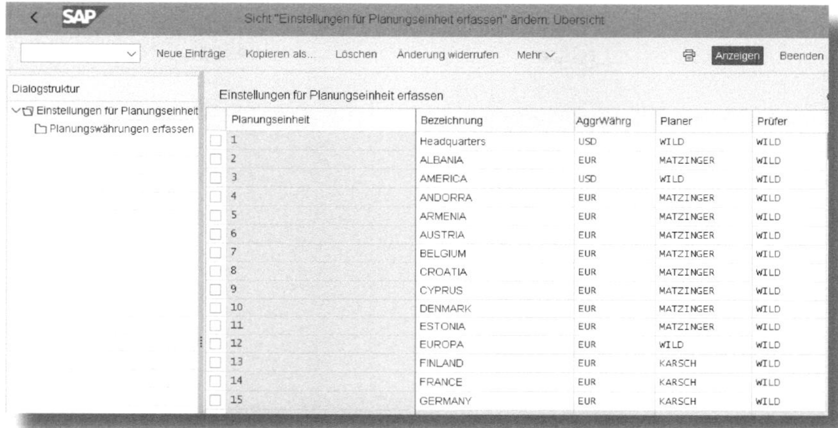

Planungseinheit	Bezeichnung	AggrWährg	Planer	Prüfer
1	Headquarters	USD	WILD	WILD
2	ALBANIA	EUR	MATZINGER	WILD
3	AMERICA	USD	WILD	WILD
4	ANDORRA	EUR	MATZINGER	WILD
5	ARMENIA	EUR	MATZINGER	WILD
6	AUSTRIA	EUR	MATZINGER	WILD
7	BELGIUM	EUR	MATZINGER	WILD
8	CROATIA	EUR	MATZINGER	WILD
9	CYPRUS	EUR	MATZINGER	WILD
10	DENMARK	EUR	MATZINGER	WILD
11	ESTONIA	EUR	MATZINGER	WILD
12	EUROPA	EUR	WILD	WILD
13	FINLAND	EUR	KARSCH	WILD
14	FRANCE	EUR	KARSCH	WILD
15	GERMANY	EUR	KARSCH	WILD

Abbildung 6.20: Einstellungen für Planungseinheit erfassen

Wir definieren dazu unterschiedliche PLANUNGSEINHEITEN und hinterlegen diese mit einer BEZEICHNUNG. Außerdem ergänzen wir eine Aggregationswährung, über die wir die Planung zu einem späteren Zeitpunkt konsolidieren möchten. Wichtig sind auch die als PLANER und PRÜFER für die Liquiditätspläne zuständigen Personen. Anschließend ordnen wir der jeweiligen Planungseinheit einen Buchungskreis zu.

Als Letztes definieren wir die Dispositions- bzw. Planungswährung pro Planungseinheit, die bei der Erfassung von Plänen verwendet werden können.

Nachdem wir diese Einstellungen vorgenommen haben, beginnen wir mit der BW-Modellierung für die Planungseinheit. Dazu rufen wir die Transaktion *RSA1* auf und navigieren zum InfoObject /ERP/ORG_UNIT über MODELLIERUNG • INFOOBJECTS • FINANZKREIS & CONTROLLING • CASH UND LIQUDITY MANAGEMENT • MERKMALE • PLANUNGSEINHEIT (siehe Abbildung 6.21).

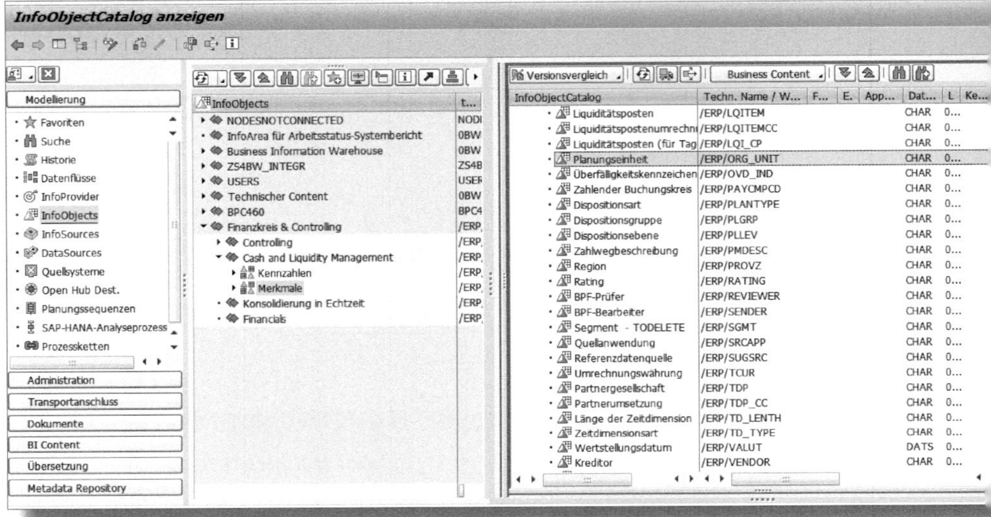

Abbildung 6.21: InfoObjects für das Cash- und Liquiditätsmanagement

Dort legen wir eine Planungseinheit an, indem wir auf das InfoObject PLANUNGSEINHEIT doppelklicken. In dem sich öffnenden Fenster wechseln wir in das Register HIERARCHIE und starten die Pflege über den Button HIERARCHIEN PFLEGEN (siehe Abbildung 6.22).

Wir erstellen eine neue Planungseinheitshierarchie, die wir im nachfolgenden Customizing-Schritt aktivieren (siehe Abbildung 6.23), und legen analog zur Planungseinheit eine Hierarchie an.

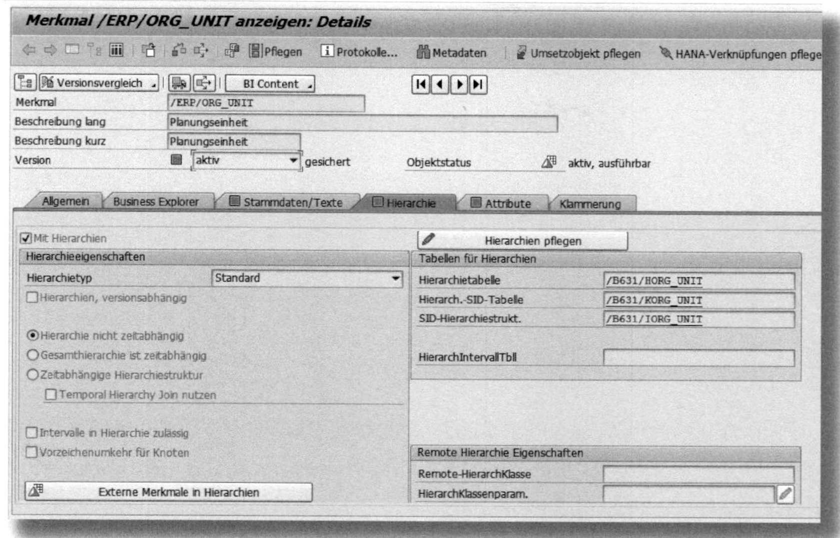

Abbildung 6.22: Planungseinheit – Hierarchien pflegen

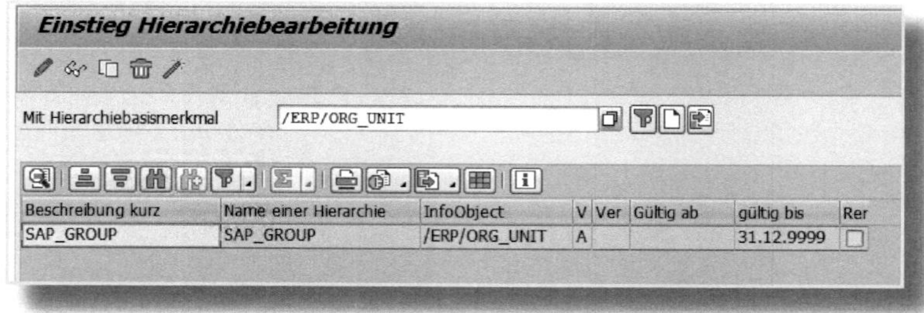

Abbildung 6.23: Planungseinheitshierarchie definieren

Für die Hierarchie pflegen wir unsere Planungseinheiten sowie die Hierarchieattribute und aktivieren abschließend unsere Einstellungen (siehe Abbildung 6.24).

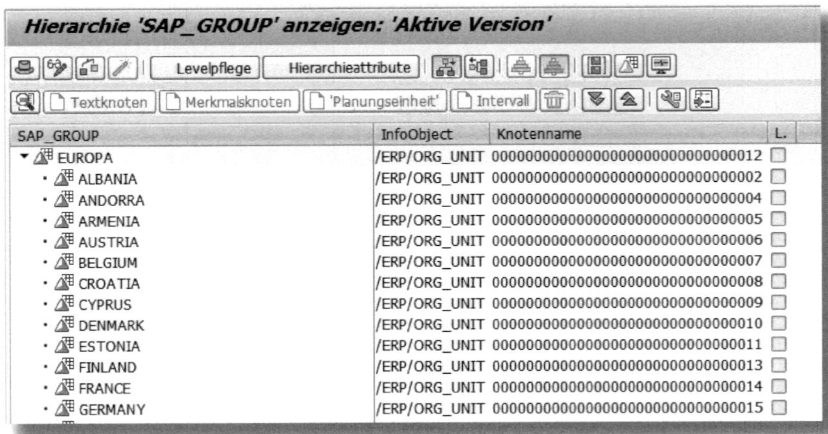
Hierarchie 'SAP_GROUP' anzeigen: 'Aktive Version'

SAP_GROUP	InfoObject	Knotenname	L.
EUROPA	/ERP/ORG_UNIT	00000000000000000000000000000012	
ALBANIA	/ERP/ORG_UNIT	00000000000000000000000000000002	
ANDORRA	/ERP/ORG_UNIT	00000000000000000000000000000004	
ARMENIA	/ERP/ORG_UNIT	00000000000000000000000000000005	
AUSTRIA	/ERP/ORG_UNIT	00000000000000000000000000000006	
BELGIUM	/ERP/ORG_UNIT	00000000000000000000000000000007	
CROATIA	/ERP/ORG_UNIT	00000000000000000000000000000008	
CYPRUS	/ERP/ORG_UNIT	00000000000000000000000000000009	
DENMARK	/ERP/ORG_UNIT	00000000000000000000000000000010	
ESTONIA	/ERP/ORG_UNIT	00000000000000000000000000000011	
FINLAND	/ERP/ORG_UNIT	00000000000000000000000000000013	
FRANCE	/ERP/ORG_UNIT	00000000000000000000000000000014	
GERMANY	/ERP/ORG_UNIT	00000000000000000000000000000015	

Abbildung 6.24: Einstellungen für die Planungseinheitshierarchie

Planungseinheitshierarchie aktivieren

Wir rufen den SAP-Customizing-Einführungsleitfaden auf und navigieren zu FINANCIAL SUPPLY CHAIN MANAGEMENT • CASH- UND LIQUIDITÄTSMANAGEMENT • LIQUIDITÄTSPLANUNG • PLANUNGSEINHEITSHIERARCHIE AKTIVIEREN. Über die in Abbildung 6.25 gezeigte Einstellung aktivieren wir die Planungseinheitshierarchie, die wir zuvor in der InfoObject-Pflege definiert haben.

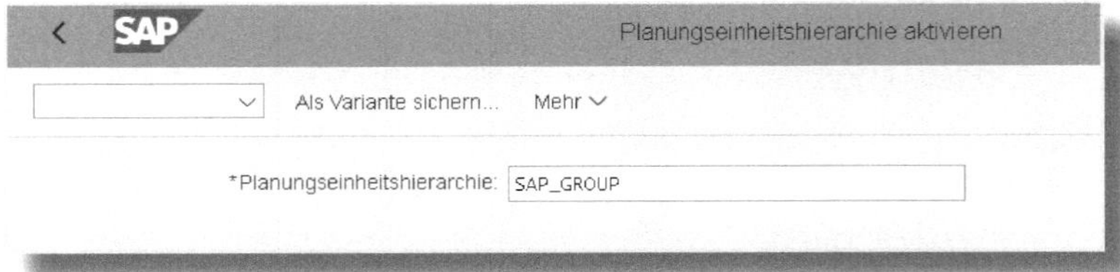

Abbildung 6.25: Planungseinheitshierarchie aktivieren

Nach der Aktivierung wird diese Planungseinheitshierarchie als *eindeutig* für den gesamten Bereich der Liquiditätsplanung gekennzeichnet.

Regeln zur Währungsumrechnung definieren

Um mögliche Risiken von Wechselkursschwankungen zu minimieren, können Sie sich absichern, indem Sie Cash-Überdeckungen in eine andere Währung tauschen. Erstellen Sie zuvor die beiden Standard-Liquiditätspositionen

- LP_EXI: Barmittel in eine andere Währung umgerechnet,
- LP_EXF: Barmittel aus einer anderen Währung umgerechnet.

Definieren Sie die Quell- wie auch die Zielwährung als Dispositionswährung für die Quell- bzw. Zielplanungseinheit. Rufen Sie dazu SAP CUSTOMIZING EINFÜHRUNGSLEITFADEN • FINANCIAL SUPPLY CHAIN MANAGEMENT • CASH- UND LIQUIDITÄTSMANAGEMENT • LIQUIDITÄTSPLANUNG • REGELN ZUR WÄHRUNGSUMRECHNUNG DEFINIEREN auf (siehe Abbildung 6.26).

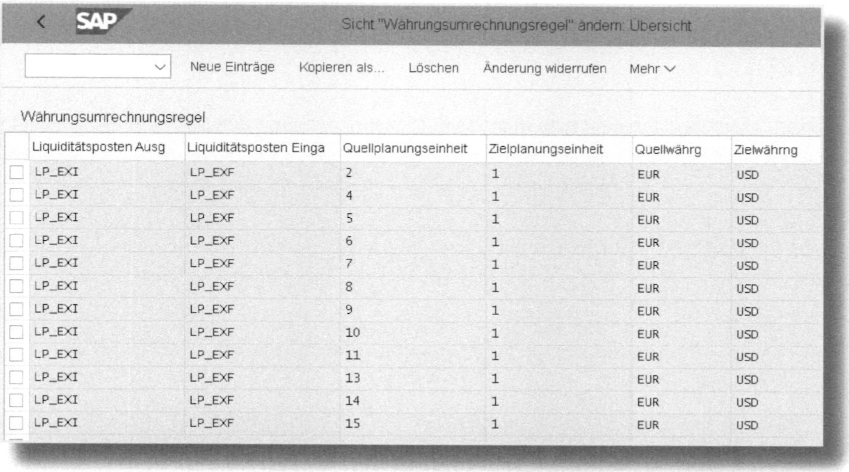

SAP Sicht "Währungsumrechnungsregel" ändern: Übersicht

Neue Einträge Kopieren als... Löschen Änderung widerrufen Mehr

Währungsumrechnungsregel

Liquiditätsposten Ausg	Liquiditätsposten Einga	Quellplanungseinheit	Zielplanungseinheit	Quellwährg	Zielwährng
LP_EXI	LP_EXF	2	1	EUR	USD
LP_EXI	LP_EXF	4	1	EUR	USD
LP_EXI	LP_EXF	5	1	EUR	USD
LP_EXI	LP_EXF	6	1	EUR	USD
LP_EXI	LP_EXF	7	1	EUR	USD
LP_EXI	LP_EXF	8	1	EUR	USD
LP_EXI	LP_EXF	9	1	EUR	USD
LP_EXI	LP_EXF	10	1	EUR	USD
LP_EXI	LP_EXF	11	1	EUR	USD
LP_EXI	LP_EXF	13	1	EUR	USD
LP_EXI	LP_EXF	14	1	EUR	USD
LP_EXI	LP_EXF	15	1	EUR	USD

Abbildung 6.26: Regeln zur Währungsumrechnung definieren

Definieren Sie nun für jede Währung, die Sie umrechnen möchten, eine entsprechende Regel, welche die folgenden Informationen beinhaltet:

- Liquiditätsposten Ausgang: (LP_EXI),
- Liquiditätsposten Eingang: (LP_EXF),

- Quellplanungseinheit: Einheit die eine Währung kauft,
- Zielplanungseinheit: Einheit die eine Währung verkauft,
- Quellwährung: die zu verkaufende Währung,
- Zielwährung: die zu kaufende Währung.

Referenz-Datenquellen definieren

Als Referenzdatenquellen für die Planung werden im SAP-Standard im Moment die Quellen

- Ist-Betrag,
- prognostizierter Betrag aus der Liquiditätsvorschau sowie
- Planbetrag aus dem vorangegangenen Dispositionsrhythmus

in den Schlüsseln 001 bis 004 zur Verfügung gestellt (siehe Abbildung 6.27).

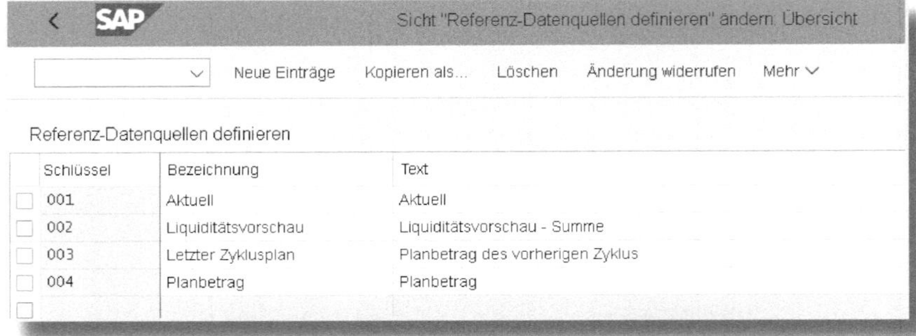

Abbildung 6.27: Referenz-Datenquellen definieren

Sind die im SAP-Standard vorgegebenen Standardquellen für Ihre Planungsszenarien nicht ausreichend, können Sie eigene Referenzquellen definieren und an dieser Stelle zuordnen, indem Sie die Einstellungen im SAP-Customizing-Einführungsleitfaden über FINANCIAL SUPPLY CHAIN MANAGEMENT • CASH- UND LIQUIDITÄTSMANAGEMENT • LIQUIDITÄTSPLANUNG • REFERENZ-DATENQUELLEN DEFINIEREN ergänzen.

Liquiditätsposten ausschließen, die für Saldenwerte stehen

Bei der Definition der Liquiditätspositionen (siehe Abschnitt 4.12) können Sie festlegen, ob es sich dabei um einen Zugang bzw. Abgang und somit um tatsächliche Cashflows handelt oder ob der Posten einen Saldo im Rahmen der Liquiditätsplanung darstellt.

In der Liquiditätsplanung selbst werden nur die Positionen berücksichtigt, die auch für einen tatsächlichen Cashflow stehen.

Um das Ergebnis der Plandaten nicht zu verfälschen, müssen Sie Liquiditätsposten ausschließen, die für einen Saldenwert stehen. Rufen Sie dazu im SAP-Customizing-Einführungsleitfaden FINANCIAL SUPPLY CHAIN MANAGEMENT • CASH- UND LIQUIDITÄTSMANAGEMENT • LIQUIDITÄTSPLANUNG • LIQUIDITÄTSPOSTEN AUSSCHLIESSEN, DIE FÜR SALDENWERTE STEHEN auf (siehe Abbildung 6.28) und nehmen Sie darin die erforderlichen Einstellungen vor.

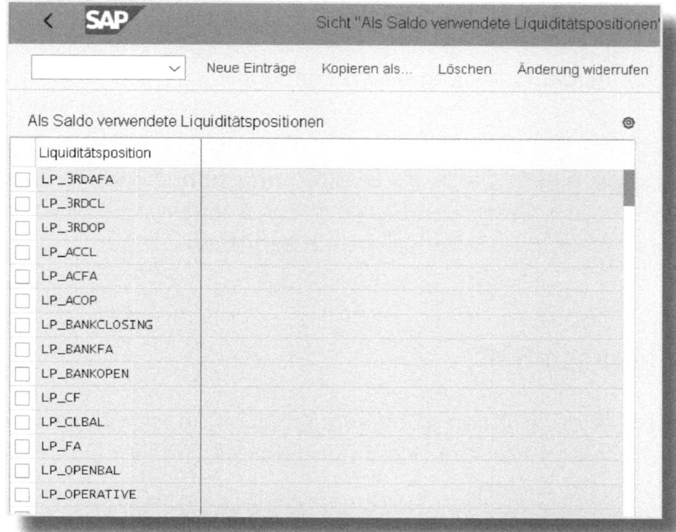

Abbildung 6.28: Liquiditätsposten ausschließen, die für Saldenwerte stehen

Liquiditätsplanungsarten definieren

Im SAP-Standard werden derzeit zwei Liquiditätsplanungsarten ausgeliefert, um Planungsdaten zu klassifizieren:

- monatlich rollierender Plan,
- nicht-rollierender Plan.

Beide können über die bereitgestellte Standard-BW-Modellierung verwendet werden (siehe Abbildung 6.29).

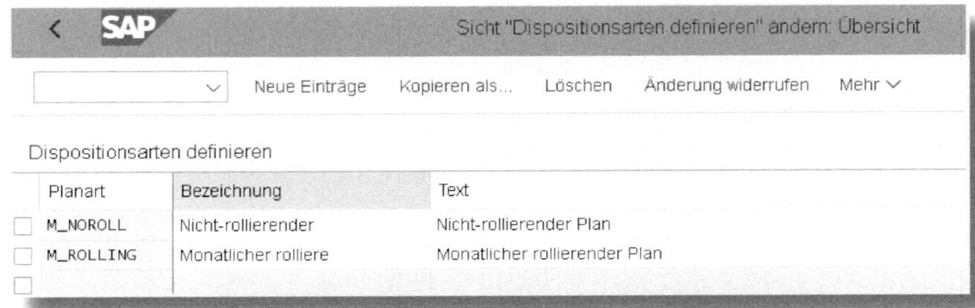

Abbildung 6.29: Liquiditätsplanungsarten definieren

Möchten Sie eigene Planarten verwenden, können Sie diese in BW modellieren und an dieser Stelle im Customizing über Financial Supply Chain Management • Cash- und Liquiditätsmanagement • Liquiditätsplanung • Liquiditätsplanungsarten definieren zuordnen.

6.3.3 Konfiguration BPC

Abschließend möchte ich Ihnen in diesem Abschnitt noch einige Einstellungen für die Integration bzw. Konfiguration des BPC im Rahmen der Liquiditätsplanung zeigen.

Aktivierung der HANA-Integration

Aktivieren Sie zunächst das BPC- und das PAK-Modell. Rufen Sie dazu die Transaktion *SM30* auf, geben Sie in der Tabellensicht *RSPLS_HDB_ACT* ein und wechseln Sie anschließend in den Pflegemodus.

Setzen Sie nun je einen Haken im Feld FUNKTION AKTIV, für das *in BPC eingebettete Modell* wie auch die umfassende bzw. *tiefe HANA-Integration* (Abbildung 6.30).

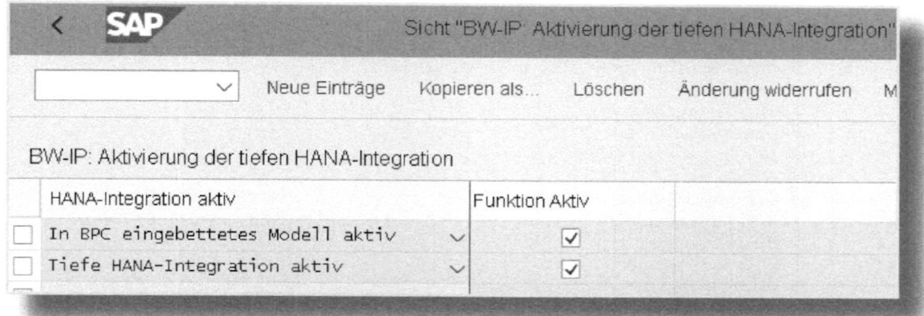

Abbildung 6.30: Aktivierung der tiefen HANA-Integration

Installation SAP BPC

Vor der Aktivierung der Objekte muss die BPC-Installation abgeschlossen sein. Weitere Informationen bzw. einen Installationsleitfaden für BPC finden Sie unter *https://help.sap.com/viewer/a2049170bfeb4178ace32222842c3ec1/10.1/de-DE*.

Aktivierung BPC-bezogener BI Content

Im Abschnitt 6.3.1 haben wir bereits den BI Content aktiviert, welcher neben den BW-Queries und ODP eine Reihe an weiteren BI-Objekten in einem Bundle enthält. Für die Aktivierung des zu BPC gehörenden BI Contents rufen Sie die Transaktion *RSOR* auf.

Markieren Sie im Abschnitt BI CONTENT die OBJEKTTYPEN und navigieren Sie zum in der rechten Seite angezeigten Ordner PLANUNG auf den Eintrag BPC: VEREINHEITLICHTE UMGEBUNG. Durch einen Doppelklick auf OBJEKTE AUSWÄHLEN öffnen Sie das Dialogfenster zur Pflege des BI Contents. Wählen Sie darin das Objekt *0FCLM_LP_ENV* aus und übernehmen Sie die Auswahl (siehe Abbildung 6.31).

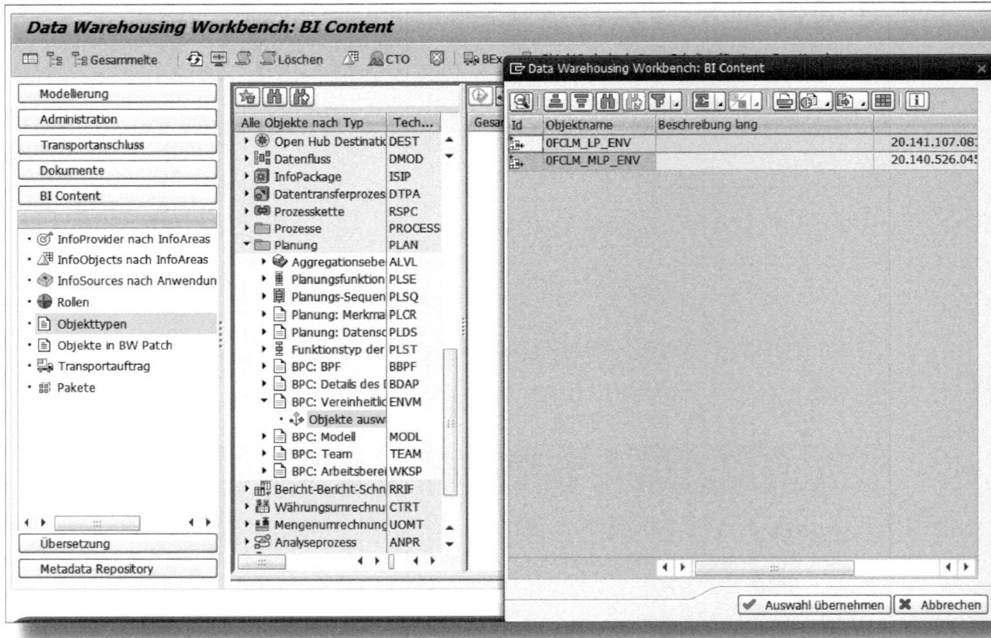

Abbildung 6.31: Aktivierung des zu BPC gehörenden BI Contents

Im nächsten Screen klicken Sie auf den Button GRUPPIERUNG (siehe Abbildung 6.32).

Daraufhin werden Ihnen die Möglichkeiten zur Gruppierung eingeblendet – wählen Sie *Datenfluss davor und danach* aus.

Klicken Sie anschließend mit der rechten Maustaste auf die erste Zeile des Objekts 0FCLM_LP_ENV. Es erscheint ein Kontextmenü aus dem Sie *Alle unterhalb übernehmen* wählen. Übernehmen bzw. aktivieren Sie zum Abschluss Ihre Einstellungen.

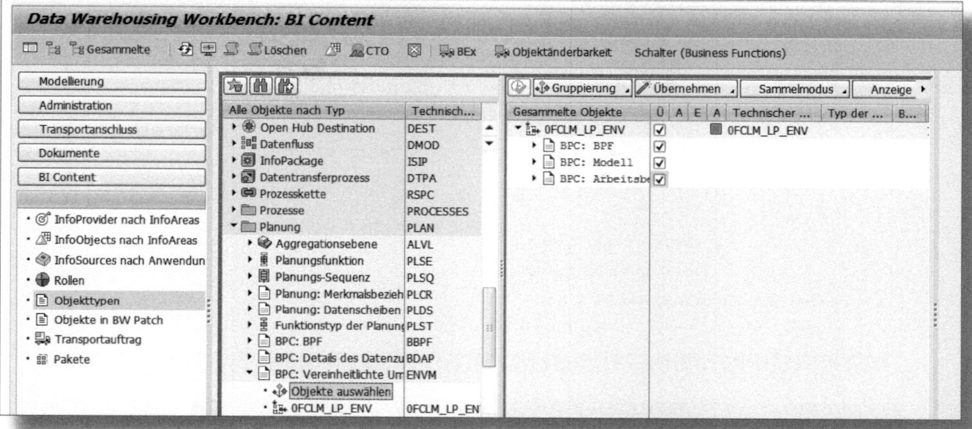

Abbildung 6.32: Aktivierung des Objekt 0FCLM_LP_ENV

Anlage eines Prozess-Templates

Legen Sie nun ein Prozess-Template an, welches Sie für die spätere Planung verwenden werden. Starten Sie dazu das BPC-Workcenter (Abbildung 6.33) und wählen Sie in der Registerkarte ADMINISTRATION die Option PROZESSVORLAGEN aus.

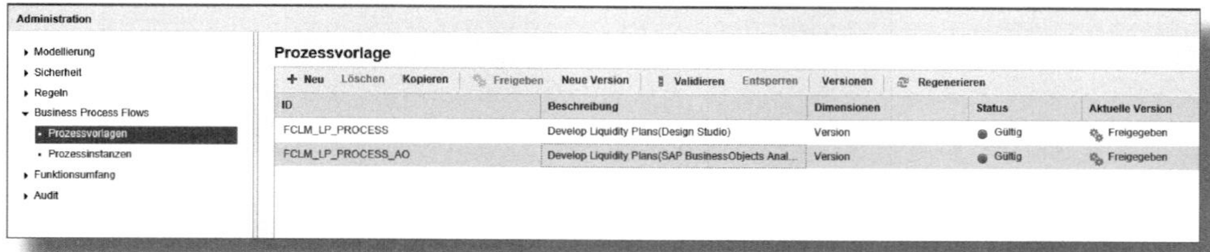

Abbildung 6.33: Anlage einer neuen Prozessvorlage

Markieren Sie die Zeile FCLM_LP_PROCESS_AO und klicken Sie auf den Button NEUE VERSION. Im Register PROZESSEINSTELLUNGEN wählen Sie einen PROZESSEIGENTÜMER aus (Abbildung 6.34) und wechseln dann in das Register AKTIVITÄTEN.

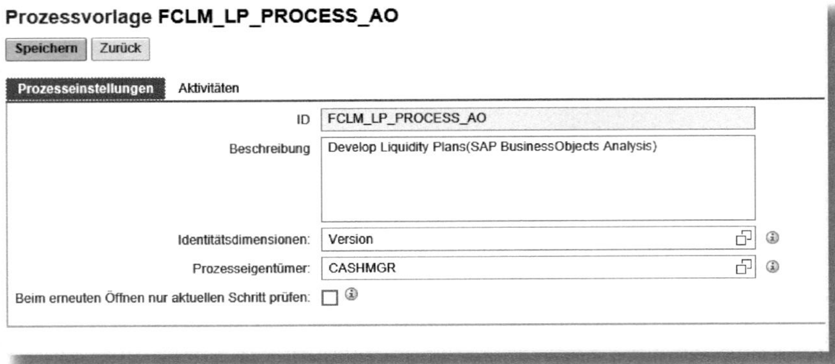

Abbildung 6.34: Prozesseinstellungen in der Prozessvorlage

Im Register AKTIVITÄTEN gehen Sie zum Abschnitt TREIBENDE DIMENSIONEN und wählen dort *Planungseinheit* sowie *alle Elemente für die ausgewählte Hierarchie* (siehe Abbildung 6.35).

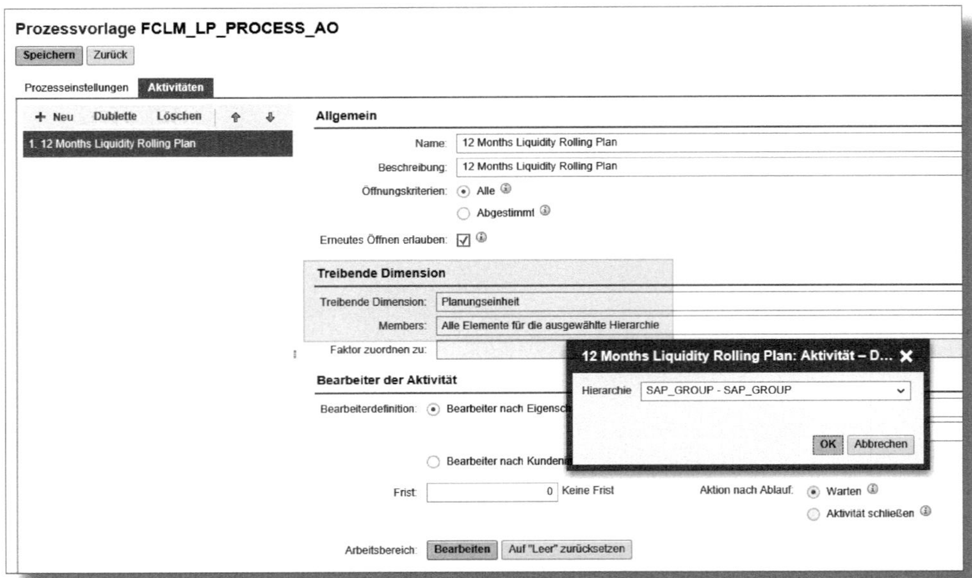

Abbildung 6.35: Aktivitäten in der Prozessvorlage

Speichern Sie abschließend Ihre Eingaben und kehren Sie über den Button ZURÜCK zur Ebene der Prozessvorlagen (Abbildung 6.33) zurück. Hier validieren Sie Ihre Vorlage über den gleichnamigen Button Validieren und geben sie anschließend frei.

Definieren wir nun noch den Arbeitsstatus. Wechseln Sie dazu im BPC-Workcenter in das Register ADMINISTRATION und rufen Sie dort in der Rubrik FUNKTIONSUMFANG die ARBEITSSTATUS-KONFIGURATION auf (siehe Abbildung 6.36).

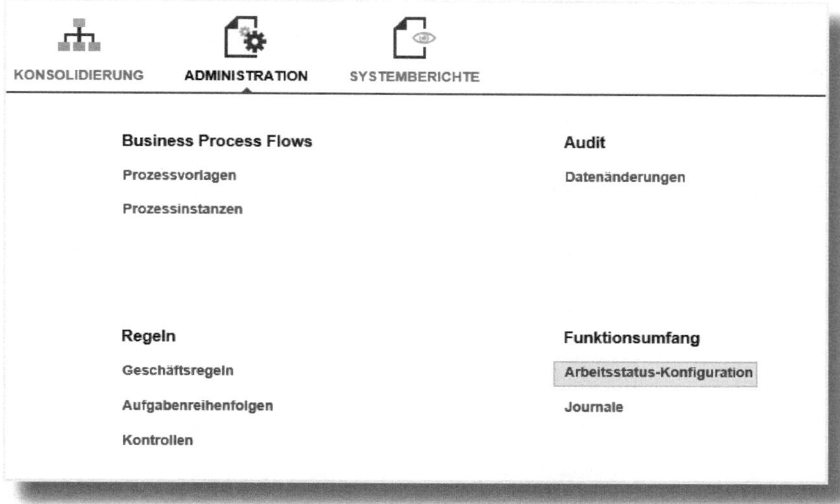

Abbildung 6.36: Konfiguration des Arbeitsstatus

Wählen Sie das Modell FCLM_LP_MODEL aus und navigieren Sie in den Abschnitt der SPERRDIMENSIONEN. Nehmen Sie an der Stelle die Hierarchie, die Sie zuvor im Customizing im Abschnitt PLANUNGSEINHEITENHIERARCHIE AKTIVIEREN aktiviert haben.

Markieren Sie abschließend noch das Feld ARBEITSSTATUS AKTIVIEREN und speichern Sie Ihre Eingaben (siehe Abbildung 6.37).

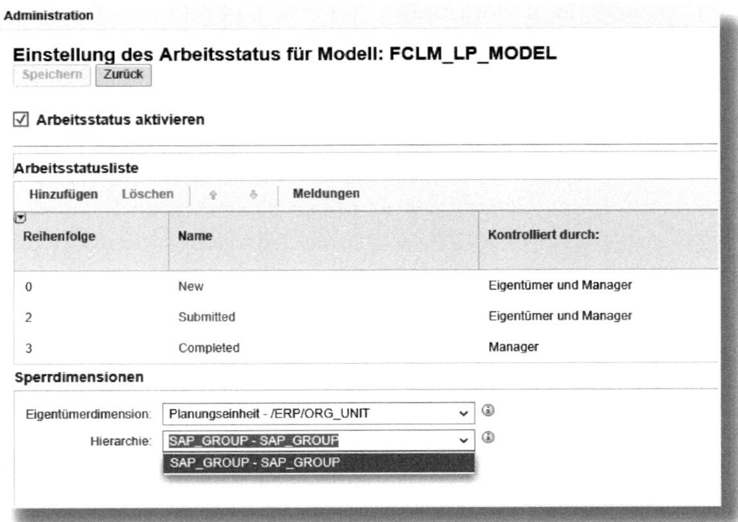

Abbildung 6.37: Anpassung des BPC-Arbeitsstatus

Zuordnung bzw. Ändern von Liquiditätspostenhierarchien

Für die Zuordnung oder Änderung einer Liquiditätspostenhierarchie rufen Sie das BPC-Workcenter auf und navigieren in das Register Administration – wechseln Sie dort in die Prozessvorlagen und markieren Sie die Vorlage FCLM_LP_PROCESS_AO. Erstellen Sie über den Button **Neue Version** eine neue Prozessvorlage.

Pflege einer Liquiditätspostenhierarchie

Legen Sie zunächst eine Liquiditätspostenhierarchie über den SAP-Customizing-Einführungsleitfaden unter Financial Supply Chain Management • Cash- und Liquiditätsmanagement • Cash Management • Liquiditätspositionen • Liquiditätspostenhierarchien definieren an und ordnen Sie sie über diese Aktivität dem Prozess-Template zu.

Wechseln Sie nun in das Register AKTIVITÄTEN und drücken Sie den Button BEARBEITEN im Abschnitt BEARBEITER DER AKTIVITÄT (siehe Abbildung 6.38).

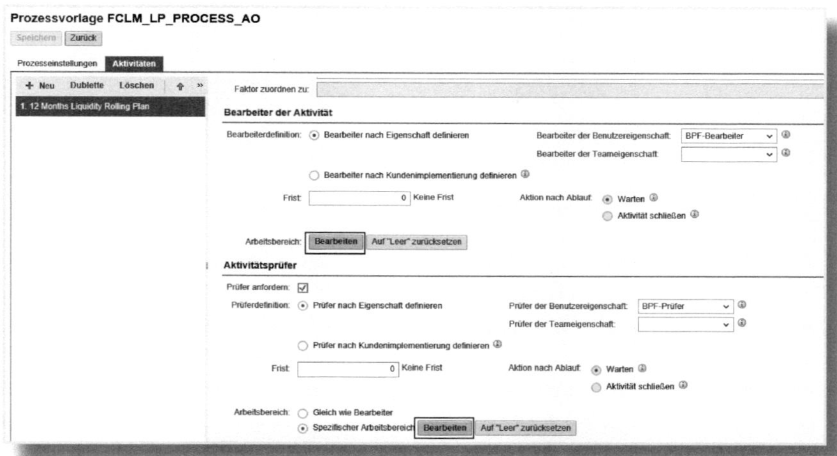

Abbildung 6.38: Bearbeiten der Prozessvorlage

Auf der folgenden Seite markieren Sie den ersten Eintrag DEVELOP LIQUDITY PLANS und legen, wie in Abbildung 6.39 dargestellt ist, eine Zielvariable fest.

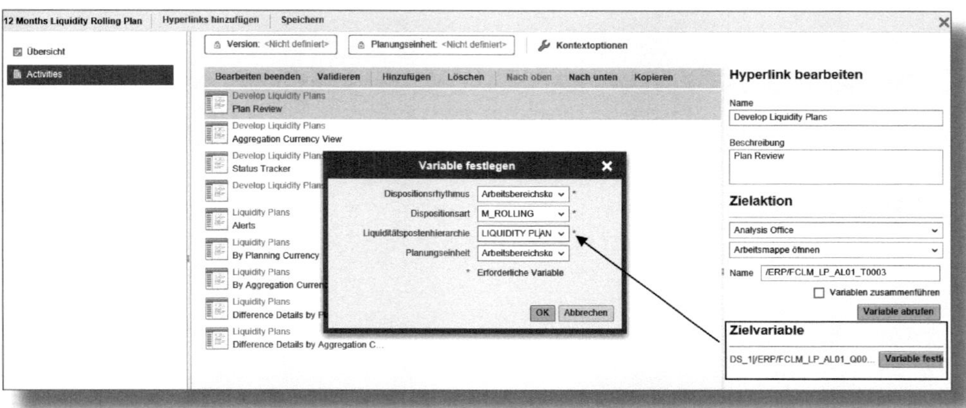

Abbildung 6.39: Festlegen einer Variablen

Wählen Sie dazu eine Liquiditätspostenhierarchie aus, die Sie zuvor im Customizing festgelegt haben und nun der Prozessvorlage zuordnen möchten – speichern Sie im Anschluss Ihre Eingaben und wiederholen Sie diesen Schritt für den Aktivitätsprüfer (Abbildung 6.38).

Kehren Sie anschließend wieder zurück in die Übersicht Ihrer Prozessvorlagen und validieren Sie Ihre Vorlage bzw. geben Sie diese im Anschluss frei.

6.4 Fazit

Mit der ersten Veröffentlichung des erweiterten Cash Managements – zunächst noch unter SAP Cash Management powered by SAP HANA – wurden auch die Funktionalitäten des neuen Liquiditätsmanagements vorgestellt. In der Auslieferung war bereits eine Reihe an Apps auf Basis der Web-Dynpro-Technologie bzw. der Design-Studio-Anwendung für die Liquiditätsvorschau bzw. Liquiditätsplanung enthalten.

Viele der bisherigen Apps zur kurz- und mittelfristigen Liquiditätsvorschau dürften in der Zwischenzeit obsolet sein, da sie von der deutlich flexibleren und moderneren Fiori-App Cashflow-Analyse abgelöst worden sind, die mit zahlreichen Filter- und Selektionsoptionen umfassende Auswertungen ermöglicht.

Die Planungsfunktionen wurden ebenfalls grundlegend umgebaut; sie verwenden nun als Grundlage das SAP BPC und bauen auf Daten des One Exposure from Operations Hub auf. Ein Set-up der Liquiditätsplanung sollte zu Beginn sorgfältig geprüft werden. Neben den zusätzlichen Kosten für eine SAP-BPC-Lizenz – die derzeit nicht in der Lizenz des erweiterten Cash Managements enthalten ist – fallen zusätzliche Kosten für den Aufbau der SAP-BPC-Infrastruktur an.

7 One Exposure from Operations Hub

Durch das Entfallen der meisten Tabellen aus dem klassischen Cash Management bzw. der Liquiditätsplanung sind die Datenstrukturen in S/4HANA Finance deutlich vereinfacht. Der zentrale Sammelpunkt und Speicherort für alle operativen Daten im Cash- und Liquiditätsmanagement ist nun der *One Exposure from Operations Hub*, **der Daten aus internen wie auch externen Quellen verarbeiten kann.**

Im neuen Cash Management werden derzeit (Release 1709) neben den Tabellen der Bankkontenverwaltung nur noch zwei weitere Tabellen verwendet:

- FQM_FLOW (One Exposure) und
- FDES (Einzelsätze) (entfällt in Release 1809).

Diese beiden Tabellen werden für alle Cash-Management-Anwendungen in S/4HANA Finance verwendet, wie beispielsweise für die Tagesfinanzstatus- oder Liquiditätsvorschauanalysen der Ist-Cashflows sowie die Liquiditätsplanung und das Riskmanagement.

Durch das neue Design in »One Exposure from Operations« reduziert sich der Datenspeicherverbrauch und verbessert somit die Performance von SAP HANA. Gleichzeitig wird die Flexibilität für alle analytischen Auswertungen und einzelpostenbasierten Berichte gesteigert, die über die Datenstruktur des klassischen Cash Managements so nicht gegeben ist.

7.1 Integrationsszenarien

Schauen wir uns die möglichen Integrationsszenarien an, die uns der One Exposure from Operations Hub derzeit bietet. Entweder lassen sich operative Daten aus Quellen empfangen, die auf demselben System wie die zugehörigen Anwendungen laufen. Dies können beispielsweise Daten aus dem Finanzwesen, Treasury, Vertrieb oder der Materialwirtschaft sein. Dazu werden die Quellanwendungen aktiviert und senden alle neuen bzw. geänderten Belege in den One Exposure from Operations Hub.

Oder Sie haben ein Side-by-Side-Szenario im Einsatz, welches Daten empfangen kann, die nicht ausschließlich im zentralen System geführt werden. So können hier beispielsweise Informationen aus dem klassischen Cash Management, Bankkontenbestände oder Informationen aus dem Liquidity Planner integriert werden.

Für die Integration bzw. die technische Fortschreibung der Daten gibt es zwei Ansätze:

FQM-Adapter und -Distributoren

FQM-Adapter und *-Distributoren* werden von den nachfolgenden integrierten Anwendungen verwendet:

- TRM (Treasury- und Riskmanagement),
- CML (Darlehensverwaltung),
- FICA (Vertragskontokorrent),
- SD (Vertrieb),
- LP (Liquidity Planner),
- klassisches Cash Management,
- Bankbestände.

Diese stellen einen FQM-Adapter bereit, der die Daten in ein FQM-kompatibles Format transferiert. Die Daten werden sodann vom FQM-Distributor verarbeitet und anschließend im zentralen Speicherort aktualisiert (Tabelle FQM_FLOW).

Flow Builder

Über den *Flow Builder* werden die Daten aus den Datenbanktabellen der folgenden integrierten Quellanwendungen abgeleitet:

- Financial Operations,
- Materialwirtschaft.

Die Daten werden dabei auf Relevanz geprüft, d. h., welche Informationen bzw. Belege für das Cash Management in S/4HANA Finance benötigt werden, und müssen in den One Exposure from Operations Hub (Tabelle FQM_FLOW) hochgeladen werden.

Die Prüfung der Daten erfolgt automatisch, der Upload hingegen asynchron und wird über den technischen Job FCLM_FLOWBUILDER_JOB periodisch eingeplant.

7.2 Funktionen und Integrationsszenarien

Einige der Funktionen und Integrationsszenarien für den One Exposure from Operations Hub finden wir direkt im SAP Easy Access. Navigieren Sie dazu im SAP-Menü über Rechnungswesen • Financial Supply Chain Management • Cash- und Liquiditätsmanagement • Werkzeuge • One Exposure from Operations, um die nachfolgenden Transaktionen zu starten.

7.2.1 Bewegungen aggregieren

Im One Exposure from Operations Hub sind Informationen aus unterschiedlichen Quellanwendungen gespeichert. Historische Daten mit der Wahrscheinlichkeitsstufe ACTUAL (Ist-Daten) dienen als Grundlage für die Verwendung zukünftiger Werte. SAP sieht dazu eine Granularität der Daten für einen Zeitraum von ein bis zwei Jahren vor.

Um die auf der Datenbank über einen längeren Zeitraum angesammelten Datenmengen zu reduzieren, kann der Datenbestand der

Wahrscheinlichkeitsstufe ACTUAL über diese Funktion gelöscht und durch *Aggregationsbewegungen* ersetzt werden (siehe Abbildung 7.1).

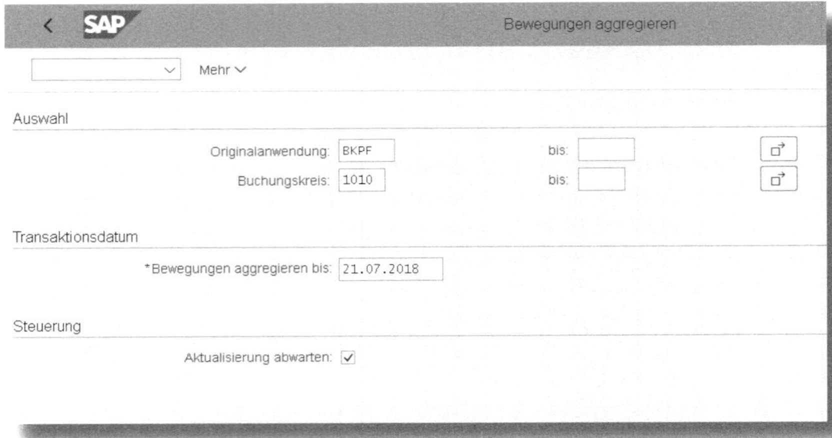

Abbildung 7.1: Bewegungen in der Tabelle FQM_FLOW aggregieren

Mit der Aggregation werden personenbezogene Informationen bzw. Daten zu den Feldern

- Partner,
- Debitor,
- Kreditor,
- Material,
- Projekt und
- Profit Center

entfernt. Diese Felder sind auch in den dazugehörigen Aggregationsbewegungen leer.

7.2.2 Bankkontenabstimmung

Mithilfe der *Bankkontenabstimmung* können Sie die Bankkontensalden Ihrer Hausbankkonten in S/4HANA Finance abstimmen und dadurch mögliche Differenzen in Ihren Sachkonten identifizieren. Dies betrifft, wie in Abbildung 7.2 zu sehen, mögliche Differenzen zwischen den

- Bankkontosalden,
- Sachkontosalden und
- den Salden in One Exposure from Operations.

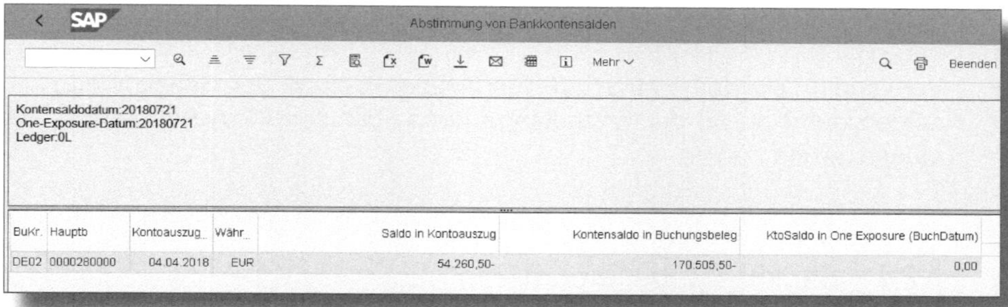

Abbildung 7.2: Abstimmung von Bankkontosalden

Für den Vergleich der Salden steht Ihnen eine Reihe vordefinierter Szenarien zur Verfügung. So können Sie beispielsweise Salden aus Kontoauszügen und Buchungsbelegen, dem klassischen Cash Management oder auch aus dem Buchungsbelegdelta des One Exposure per Datum auswählen.

Hinter den gewählten Szenarien werden unterschiedliche Datenquellen für die Selektion verwendet bzw. sind bereits vorbelegt. Über ein kundendefiniertes Szenario können Sie auch eine eigene Auswahl an Datenquellen vornehmen.

7.2.3 Bankkontenerstbestände importieren

Das Cash Management in S/4HANA Finance bietet Ihnen nun auch die Möglichkeit, Bankkontensalden von Non-SAP-Systemen zu importieren und in den Cash-Operations-Apps, wie beispielsweise dem Cashflow Analyzer, auszuwerten. Den initialen Import der Bankkontensalden in One Exposure from Operations Hub können Sie mithilfe des Reports FQM_INITIAL_BALANCE_UPLOAD durchführen. Der Import der Salden erfolgt für alle Bankkonten, die in der Bankkontenverwaltung im Konnektivitätspfad mit einem der beiden folgenden Typen hinterlegt sind:

- Zentralsystem: Hausbankkonto,
- Zentralsystem: Sachkonto.

Verwenden Sie den Report für den initialen Upload der Bankkontensalden dann, wenn der Erstbestand nicht über den Flow Builder geladen werden konnte.

7.2.4 Bankbestände importieren

Nachdem Sie die initialen Banksalden übernommen haben, können Sie zukünftig den Import der Salden periodisch über das Programm FQME_BANK_CASH_BAL_IMPORT einplanen (siehe Abbildung 7.3).

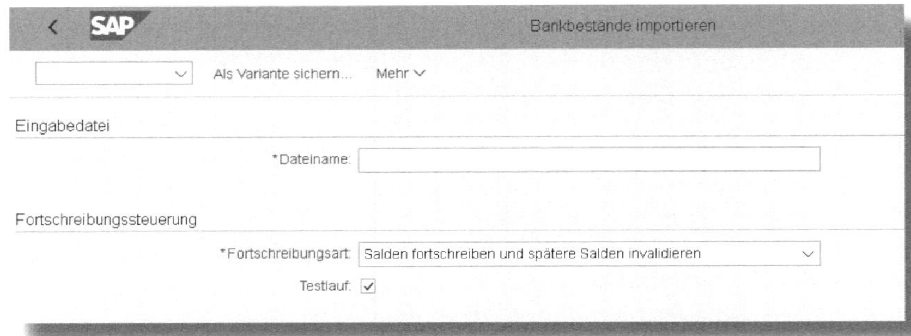

Abbildung 7.3: Bankbestände importieren

Ob als Erst- oder periodischen Bestandsimport: In beiden Fällen benötigen Sie für den Import der Bankkontensalden eine MS-Excel-Datei, die in der ersten Zeile nur die folgenden Feldnamen enthält:

- Valutadatum (obligatorisch),
- Konto-ID,
- IBAN,
- Saldobetrag,
- Saldowährung (obligatorisch).

Über das Feld Fortschreibungsart definieren Sie die Logik, nach der die Salden im System fortgeschrieben werden sollen:

- *Salden fortschreiben*
  Wenn Sie diese Option beim Import auswählen, wird nur der Saldo für das jeweilige Valutadatum angepasst. Bereits vorhandene Salden bleiben dabei unverändert.
- *Salden fortschreiben und spätere Salden invalidieren*
  Bei dieser Methode wird der Saldo für das relevante Valutadatum angepasst, und bereits vorhandene Salden werden ungültig. Der importierte Valutasaldo gilt somit auch für alle späteren Daten bzw. Salden.
- *Salden fortschreiben und spätere Salden anpassen*
  Wenn Sie diese Option auswählen, werden das relevante Valutadatum wie auch die bereits bestehenden Salden angepasst.

Es empfiehlt sich, sowohl für den Import der Daten in den Report als auch für den Import der Bankkontenerstbestände zunächst einen Testlauf durchführen, ohne eine Änderung auf der Datenbank auszulösen.

7.2.5 Anwendungsprotokolle anzeigen

Kommt es bei der Verarbeitung der Daten im One Exposure from Operations Hub zu Problemen, können Sie diese mithilfe der Transaktion

FQM_APPLICATION_LOG auswerten und geeignete Maßnahmen zur Fehlerkorrektur ableiten.

7.2.6 Health Checks für Cash Management

Über das Customizing können Sie *Health Checks* definieren (siehe Abschnitt 7.3.10), zu denen unterschiedliche Prüfpunkte hinterlegt werden. Mithilfe dieser Health Checks ist beispielsweise die Prüfung der Dispositionsebenen und -gruppen in der Konfiguration wie auch in den Stammdaten möglich. Analog dazu erfolgen die Bankkontenprüfungen in One Exposure, in den Sachkonten oder in den Kontoauszügen. Für die Auswertung Ihrer Einstellungen rufen Sie die Transaktion FCLM_HEALTH_CHECK auf. Das Protokoll zeigt Ihnen alle im Profil hinterlegten Informationen zu den definierten Prüfpunkten auf.

7.3 Customizing

Nachdem wir uns die Werkzeuge des One Exposure from Operations Hub im SAP Easy Access angeschaut haben, wenden wir uns nun dem Datenaufbau bzw. dem Customizing für das Cash Management zu. Der Datenaufbau ist zum einen im Rahmen des SAP-Customizing-Einführungsleitfadens möglich, zum anderen im SAP Easy Access des Cash- und Liquiditätsmanagements unter dem Menüpfad Werkzeuge • One Exposure from Operations • Datenaufbau.

Der Datenaufbau muss für jedes System, auf dem das Cash Management im Einsatz ist, direkt durchgeführt werden und löst keinen Transportauftrag aus.

7.3.1 Originalanwendungen aktivieren

Im ersten Schritt aktivieren Sie zunächst die Quellanwendungen, deren Daten Sie in den One Exposure from Operations Hub laden möchten. Navigieren Sie über SAP Customizing Einführungsleitfaden •

Financial Supply Chain Management • Cash- und Liquiditätsmanagement • Cash Management • Datenaufbau. Hier können Sie entweder einzelne oder mehrere Originalanwendungen aktivieren. (siehe Abbildung 7.4).

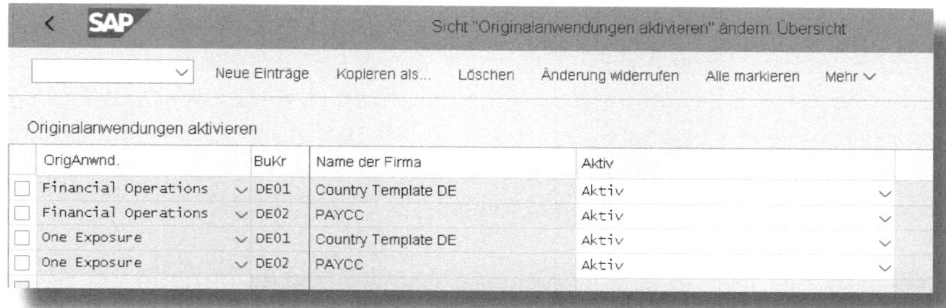

Abbildung 7.4: Originalanwendungen aktivieren

Wählen Sie die zu aktivierende Quellanwendung (OrigAnwend.) sowie einen Buchungskreis (BuKr) aus.

Notwendige Originalanwendungen

Beachten Sie in dem Zusammenhang, dass die Originalanwendungen »Financial Operations« und »One Exposure« für jeden einzelnen Buchungskreis, den Sie im Cash Management abbilden möchten, zwingend notwendig sind.

Die Anwendung *Financial Operations* umfasst alle Belege, die Rechnungen, Zahlungen und Kontoauszugsinformationen enthalten, und ist damit Voraussetzung für alle weiteren Quellanwendungen (Ausnahme: die Originalanwendung *One Exposure*).

Dies gilt gleichermaßen für *One Exposure*. Neben Daten, die von Remote-Systemen zur Verfügung gestellt werden, können darüber beispielsweise Dispositionsebenen oder -gruppen sowie Liquiditätspositionen aus Buchhaltungsbelegen abgeleitet und verarbeitet werden.

7.3.2 Daten für Hausbank und Hausbankkonten in Buchhaltungsbelegen neu aufbauen

Wenn Sie historische Daten aus dem Cash Management verwenden möchten, müssen Sie zunächst die Daten der Hausbanken (HBKID) und Hausbankkonten (HKTID) in die Tabelle BSEG einfügen. Navigieren Sie dazu im Customizing über den Pfad SAP Customizing Einführungsleitfaden • Financial Supply Chain Management • Cash- und Liquiditätsmanagement • Cash Management • Datenaufbau • Daten für Hausbank und Hausbankkonten in Buchhaltungsbelege einfügen.

Wählen Sie hier aus, von welchen Quellen die Informationen abgeleitet werden sollen – beispielsweise aus Kontoauszügen, Zahlungen oder Zahlungsanforderungen (siehe Abbildung 7.5) – und führen Sie anschließend den Report aus.

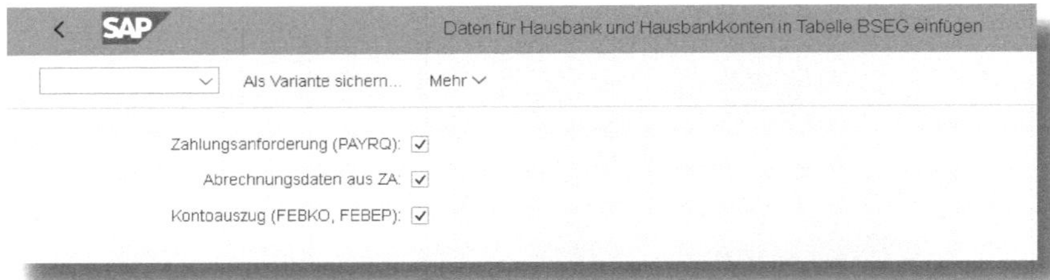

Abbildung 7.5: Daten für Hausbank und Hausbankkonten in Tabelle BSEG einfügen

Sie erhalten im Anschluss eine Übersicht über die aktualisierten Zeilen, bei denen die Daten aus den Hausbanken bzw. Hausbankkonten in die Tabelle BSEG eingefügt worden sind.

7.3.3 Liquiditätspositionen in Buchhaltungsbelegen neu aufbauen

Im Regelfall werden Liquiditätspositionen bereits beim Buchen automatisch aus den Belegen abgeleitet. Im Rahmen des Datenaufbaus müssen Sie diese für Belege, die bereits gebucht sind, aber noch nicht über entsprechende Liquiditätspositionen verfügen, nachträglich aufbauen. Rufen Sie dazu die Transaktion *FQM_UPD_LITEM* auf oder navigieren Sie über SAP CUSTOMIZING EINFÜHRUNGSLEITFADEN • FINANCIAL SUPPLY CHAIN MANAGEMENT • CASH- UND LIQUIDITÄTSMANAGEMENT • CASH MANAGEMENT • DATENAUFBAU • LIQUIDITÄTSPOSITIONEN IN BUCHHALTUNGSBELEGEN NEU AUFBAUEN.

Für die Ableitung der Liquiditätspositionen in die Tabelle BSEG stehen Ihnen zwei Optionen zur Verfügung:

- Erstdatenübernahme,
- Neuaufbau.

Bei der **Erstdatenübernahme** erfolgt die initiale Ableitung aller Liquiditätspositionen basierend auf einer Abfragefolge (siehe Abbildung 7.6), die zuvor im Customizing definiert worden ist (siehe dazu auch Abschnitt 4.12).

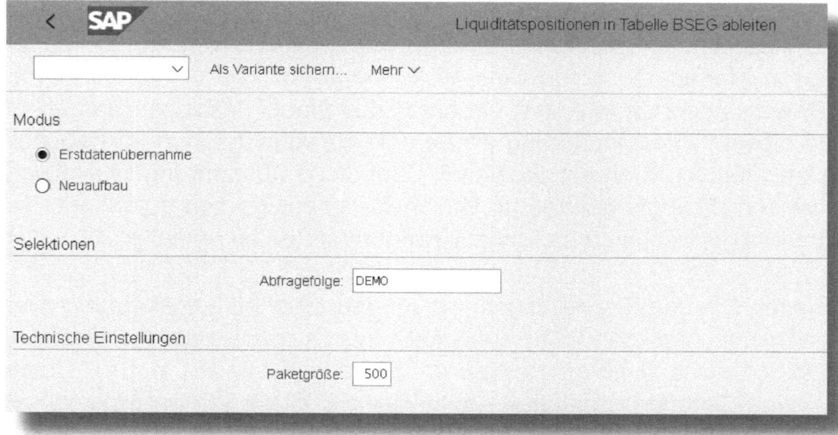

Abbildung 7.6: Liquiditätspositionen in Tabelle BSEG ableiten

Abfragefolgen bei der Erstdatenübernahme

Beachten Sie bei der Erstdatenübernahme der Liquiditätspositionen, dass nur Abfragefolgen mit einer Herkunfts-ID »C« (aus Ausgleichsinformationen) oder »D« (aus Rechnungen) verwendet werden können.

Beim **Neuaufbau** der Liquiditätspositionen können Sie gezielt Einzelpositionen anhand bestimmter Kriterien ermitteln und mithilfe zuvor definierter Ableitungsregeln neu zuordnen.

In beiden Fällen müssen Sie zunächst die notwendigen Quellanwendungen aktivieren.

7.3.4 Bewegungsarten in Buchhaltungsbelegen neu aufbauen

Ein Bestandteil für die Darstellung bzw. Aufbereitung von Daten im Cash Management von S/4HANA Finance ist die Verwendung von Bewegungsarten, die den Lebenszyklus eines Cashflows darstellen. In diesem Zusammenhang werden die Bewegungsarten im Regelfall direkt mit der Buchung abgeleitet. Über diese Customizing-Einstellung werden Bewegungsarten für Buchhaltungsbelege neu aufgebaut, die bereits gebucht wurden, ohne Bewegungsarten zu enthalten.

Bevor Sie die Bewegungsarten in den Buchhaltungsbelegen neu aufbauen, müssen Sie zunächst die Quellanwendung *Financial Operations* aktivieren. Navigieren Sie anschließend im SAP-Customizing-Einführungsleitfaden über Financial Supply Chain Management • Cash- und Liquiditätsmanagement • Cash Management • Datenaufbau • Bewegungsarten in Buchhaltungsbelegen neu aufbauen und rufen Sie die Funktion auf. In dem Report für den Neuaufbau sind bereits alle Buchungskreise hinterlegt, die Sie zuvor in den Originalanwendungen aktiviert haben. Führen Sie nun den Report aus, um die Bewegungsarten in den Buchhaltungsbelegen neu aufzubauen.

7.3.5 Bewegungsdaten aus Quellanwendungen in One Exposure from Operations Hub laden

Haben Sie die Quell- bzw. Originalanwendungen im Datenaufbau erfolgreich aktiviert, werden alle Daten automatisch in den One Exposure from Operations Hub übertragen bzw. aktualisiert.

Um dort auch die Daten zu integrieren, die bereits vor der Aktivierung der Originalanwendung erstellt wurden, müssen Sie diese zunächst laden. Navigieren Sie dazu im SAP-Customizing-Einführungsleitfaden über FINANCIAL SUPPLY CHAIN MANAGEMENT • CASH- UND LIQUIDITÄTSMANAGEMENT • CASH MANAGEMENT • DATENAUFBAU • BEWEGUNGSDATEN AUS QUELLANWENDUNG IN ONE EXPOSURE FROM OPERATIONS HUB LADEN in die Customizing-Einstellungen und starten Sie dort den Report zum Laden der Bewegungsdaten (siehe Abbildung 7.7).

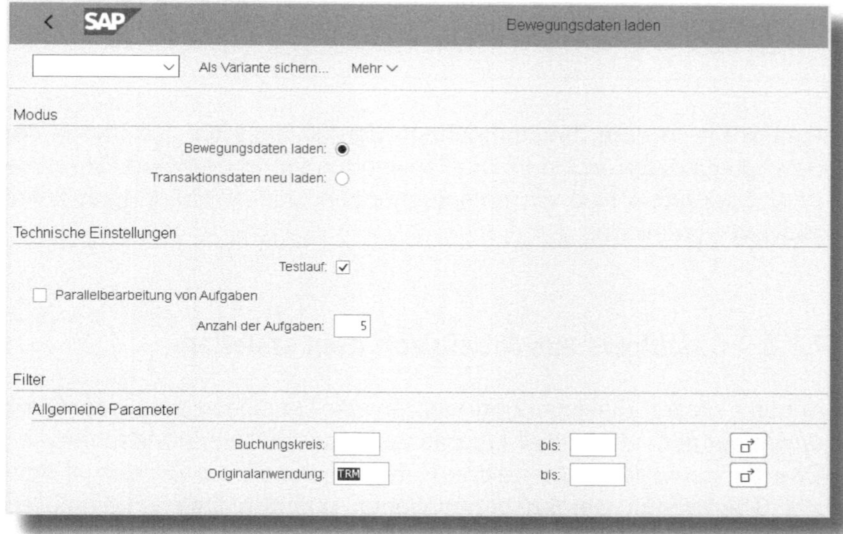

Abbildung 7.7: Bewegungsdaten aus Quellanwendungen in One Exposure from Operations Hub laden

Hier stehen zwei Optionen zur Auswahl:

1. Verwenden Sie Bewegungsdaten laden dann, wenn Sie die Daten erstmalig in den One Exposure from Operations Hub übernehmen.

2. Sind bei der Erstdatenübernahme Fehler aufgetreten, korrigieren Sie zunächst die Customizing-Einstellungen der relevanten Belegpositionen und starten Sie mit der Option Transaktionsdaten neu laden die erneute Datenübernahme.

Laden von Daten aus »Financial Operations« und »Materialwirtschaft«

Verwenden Sie für das Laden der Daten aus den Quellanwendungen der »Financial Operations« bzw. der »Materialwirtschaft« die Funktionalitäten der Transaktion FCLM_FLOW_BUILDER.

Achten Sie in dem Zusammenhang darauf, dass für das Laden der Bewegungsdaten aus den Quellanwendungen in den One Exposure from Operations Hub die entsprechenden Quellanwendungen zuvor aktiviert worden sind.

7.3.6 Cashflows aus Arbeitsschritten erstellen

Anhand dieser Einstellungen werden die Cashflows aus den Quellanwendungen »Financial Operations« bzw. »Materialwirtschaft« im One Exposure from Operations Hub gespeichert. Im Bereich »Financial Operations« werden Informationen aus den Datenbanktabellen BKPF und BSEG und im Bereich »Materialwirtschaft« Daten aus den Tabellen wie beispielsweise EKKO, EKEP und EKKN in die Tabelle FQM_FLOW übernommen.

Notwendige Konfigurationseinstellungen

Für die Ableitung der Cashflows in die Tabelle FQM_FLOW ist es notwendig, dass die Liquiditätspositionen bzw. Bewegungsarten zuvor in den dazugehörigen Customizing-Einstellungen definiert wurden.

Navigieren Sie zunächst über SAP Customizing Einführungsleitfaden • Financial Supply Chain Management • Cash- und Liquiditätsmanagement • Cash Management • Datenaufbau • Cashflows aus Arbeitsschritten erstellen, um die Beleginformationen aus den Quellanwendungen abzuleiten (siehe Abbildung 7.8). Umgangssprachlich wird der dahinterliegende Report auch »Flow Builder« (siehe Abschnitt 7.1) genannt.

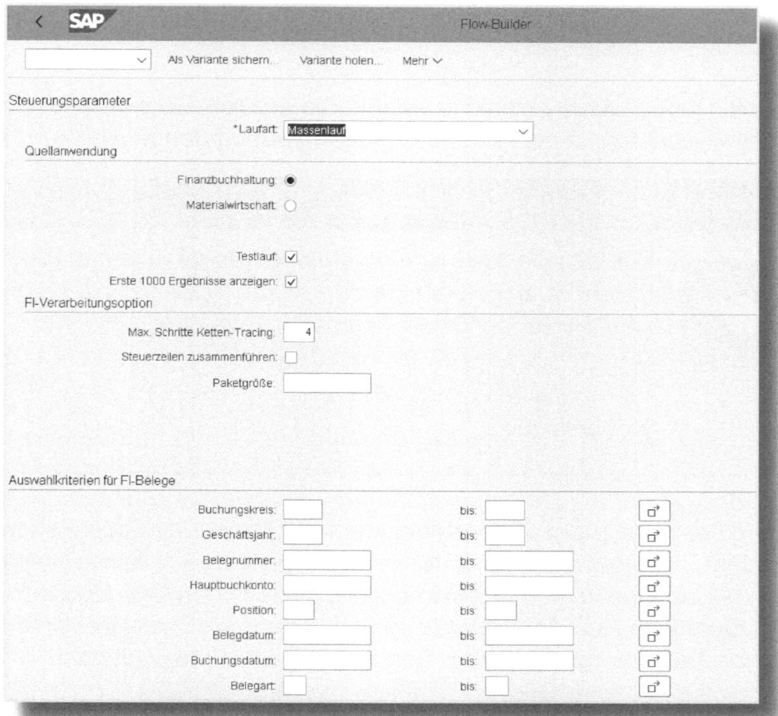

Abbildung 7.8: Cashflows aus Arbeitsschritten erstellen

Mithilfe der Steuerungsparameter können Sie über die Laufart in einem *Erstlauf* historische Daten für das Cash Management laden oder über die Option *Auf Queue-Tabelle basierender Delta-Lauf* Einzelposten verarbeiten (siehe Abbildung 7.9), die noch nicht in den One Exposure from Operations Hub geladen worden sind.

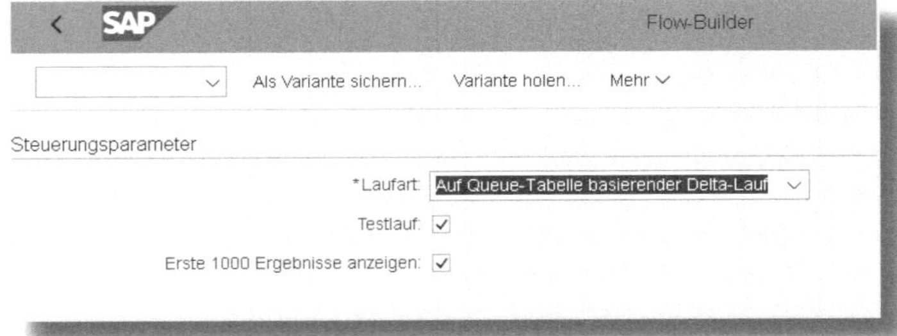

Abbildung 7.9: Cashflows des auf einer Queue-Tabelle basierenden Delta-Laufs

Über die Rubrik Quellanwendung wählen Sie aus, ob Sie die Daten für die Finanzbuchhaltung oder die Materialwirtschaft laden möchten.

Auswahlkriterien im Flow Builder

Für die Abgrenzung bzw. das Laden von historischen Daten in den One Exposure from Operations Hub können Sie die Quelldokumente sowohl über die Auswahlkriterien für FI-Belege als auch über die MM-Verarbeitungsoptionen (in Abbildung 7.8 nicht mehr sichtbar) einschränken.

Anhand der Bewegungsarten verfolgt der Flow Builder die Belegketten bzw. den Cashflow mit den damit verbundenen Wahrscheinlichkeitsstufen bis zur Quelle zurück und importiert diese in den One Exposure from Operations Hub. Die Belegketten enthalten alle Cash-relevanten Informationen wie bspw. Betrag, Datum oder Liquiditätspositionen.

Mithilfe der FI-Verarbeitungsoptionen können Sie über die Option Max. Schritte Ketten-Tracing die maximale Anzahl der Schritte für die Nachverfolgung der Belegketten festlegen. Mit der Option Steuerzeilen zusammenführen werden die Steuerzeilen aggregiert und nicht mehr gesondert ausgewiesen.

Wie Sie im nachfolgenden Abschnitt sehen werden, planen Sie den Report FCLM_FLOW_BUILDER zum Ableiten der Cashflows als periodischen Hintergrundjob ein, um die Daten aus den Quellanwendungen »Financial Operations« bzw. »Materialwirtschaft« im One Exposure from Operations Hub regelmäßig zu aktualisieren.

7.3.7 Flow Builder anpassen

In diesem Menüpunkt stehen Ihnen zahlreiche Einstellungen und Werkzeuge zur Verfügung, mit deren Hilfe Sie den Flow Builder (Report FCLM_FLOW_BUILDER) steuern können:

- Hintergrundjobprotokoll prüfen,
- Aus FI abgeleitete Bewegungen löschen,
- Aus MM abgeleitete Bewegungen löschen,
- Standardladeklassen ändern.

Hintergrundjobprotokoll prüfen

Über den technischen Job FCLM_FLOWBUILDER_JOB wird der Report FCLM_FLOW_BUILDER eingeplant, der Daten aus der Finanzbuchhaltung und der Materialwirtschaft in die Tabelle FQM_FLOW einfügt. Mithilfe dieser Option rufen Sie ein Protokoll auf, das Ihnen anzeigt, ob der Hintergrundjob korrekt ausgeführt wurde.

Aus FI abgeleitete Bewegungen löschen

Diese Option dient zum Löschen obsoleter Positionen, die aus der Quellanwendung abgeleitet worden sind. Sie löschen beispielsweise

Daten dann, wenn Sie eine Ableitungslogik ändern und die Daten bereits im One Exposure from Operations Hub geladen sind, diese aber für das Cash Management nicht mehr relevant sind.

Aus MM abgeleitete Bewegungen löschen

Diese Funktion ist das Äquivalent der zuvor beschriebenen Option für MM-Bewegungen.

Standardladeklassen ändern

In diesem Abschnitt können Sie eigene *Ladeklassen* generieren und zuordnen (siehe Abbildung 7.10). Sie ändern Ladeklassen beispielsweise dann ab, wenn Sie für Auswertungen der Zahlungsströme das im Flow Builder verwendete Datumsfeld ändern möchten. Für die Ableitung bzw. Planung von Zahlungen sind in den Rechnungsbelegen folgende Zeitpunkte vorgesehen:

- Nettofälligkeitsdatum,
- Skonto 1. Fälligkeit,
- Skonto 2. Fälligkeit.

Im SAP-Standard wird für die Planung von Zahlungsströmen das Nettofälligkeitsdatum verwendet. Bevorzugen Sie ein anderes (Valuta-)Datum für die Darstellung der geplanten Zahlungen, generieren Sie zunächst eine neue Ladeklasse im kundeneigenen Namensraum, indem Sie diese in das Feld Name von Ladeklasse für FI oder analog Name der Ladeklasse für MM eintragen und im Anschluss den Button Ausführen drücken. Sie erhalten daraufhin den Hinweis, dass eine Klasse neu generiert wird.

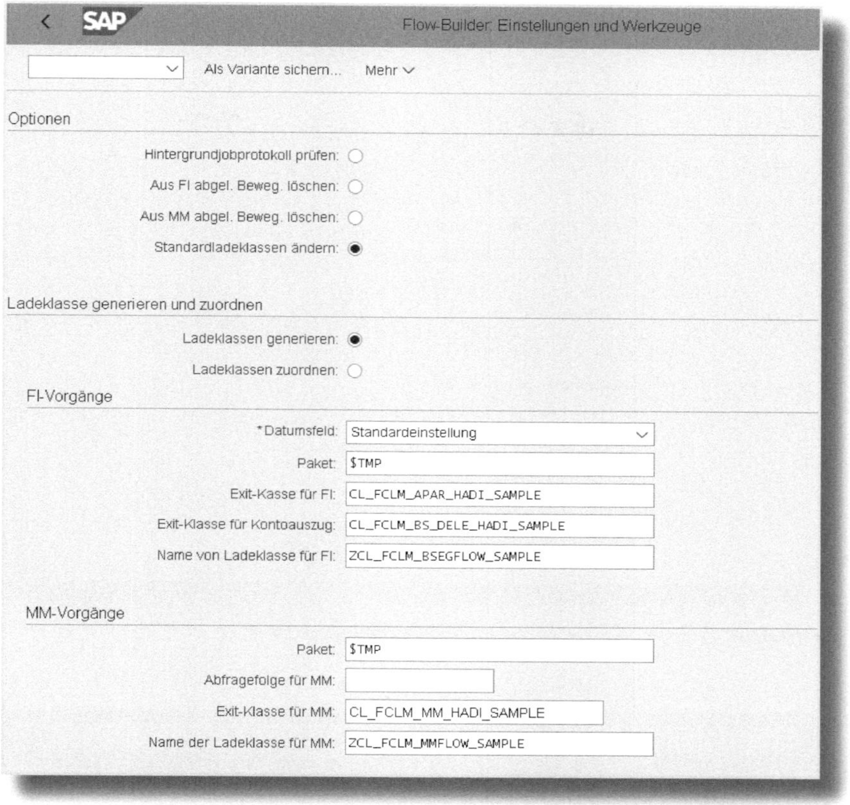

Abbildung 7.10: Flow Builder – Standardladeklassen ändern

Nachdem die Ladeklasse generiert worden ist, ordnen Sie diese gemäß Abbildung 7.11 einer Standardladeklasse zu und drücken erneut den AUSFÜHREN-Button.

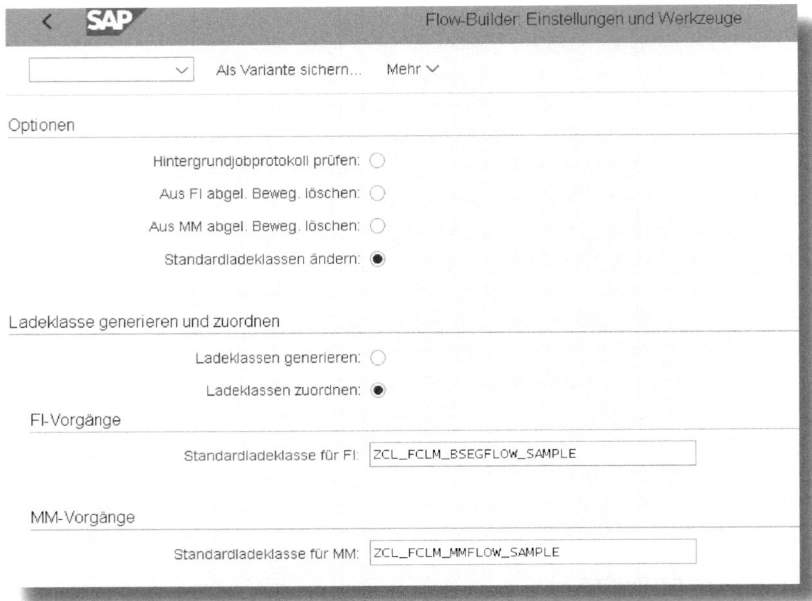

Abbildung 7.11: Generierte Ladeklasse zuordnen

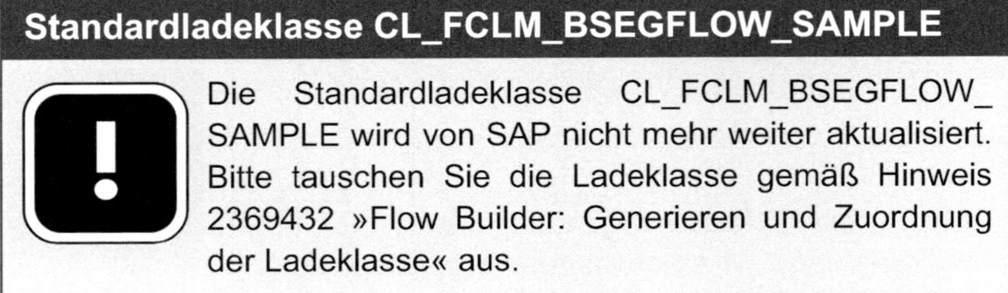

Standardladeklasse CL_FCLM_BSEGFLOW_SAMPLE

Die Standardladeklasse CL_FCLM_BSEGFLOW_SAMPLE wird von SAP nicht mehr weiter aktualisiert. Bitte tauschen Sie die Ladeklasse gemäß Hinweis 2369432 »Flow Builder: Generieren und Zuordnung der Ladeklasse« aus.

7.3.8 Daten aus One Exposure from Operations Hub löschen

Möchten Sie Daten aus dem One Exposure from Operations Hub löschen, um beispielsweise einen Neuaufbau von Daten durchzuführen, so navigieren Sie im SAP-Customizing-Einführungsleitfaden über Financial Supply Chain Management • Cash- und Liquiditätsmanagement • Cash Management • Datenaufbau • Daten aus One exposure from operations hub löschen. Indem Sie die Quellanwendung der Daten sowie den Buchungskreis angeben, werden die betreffenden Daten automatisch gelöscht (siehe Abbildung 7.12).

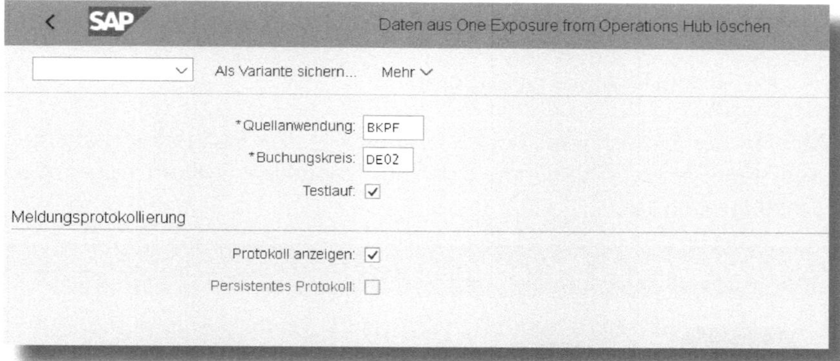

Abbildung 7.12: Daten aus One Exposure from Operations Hub löschen

Sobald die Daten erfolgreich gelöscht sind, können Sie bei Bedarf den Datenaufbau erneut starten.

7.3.9 Eingangs-Mapping für die Integration von Ferndaten in One Exposure

Die Funktion »Eingangs-Mapping für die Integration von Ferndaten in One Exposure« ist dafür vorgesehen, ein verteiltes Cash Management in die zentrale Instanz zu integrieren. Definieren Sie zunächst im zentralen System mit der Transaktion *SALE* ein Verteilungsmodell (IDoc) für die beiden Nachrichtentypen CMSEND und CMREQU. Konfigurieren Sie anschließend das Eingangs-Mapping über den Menüpfad SAP Customizing Einführungsleitfaden • Financial Supply Chain Management • Cash- und Liquiditätsmanagement • Cash Management • Datenaufbau • Eingangs-Mapping für die Integration von Ferndaten in One Exposure.

Dort stehen Ihnen die folgenden Konfigurationspunkte zur Verfügung:

- Buchungskreise umschlüsseln,
- Sender-Dispositionsgruppen umschlüsseln,
- Sender-Dispositionsebenen umschlüsseln,
- Sender-Geschäftsbereiche umschlüsseln,
- Zeitzonen den Subsystemen zuordnen,
- Überprüfung Einstellungen.

Mithilfe der Umschlüsselungen ordnen Sie die Senderinformationen aus den Remote-Systemen Ihren im zentralen System angelegten Einstellungen zu.

Verteiltes Cash Management

Der Hinweis »823358 – FFI: Verteiltes Cash Management: technische Hilfe« bietet einen umfassenden Überblick über das notwendige Customizing wie auch die Funktionsweise eines verteilten Cash Managements.

7.3.10 Health Checks

Wie in Abschnitt 7.2.6 angeschnitten, können Sie die Konsistenz der Konfiguration, Stammdaten sowie Bankkontoprüfungen im Cash Management von S/4HANA Finance über Health Checks prüfen. Um diese zu konfigurieren, navigieren Sie im SAP-Customizing-Einführungsleitfaden über Financial Supply Chain Management • Cash- und Liquiditätsmanagement • Cash Management • Health Checks • Prüfpunkte zu Profilen zuordnen.

Dort steht Ihnen im SAP-Standard das *0FULL-Health-Check-Profil* zur Verfügung, dem die nachfolgenden Prüfpunkte zugeordnet sind:

- Dispositionsebenen- und -gruppenprüfungen in der Konfiguration,
- Dispositionsebenen- und -gruppenprüfungen in den Stammdaten,
- Bankkontoprüfungen in One Exposure,
- Bankkontoprüfungen in Sachkonten,
- Bankkontoprüfungen in Kontoauszügen.

Definieren Sie hier das 0FULL-Profil und ordnen Sie, wie in Abbildung 7.13 dargestellt ist, die Prüfpunkte zu, die Sie im Rahmen der Health Checks kontrollieren möchten.

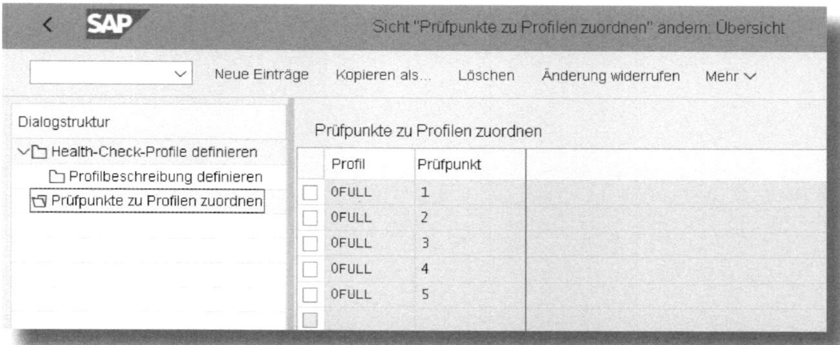

Abbildung 7.13: Prüfpunkte den Profilen zuordnen

7.4 Fazit

Mit dem One Exposure from Operations Hub wurde im neuen Cash Management ein zentraler Speicherort für alle operativen Daten geschaffen. Überflüssige Tabellen wurden entfernt – der Großteil der operativen Daten läuft jetzt in der Datenbanktabelle FQM_FLOW zusammen. Durch das flexible Konzept können Daten aus dem zentralen System wie auch von Remote-Systemen angebunden werden und erleichtern die Integration von Side-by-Side-Szenarien.

Der Datenaufbau gestaltet sich auf den ersten Blick jedoch komplexer, als wir es aus dem klassischen Cash Management kennen. Dort verwenden wir als zentrales Einführungswerkzeug für die Finanzdisposition die Transaktion *FDFD*, über die wir den Datenaufbau sowie die Datenabstimmungen und -korrekturen durchführen können.

Die Datenstruktur wurde zwar deutlich vereinfacht, indem sich die Datennutzung an den konsumierenden Anwendungen orientiert – der Datenaufbau im Cash Management in S/4HANA Finance ist hingegen etwas aufwendiger. Neben den Quellanwendungen, die Daten aus den unterschiedlichen Herkunftsquellen konsumieren, müssen zahlreiche weitere Informationen aus Belegen wie beispielsweise Bewegungsarten und Liquiditätspositionen abgeleitet bzw. in den Datenaufbau integriert werden, was eine detaillierte Planung für die Migration bzw. Neueinführung erfordert.

8 Zusammenfassung und Ausblick

In den vorangegangenen Kapiteln haben Sie einen ersten Einblick in den Funktionsumfang des Cash Managements in SAP S/4HANA Finance erhalten und können daraus nun den möglichen Mehrwert für Ihr Unternehmen ableiten. Zum Schluss möchte ich Ihnen noch eine kurze Zusammenfassung wie auch einen Ausblick zum erweiterten Cash Management in S/4HANA Finance geben.

Schauen wir uns zunächst nochmals die betriebswirtschaftlichen Inhalte und Ziele des Cash Managements an – was sind dessen Kernaufgaben und wie gestalten sich die zugehörigen Prozesse?

- Disposition, Steuerung und Sicherstellung von liquiden Mitteln,
- Gestaltung eines sicheren und effizienten Zahlungsverkehrs bzw. Optimierung der Zahlungsströme,
- Entwicklung und Optimierung der Bankenauswahl bzw. -strategie,
- Liquiditätsplanung,
- Währungsrisikomanagement.

Für die hier aufgelisteten Punkten sind die grundlegenden Aufgaben im Cash Management über Jahre hinweg überwiegend konstant geblieben – allerdings haben sich die Rahmenbedingungen dazu in der jüngsten Zeit stark verändert. Sie durften vermutlich einige dieser technischen und regulatorischen Änderungen in Ihrer täglichen Praxis mitbegleiten.

Auch wenn seit Einführung der Single Euro Payments Area (SEPA) bereits über zehn Jahre vergangen sind, dürften die Anpassungen, die sich mit der Einführung ergeben haben, für das eine oder andere Unternehmen nicht unerheblich gewesen sein. Mittlerweile haben sich die Prozesse rund um den einheitlichen Zahlungsverkehr etabliert und bilden die Grundlage für zahlreiche Weiterentwicklungen.

Beispielsweise wurde die Formatstrategie der ISO-20022-Zahlungsträgerformate in den vergangenen Jahren kontinuierlich weiterentwickelt. So halten in der jüngsten Vergangenheit verstärkt camt-Nachrichtenformate Einzug in die Unternehmen.

Anfang 2018 trat die *zweite Zahlungsdiensterichtlinie (PSDII)* in Kraft. Sie unterstützt u.a. auch Nichtbanken, sich in der Zahlungsbranche zu beteiligen, um somit den europäischen Wettbewerb zu erhöhen. Seither drängen verstärkt FinTechs auf den Markt und entwickeln Produkte für den elektronischen Zahlungsverkehr, die Banken im Rahmen ihrer Dienstleistungen nicht im Portfolio haben.

Als letztes Beispiel möchte ich die *Instant Payments* nennen, mit denen Kunden Überweisungen in Sekundenschnelle vornehmen können. Sie sind vom Euro Retail Payments Board (ERPB) der Europäischen Zentralbank als Gegenpart zu PayPal angedacht. Das Interesse daran nimmt aufseiten der Firmenkunden stetig zu. Sie beurteilen dieses Angebot durchaus als Vorteil – ob, wann und wie es sich in der Praxis durchsetzen kann, bleibt derzeit allerdings noch abzuwarten.

Alle diese Neuerungen haben aber eines gemeinsam: Sie haben die Geschwindigkeit der Prozesse im Finanzbereich signifikant erhöht, worauf Toolanbieter mit geeigneter Software reagieren müssen. Aus Sicht des bestehenden Cash Managements in SAP ERP dürfte es zunehmend schwieriger werden, diesen Anforderungen gerecht zu werden. Der Entwicklungszyklus für die klassischen Anwendungen im SAP ERP dürfte daher am Ende angelangt sein. Neue Produkte und Entwicklungen dürften aller Voraussicht nach nur noch in S/4HANA Finance (und nachfolgenden Produkten) zu erwarten sein. Sie allein ermöglichen aufgrund der zugrunde liegenden HANA-Technologie die geforderten Echtzeit-Verarbeitungen und bieten genügend Ausbaupotenzial für die Weiterentwicklung des Zahlungsverkehrs.

SAP-Roadmaps

Eine aktuelle Übersicht der von SAP veröffentlichten Roadmaps erhalten Sie über *https://www.sap.com/products/roadmaps.html*. Die beiden Übersichten »SAP Finance in SAP S/4HANA (on-premise) Road Map« und »SAP Road Map for Finance and Risk« beinhalten umfassende Informationen zu den geplanten Entwicklungen der kommenden Jahre.

Mit dem neuen Cash Management in S/4HANA Finance wurden bereits einige vielversprechende Neuerungen umgesetzt, die sich an den täglichen Aufgaben eines Cash Managers orientieren und ihn bei seinen Prozessen unterstützen. Das Produktportfolio wurde bzw. wird kontinuierlich erweitert bzw. ergänzt, was wir auch den umfangreichen Neuerungen für die kommenden Jahre aus den Roadmaps der SAP entnehmen können.

Dabei dürfen wir aber nicht verkennen, dass es sich generell um ein relativ neues Produkt handelt. Verbunden damit bleiben Korrekturen im Funktionsumfang nicht aus, und wir werden uns auf zahlreiche Weiterentwicklungen der Apps einstellen müssen, die aber den Kern der Anwendungen weiter stabilisieren werden.

Werfen wir nun noch einen kurzen Blick auf die Neuerungen, die mit S/4HANA Finance OP 1809 im letzten Quartal 2018 ausgeliefert werden. Die Basis dazu war an vielen Stellen die SAP S/4HANA Cloud for Finance, in der die Funktionen zunächst veröffentlich worden sind.

Eine Neuerung in dem aktuellen Release ist beispielsweise die Verarbeitung von camt.086-Nachrichten, welche die elektronischen Bankabrechnungen enthalten. Über die App *Bankleistungsabrechnungsdateien importieren* können Sie nun die elektronischen Bankabrechnungen Ihrer Hausbanken importieren und mit den vereinbarten

Konditionen Ihrer Banken validieren. Sie können somit Abweichungen von Ihren Gebühren schnell und einfach identifizieren.

Deutlich erweitert wurde die Funktionalität *Cash Pooling*, welche nun mithilfe von eigenständigen Apps eine konzernweite Liquiditätsbündelung ermöglicht. Die Funktionalität dieser Apps vereint die Grundidee der »Repetitive Codes« mit dem aus dem klassischen Cash Management bekannten »Kontenclearing«. In allen Fällen ist für den eigentlichen Transfer kein Customizing mehr notwendig – Sie hinterlegen alle notwendigen Einstellungen direkt in den dazugehörigen Apps.

Verarbeiten Sie *Intraday-Kontoauszüge,* wie beispielsweise SWIFT MT942 oder camt.052-Nachrichten, so können Sie nun eine automatische Zuordnung von Ihren im Cash Management angelegten Planposten zu den untertägigen Kontoauszügen vornehmen und dadurch die Qualität bzw. den Informationsgehalt Ihres Cashflows verbessern.

Möchten Sie historische Analysen Ihres Cashflows durchführen, so können Sie dies inzwischen mithilfe einer *Snapshot-Funktionalität*, die sich über das Customizing aktivieren lässt.

Allein die hier genannten Innovationen in dem aktuellen Release S/4HANA Finance OP1809 lassen uns erkennen, dass die Produktinnovationen im Cash Management in S/4HANA Finance noch lange nicht abgeschlossen sind.

A Der Autor

Claus Wild begann seine berufliche Laufbahn als SAP-Inhouse-Berater eines internationalen Konzerns. Über annähernd zwei Jahrzehnte hat er als Projektmanager insbesondere die Themenfelder »Zahlungsverkehr« und »Cash Management« betreut sowie die fachliche Konzeption und Integration von FinTech-Lösungen in den SAP-Zahlungsverkehr entwickelt.

Seit Anfang 2018 ist Claus Wild Gründer und Geschäftsführer der Payyxtron GmbH, die ihre Kernkompetenzen in der Beratung zum »elektronischen Zahlungsverkehr« und »Cash Management« in SAP sieht. Darüber hinaus ist er als Trainer für die SAP im Bereich des elektronischen Zahlungsverkehrs tätig.

Zu seinen bisherigen Veröffentlichungen bei Espresso Tutorials gehören die Bücher »SEPA und SAP«, »Neuerungen im Kontoauszug in SAP® ERP« sowie »Schnelleinstieg in SAP S/4HANA Finance«.

B Index

A

B

C

D

E

N

O

P

R

S

T

U

V

W

X

Z

C Disclaimer

Die in diesem Werk wiedergegebenen Gebrauchsnamen, Handelsnamen, Warenbezeichnungen usw. können auch ohne besondere Kennzeichnung Marken sein und als solche den gesetzlichen Bestimmungen unterliegen. Sämtliche in diesem Werk abgedruckten Bildschirmabzüge unterliegen dem Urheberrecht der SAP SE, Dietmar-Hopp-Allee 16, 69190 Walldorf.

In dieser Publikation wird auf Produkte der SAP SE Bezug genommen. SAP, R/3, SAP NetWeaver, Duet, PartnerEdge, ByDesign, SAP BusinessObjects Explorer, StreamWork und weitere im Text erwähnte SAP-Produkte und -Dienstleistungen sowie die entsprechenden Logos sind Marken oder eingetragene Marken der SAP SE in Deutschland und anderen Ländern. Business Objects und das Business-Objects-Logo, BusinessObjects, Crystal Reports, Crystal Decisions, Web Intelligence, Xcelsius und andere im Text erwähnte Business-Objects-Produkte und -Dienstleistungen sowie die entsprechenden Logos sind Marken oder eingetragene Marken der Business Objects Software Ltd. Business Objects ist ein Unternehmen der SAP SE. Sybase und Adaptive Server, iAnywhere, Sybase 365, SQL Anywhere und weitere im Text erwähnte Sybase-Produkte und -Dienstleistungen sowie die entsprechenden Logos sind Marken oder eingetragene Marken der Sybase Inc. Sybase ist ein Unternehmen der SAP SE. Alle anderen Namen von Produkten und Dienstleistungen sind Marken der jeweiligen Firmen. Die Angaben im Text sind unverbindlich und dienen lediglich zu Informationszwecken. Produkte können länderspezifische Unterschiede aufweisen.

Der SAP-Konzern übernimmt keinerlei Haftung oder Garantie für Fehler oder Unvollständigkeiten in dieser Publikation. Der SAP-Konzern steht lediglich für Produkte und Dienstleistungen nach der Maßgabe ein, die in der Vereinbarung über die jeweiligen Produkte und Dienstleistungen ausdrücklich geregelt ist. Aus den in dieser Publikation enthaltenen Informationen ergibt sich keine weiterführende Haftung.

Weitere Bücher von Espresso Tutorials

Claus Wild:

Praxishandbuch SAP® und SEPA

- SEPA-Optimierungen ab 2014
- Stammdaten: IBAN only und SCL-Directory der Bundesbank
- Zahlungsträgerformate: CGI-MP, COR1, Eilüberweisungen, Hash-Wert
- Erweiterungen in der SAP-Mandatsverwaltung

http://5035.espresso-tutorials.com

Marc Müller:

Praxishandbuch SAP®-Zahllauf

- Payment Medium Workbench und Data Medium Exchange Engine
- Customizing für Kontenfindung, Avisversand, Formularsteuerung
- viele Beispiele und Tipps für den Zahlungsverkehr im In- und Ausland
- HR-Zahlungen inklusive Systemverknüpfungen zwischen FI und HR

http://5091.espresso-tutorials.com